生物学と医学のための物理学 原著第4版

Paul Davidovits [著]

曽我部正博 [監訳]
吉村建二郎 [編集協力]

共立出版

Physics in Biology and Medicine 4th edition
by Paul Davidovits

Copyright © 2013 Elsevier Inc. All rights reserved

This edition of Physics in Biology and Medicine by Paul Davidovits
is published by arrangement with ELSEVIER INC.,
a Delaware corporation having its principal place of business
at 360 Park Avenue South, New York, NY 10010, USA
Original ISBN: 978-0-12-386513-7

Japanese language edition published by KYORITSU SHUPPAN CO., LTD.

Preface まえがき

　1800年代半ばまでは，非生命界の観察を元に作られてきた物理学や化学の法則が，どこまで生命界に適用できるのかは不明であった．もちろんマクロなレベルではそれらが使えることはわかっており，動物に無機物体と同じ運動の法則を適用できることは明らかであった．適用可能性の問題は，よりミクロな基本的レベルで生じたのである．生命体はきわめて複雑であり，最も単純な生命体の1つであるウイルスですら，相互作用する数百万を超える原子から構成されている．生体の組織の構成要素である細胞は，平均 10^{14} 個の原子を含むとされている．生物には，成長し，繁殖し，老化するという無生物では見られない性質がある．これらの現象は，無生物から予測される性質とかけはなれているので，19世紀初頭の多くの科学者は，生物の構造や構成分子は無生物とは異なる法則に支配されていると信じていた．有機分子の物理学的な根拠さえ疑われたくらいであった．これらの有機分子は無生物由来の分子に比べて大きく複雑になる傾向がある．生物で見られる大きな分子は，既存の物理学の法則では説明できない"生命力"によって生物でのみ作られるのではないかと考えられていた．しかし，この考えは，1828にフリードリッヒ・ヴェーラー（Friedrich Wöhler）が，無機化学物質から有機分子である尿素の合成に成功したことで否定された．それからほどなく，多くの有機化合物が生物学的過程を経ないで合成された．今や，有機物に特別な"生命力"が宿っていると信じる科学者は皆無に近い．生物は，あらゆる階層で物理学の法則に支配されているのである．

　過去数百年に亘る多くの生物学的研究は，生命システムを物理学の基本的法則で理解することを目指して進んできた．こうした努力はいくつかの重要な成功例をもたらした．今や多くの複雑な生体分子について，構造が原子レベルで解明され，生体での役割が明らかになっている．現在では，細胞の機能や細胞どうしの相互作用の多くが説明可能になってきたのである．とはいえ完全な理解にはほど遠い．たとえ複雑な分子の原子レベルでの構造がわかっても，今のところその構造から機能を予測することはできない．細胞の栄養状態，成長，複製，コミュニケーションの機構については定性的な理解しか得られていない．生物学における多くの基本的な問題は未解決なのである．しかし，これまでの生物学的研究では，

物理学が適用できないような分野は見つかっていない．生命の驚くべき性質は，生物の中に存在する途方もなく複雑なシステムによって実現されているようだ．

本書の目的は，いくつかの物理学の概念を生物システムに関連づけることである．本書は，おおむね大学教養課程の物理学の教科書で取り上げられている項目に準じており，その内容は，固体力学，流体力学，熱力学，音響学，電気学，光学，そして，原子・核物理学の各領域から構成されている．

各章には背景となる物理学の短い解説が含まれているが，本文の大半は物理学の生物学と医学への応用に割かれている．ただし生物学の予備知識は必要ない．考察の対象として取り上げた生物システムについては，物理学的解析に必要な内容をできるだけ詳しく記述してある．解析は可能な限り定量的に行ったが，必要なのは基本的な代数と三角法だけである．

多くの生物システムは定量的に解析できる．いくつかの具体例を通してその方法を解説する．力学の話題では，筋肉が発生できる力を計算する．また，身体が傷害を生じないで持ちこたえられる衝撃力について調べる．ヒトが跳躍可能な高さを計算し，動物の走る速さに及ぼす身体の大きさの影響について考察する．流体の考察においては，体内を循環する血流について定量的に検討する．流体の理論を用いると，細胞機能における拡散の役割や，土中の植物の成長における表面張力の効果を論じることができる．電気学の原理を使うことで，神経回路に添ったインパルスの伝導を定量的に解析できる．各章には，そこで学んだ概念をさらに深め，広げるために練習問題が付けられている．

生物システムに対する物理学の定量的応用にはもちろん厳しい限界があるが，それらについては考察を加えてある．

生命科学の発展の多くは，生物学の研究に対する物理学的，工学的技術の応用に負うところが大きい．そのような技術のいくつかは本書の適切な場所で検討する．

この最新版は旧版よりもさらに内容が更新され，原子間力顕微鏡，医療診断におけるレーザーの導入，あるいは生物学や医学におけるナノテクノロジーの応用に関する考察が追加された．

単位について一言述べておく．今やほとんどの物理学と化学の教科書ではMKS国際単位系（SI）が使われている．しかし実際には，さまざまな単位が今でも使われている．たとえばSI単位系では，圧力はパスカル（Pa，N/m^2）で表すが，日常でも科学的文献でも，圧力はしばしば，$dynes/cm^2$，torr（mmHg），psi，あるいはatm（気圧）で表現されている．本書では，ほとんどの場合SI単位系を用いたが，別の単位が日常的に使われている場合はそれらも並記し，その単位変換式は本文中か，補遺Aの最後にまとめて示してある．

本書第 1 版では，助力と励ましを頂いた W. Chameides, D. Egger, L. K. Stark と J. Taplitz の諸氏に謝意を表した．第 2 版では，注意深く原稿を読み，有益な示唆を頂いた R. K. Hobbie 教授と David Cinabro 氏に感謝申し上げた．この第 4 版では，注意深い査読と重要なコメントをいただいた Per Arne Rikvold 教授に感謝したい．また，エルゼビア学術出版（Elsevier/Academic Press）の編集者である Patricia Osborn と Caroline Johnson の両氏には，本書第 4 版を作成する過程でいただいた多大な助力に対して御礼申し上げたい．

ポール・ダヴィドヴィッツ（Paul Davidovits）
マサチューセッツ州チェスナットヒル
（Chestnut Hill, Massachusetts）にて
2012 年 12 月

Table of contents 目次

まえがき	iii
略語一覧	xv

第1章　静的な力　　　　　　　　　　　　　　　　　　　　　1
1.1　平衡と安定　　　　　　　　　　　　　　　　　　　　　2
1.2　人体の平衡に関する考察　　　　　　　　　　　　　　　3
1.3　外力が作用する人体における安定性　　　　　　　　　　4
1.4　骨格筋　　　　　　　　　　　　　　　　　　　　　　　6
1.5　梃子　　　　　　　　　　　　　　　　　　　　　　　　8
1.6　肘　　　　　　　　　　　　　　　　　　　　　　　　10
1.7　股関節　　　　　　　　　　　　　　　　　　　　　　15
　　 1.7.1　跛行　　　　　　　　　　　　　　　　　　　　16
1.8　背　　　　　　　　　　　　　　　　　　　　　　　　17
1.9　つま先片足直立　　　　　　　　　　　　　　　　　　19
1.10　姿勢の動的な特性　　　　　　　　　　　　　　　　　19
　　　練習問題　　　　　　　　　　　　　　　　　　　　　21

第2章　摩擦　　　　　　　　　　　　　　　　　　　　　　23
2.1　傾斜面での起立　　　　　　　　　　　　　　　　　　25
2.2　股関節における摩擦　　　　　　　　　　　　　　　　26
2.3　ナマズの背びれ　　　　　　　　　　　　　　　　　　27
　　　練習問題　　　　　　　　　　　　　　　　　　　　　28

第3章　並進運動　　　　　　　　　　　　　　　　　　　　30
3.1　垂直跳び　　　　　　　　　　　　　　　　　　　　　32
3.2　重力が垂直跳びに与える影響　　　　　　　　　　　　34
3.3　走り高跳び　　　　　　　　　　　　　　　　　　　　35

目次

- 3.4 発射体の到達距離　　　36
- 3.5 立ち幅跳び　　　37
- 3.6 走り幅跳び　　　38
- 3.7 空中での運動　　　39
- 3.8 身体活動によるエネルギー消費　　　41
- 練習問題　　　42

第4章 角運動　　　44
- 4.1 カーブした道での力　　　44
- 4.2 カーブした走路上での走者　　　45
- 4.3 振り子　　　47
- 4.4 歩行　　　48
- 4.5 実体振り子　　　49
- 4.6 歩行と走行の速度　　　50
- 4.7 走行時のエネルギー消費　　　52
- 4.8 歩行と走行における別の視点からの考え方　　　54
- 4.9 重量の移動（荷物の運搬）　　　56
- 練習問題　　　57

第5章 材料の弾性と強度　　　59
- 5.1 軸方向の引張と圧縮　　　59
- 5.2 ばね　　　60
- 5.3 骨折：エネルギーに基づく解析　　　62
- 5.4 撃力　　　63
- 5.5 落下による骨折：撃力に基づく解析　　　64
- 5.6 エアバッグ：膨れることで衝突から身を守る装置　　　66
- 5.7 むち打ち損傷　　　67
- 5.8 高空からの落下　　　68
- 5.9 変形性関節症と運動　　　68
- 練習問題　　　69

第6章 昆虫の飛行　　　71
- 6.1 ホバリング　　　71

6.2	昆虫の飛翔筋	*73*
6.3	ホバリングに必要な仕事率	*74*
6.4	飛行中の翅の運動エネルギー	*75*
6.5	翅の弾性	*77*
	練習問題	*78*

第7章　流体　*79*

7.1	流体中の力と圧力	*79*
7.2	パスカルの原理	*80*
7.3	水力学的骨格	*81*
7.4	アルキメデスの原理	*83*
7.5	浮かび続けるのに必要な力	*83*
7.6	水生動物の浮力	*85*
7.7	表面張力	*86*
7.8	土壌水	*88*
7.9	水の上での昆虫の移動運動	*90*
7.10	筋肉の収縮	*91*
7.11	界面活性剤	*93*
	練習問題	*95*

第8章　流体の運動　*97*

8.1	ベルヌーイの式	*97*
8.2	粘性とポアズイユの法則	*98*
8.3	乱流	*100*
8.4	血液の循環	*100*
8.5	血圧	*102*
8.6	血流の調節	*104*
8.7	血流のエネルギー論	*105*
8.8	血液内の乱流	*105*
8.9	粥状動脈硬化と血流	*106*
8.10	心臓が生み出す力	*107*
8.11	血圧の測定	*108*
	練習問題	*108*

第9章　熱と分子運動論　110

- 9.1　熱と熱さ　110
- 9.2　物質の動力学（分子運動論）　110
- 9.3　定義　113
  - 9.3.1　熱の単位　113
  - 9.3.2　比熱　113
  - 9.3.3　潜熱　113
- 9.4　熱の移動　114
  - 9.4.1　熱伝導　114
  - 9.4.2　対流　115
  - 9.4.3　放射　116
  - 9.4.4　拡散　117
- 9.5　拡散による分子の移動　119
- 9.6　膜を透過しての拡散　121
- 9.7　呼吸システム　122
- 9.8　界面活性剤と呼吸　124
- 9.9　拡散とコンタクトレンズ　125
- 練習問題　126

第10章　熱力学　128

- 10.1　熱力学の第1法則　128
- 10.2　熱力学の第2法則　129
- 10.3　熱と他のエネルギーとの違い　131
- 10.4　生体システムの熱力学　133
- 10.5　情報と第2法則　136
- 練習問題　137

第11章　熱と生命　138

- 11.1　ヒトのエネルギー必要量　139
  - 11.1.1　基礎代謝率と体の大きさ　139
- 11.2　食物からのエネルギー　141
- 11.3　体温調節　144
- 11.4　皮膚温の調節　145

11.5	対流	*146*
11.6	放射	*147*
11.7	太陽による放射加熱	*148*
11.8	蒸発	*149*
11.9	寒冷に対する抵抗	*151*
11.10	熱と土壌	*152*
練習問題		*154*

第12章　波と音　*156*

12.1	音の特性	*156*
12.2	波の特性	*158*
	12.2.1　反射と屈折	*159*
	12.2.2　干渉	*160*
	12.2.3　回折	*161*
12.3	聴覚と耳	*162*
	12.3.1　耳の性能	*165*
	12.3.2　周波数と音の高さ	*166*
	12.3.3　音の強さと知覚される音の大きさ	*167*
12.4	コウモリと反射音	*168*
12.5	動物により作り出される音	*169*
12.6	音響的な罠	*170*
12.7	音の臨床応用	*170*
12.8	超音波	*170*
練習問題		*171*

第13章　電気　*173*

13.1	神経系	*173*
	13.1.1　神経細胞	*174*
	13.1.2　軸索の電気的ポテンシャル（電位）	*176*
	13.1.3　活動電位	*177*
	13.1.4　電気ケーブルとしての軸索	*178*
	13.1.5　活動電位の伝播	*180*
	13.1.6　軸索回路の解析	*183*

	13.1.7　シナプス伝達	*185*
	13.1.8　筋肉の活動電位	*186*
	13.1.9　表面電位	*187*
13.2	植物の電気	*188*
13.3	骨の電気	*188*
13.4	電気魚	*190*
練習問題		*190*

第14章　電気技術　　*192*

14.1	生物学研究における電気技術	*192*
14.2	診断装置	*194*
	14.2.1　心電計	*194*
	14.2.2　脳波計	*195*
14.3	電気の生理的効果	*195*
14.4	制御システム	*198*
14.5	帰還（フィードバック）	*200*
14.6	感覚補助	*202*
	14.6.1　聴覚補助具	*202*
	14.6.2　人工内耳	*203*
練習問題		*204*

第15章　光学　　*206*

15.1	視覚	*206*
15.2	光の特性	*207*
15.3	眼の構造	*207*
15.4	焦点調節	*208*
15.5	眼とカメラ	*209*
	15.5.1　絞りと被写界深度	*210*
15.6	眼のレンズ系	*211*
15.7	単純化した眼——省略眼	*212*
15.8	網膜	*213*
15.9	眼の分解能	*215*
15.10	視覚の閾値	*217*

15.11	視覚と神経機構	218
15.12	視覚の障害	218
15.13	近視用レンズ	220
15.14	遠視と老眼用のレンズ	221
15.15	視覚能を拡大する方法	221
	15.15.1 望遠鏡	221
	15.15.2 顕微鏡	222
	15.15.3 共焦点顕微鏡法	223
	15.15.4 光ファイバー	227
練習問題		229

第16章　原子物理学　230

16.1	原子	230
16.2	分光法	236
16.3	量子力学	237
16.4	電子顕微鏡	238
16.5	X線	240
16.6	X線コンピュータ断層撮影法	241
16.7	レーザー	242
	16.7.1 レーザー手術	244
	16.7.2 医用イメージングにおけるレーザー	246
	16.7.3 医療診断におけるレーザー	247
16.8	原子間力顕微鏡法	247
練習問題		249

第17章　核物理学　251

17.1	原子核	251
17.2	磁気共鳴イメージング	252
	17.2.1 核磁気共鳴	253
	17.2.2 NMRによるイメージング	257
	17.2.3 機能的磁気共鳴イメージング（fMRI）	259
17.3	放射線治療	261
17.4	放射線による食糧保存	262

xiv　目次

　　17.5　同位体トレーサー　　　264
　　17.6　物理の法則と生命　　　265
　　練習問題　　　267

第18章　生物学と医学分野におけるナノテクノロジー　　　268
　　18.1　ナノ構造　　　268
　　18.2　ナノテクノロジー　　　268
　　18.3　ナノ構造体の特性　　　269
　　　　18.3.1　金属ナノ粒子の光学特性　　　269
　　　　18.3.2　金属ナノ粒子の表面特性　　　270
　　　　18.3.3　ナノ構造化表面の超撥水性　　　271
　　18.4　ナノテクノロジーの医療への応用　　　272
　　　　18.4.1　バイオセンサーとしてのナノ粒子　　　272
　　　　18.4.2　癌治療におけるナノテクノロジー　　　274
　　　　18.4.3　外部からの標的腫瘍温熱療法　　　274
　　　　18.4.4　標的化薬剤送達（ターゲット・ドラッグ・デリバリー）　　　275
　　　　18.4.5　医療分野における銀ナノ粒子　　　276
　　18.5　消費製品中のナノ粒子利用に際する問題点　　　277
　　練習問題　　　278

補遺A　力学の基本概念　　　279
補遺B　電気学の概説　　　293
補遺C　光学の概説　　　299
文献　　　307
数値問題の解答　　　315
索引　　　319
監訳者あとがき　　　327
訳者紹介・著者紹介　　　334

略語一覧

Å	angstrom（オングストローム）	
av	average（平均）	
atm	atmosphere（気圧）	
A	ampere（アンペア）	
cal	calorie（カロリー，gram calorie グラムカロリー）	
Cal	Calorie（カロリー，kilo calorie キロカロリー）	
C	coulomb（クーロン）	
CT	computerized tomography（コンピュータ断層撮影）	
cos	cosine（コサイン）	
cps	cycles per second（サイクル毎秒）	
cm^2	square centimeters（平方センチメートル）	
cm	centimeter（センチメートル）	
c.g.	center of gravity（重心）	
deg	degree（度）	
dB	decibel（デシベル）	
diam	diameter（直径）	
dyn	dyne（ダイン）	
dyn/cm^2	dynes per square centimeter（ダイン毎平方センチメートル）	
ft	foot（フィート）	
ft/sec	feet per second（フィート毎秒）	
F	farad（ファラド）	
F/m	farad/meters（ファラド毎メートル）	
g	gram（グラム）	
h	hour（時間）	
Hz	hertz（ヘルツ，cps）	
J	joule（ジュール）	
km	kilometer（キロメートル）	
km/h	kilometers per hour（キロメートル毎時）	
kg	kilogram（キログラム）	
kgf	kilogram force（重量キログラム）	
KE	kinetic energy（運動エネルギー）	

in	inch（インチ）
kph	kilometers per hour（キロメートル毎時）
lim	limit（極限）
lb	pound（ポンド）
liter/min	liters per minute（リットル毎分）
μ	micron（ミクロン）
μA	microampere（マイクロアンペア）
μV	microvolt（マイクロボルト）
$\mu V/m$	microvolt per meter（マイクロボルト毎メートル）
mV	millivolt（ミリボルト）
ms	millisecond（ミリ秒）
m	meter（メートル）
m/sec	meters per second（メートル毎秒）
min	minute（分）
mph	miles per hour（マイル毎時）
max	maximum（最大）
mA	milliampere（ミリアンペア）
MRI	magnetic resonance imaging（磁気共鳴画像法）
N	newton（ニュートン）
N-m	newton meters（ニュートン・メートル）
nm	nanometer（ナノメートル）
NMR	nuclear magnetic resonance（核磁気共鳴）
Ω	ohm（オーム）
PE	potential energy（位置エネルギー）
psi	pounds per sq. in.（ポンド毎平方インチ）
rad	radian（ラジアン）
sin	sine（サイン）
sec	second（秒）
SMT	soil moisture tension（土壌水分吸収力）
tan	tangent（タンジェント）
V	volt（ボルト）
W	watt（ワット）

第1章 Chapter 1

静的な力

　力学 (mechanics) は，物体の運動に対する力の効果に関する物理学の一分野である．生物システム，おもに動物の運動や移動を支配する原理について十分な理解を可能とした物理学の最初の分野であった．現在の力学の概念は，アイザック・ニュートン (Isaac Newton) によって確立され，彼の著書プリンキピア・マテマティカ (Principia Mathematica) は，1687年に出版された．しかし，力学の研究自体は，もっと早い時代に始まっており，紀元前4世紀のギリシャの哲学者に遡ることができる．科学と運動競技の双方に興味をもっていた古代ギリシャ人は，動物の運動に物理学の原理を適用した最初の世代でもあった．アリストテレスは，次のように述べている．「運動する動物は，地面を蹴って自分の位置を変えようとする．（中略）走者は，腕を振れば早く走れる．それは，腕の延長上にある手と手首にもたれかかっているようなものだからである訳注1．」ギリシャの哲学者によって提案された概念には間違っているものもあったが，自然現象の中に普遍原理を見いだそうとした行為は，歴史の上に科学的思考法の始まりという足跡を残した．

　古代ギリシャ崩壊後，ルネッサンスが科学を含む多くの活動の復興をもたらすまでの間，すべての科学的活動は，一時中断の時代に入った．レオナルド・ダヴィンチ (Leonaldo da Vinci, 1452-1519) は，ルネッサンス期に動物の運動や筋肉の機能についての詳細な観察を行った．ダヴィンチ以降には，力学的原理の視点から動物の運動の理解に何百もの人々が貢献した．彼らの研究は，改良された解析技術や，写真用カメラ・電子タイマーのような計測機器の発展によって助長された．今日では，ヒトの運動に関する研究は，運動学（キネシオロジー）と生体力学（バイオメカニクス）の一分野を形成している．運動学では主として運動競技に適したヒトの動きが研究されている．バイオメカニクスはもっと広範な分野

訳注1 「重心移動を助ける」の意味

であり，筋運動に限定するのではなく骨や肺・心臓などの臓器の生理学的挙動にも関連している．義肢や人工心臓のような補綴具の開発は，バイオメカニクス研究のなかで活発な一領域である．

力学は，科学における他の学問分野と同様に，いくつかの基礎的概念から始まり，それらを相互に関係づける規則を与える体系である．補遺 A は，力学の基本概念をまとめたものであり，学問分野の完全な解説というよりも概説的な内容構成である．これから，人体に作用する静的な力を調べることにより，力学についての議論を始めよう．最初に人体の安定性と平衡について考察し，次に骨格筋によって人体の各部位に発生する力を計算してみよう．

1.1 平衡と安定

地球は，物体の質量に対して引力を発揮する．実際に，物体のあらゆる小さい質量要素は，地球による引力を受けており，これらの力の総和は，物体の総重量に相当する．この重量は，質量中心または重心と呼ばれる単一点に作用する力とみなされる．補遺 A に記載されているように，ある物体に作用する力およびトルクのベクトル和がゼロであるならば，その物体は静的平衡状態にある．ある物体が支持されていなければ，重力によって加速されるので，その物体は平衡状態にはない．ある物体が安定な平衡状態にあるためには，適切な支持がなければならない．

支持部に対する質量中心の位置が，その物体が安定か否かを決定する．物体の質量中心が支持部の真上にあれば，重力の作用のもとで安定な平衡状態にあるといえる（図 1.1a,b）．この条件下では，重力と重力によって生じるトルクは支持部での反作用により打ち消される．もし質量中心が支持部からずれていれば，重量によりもたらされるトルクにより，物体は倒れる（図 1.1c）．

物体の支持底面の幅が広いほど，より安定になり，倒すことがより難しくなる．もし，図 1.1a のように底面が広い物体を，図 1.2a のように傾けた場合には，物体重量によるトルクによって，物体は元の位置に戻る（F_r は，表面から物体に作用する反力［反作用の力］）．底面が狭い物体の場合には，同じ程度の角度の傾きでも，倒れるほどのトルクが発生する（図 1.2b）．同様な考えから，物体の重心が底面に近い場合には，より安定であることがわかる．

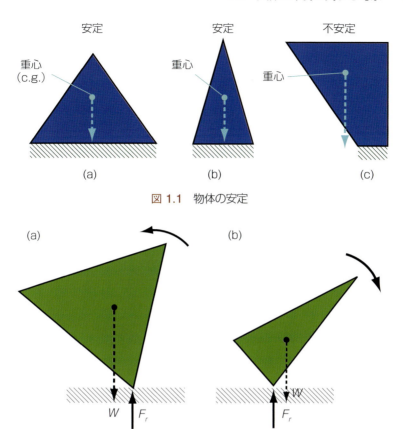

図 1.1　物体の安定

図 1.2　(a) 重量によって生じるトルクは，物体を元の位置に戻す．(b) 重量によって生じるトルクは，物体を倒しうる．簡略化のために，接触点が滑らないようにする摩擦力は示されていない．摩擦力は，図 (a) では，左向き水平に，図 (b) では，右向きになる．（摩擦力の考察に関しては，2 章を参照）

1.2　人体の平衡に関する考察

　体の側面に両腕をつけて直立しているヒトの**重心** (center of gravity) は，足底から測って身長のほぼ 56％ の高さに位置する（図 1.3）．ヒトが動いたり，身体を曲げたりすれば，重心は移動する．バランスを取るためには，重心を足の真上に維持することが必要である．重心が足の位置を越えてずれると，ヒトは倒れてしまう．

　荷物を不均等に持っている場合には，ヒトは身体を曲げたり手足を伸ばしたりして身体の重心を足の真上に戻るようにシフトさせて補償する．たとえば，片腕

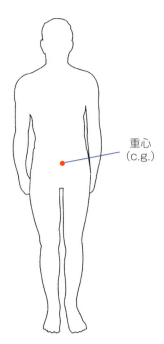

図 1.3 人体の重心

に荷物を持っている場合には，他方の腕を身体から離して，荷物から離れるように胴体を曲げるような姿勢をとる（**図 1.4**）．このような不均一な荷重分布を補償する動作は，片腕を失った人々にしばしば深刻な問題を引き起こす．なぜなら，補償作用として胴体をいつも曲げていれば，脊柱の永久的変形をもたらすからである．上肢切断患者には，たとえそれを使うことができなくても，バランスのとれた荷重分布を取り戻すために義手を装着することが推奨される．

1.3　外力が作用する人体における安定性

人体は，もちろん下向きの体重以外の外力を受けるかもしれない．気を付けの姿勢で直立しているヒトの肩に力を加えたときに，そのヒトが倒れる力の大きさを計算してみよう．ここで仮定する人体の寸法は，**図 1.5** に示されている通りである．外力が作用しない場合には，体の重心が支持部である足の真上にあり，人体は安定な平衡状態にある．外力 F_a は，人体を倒すように作用する．ヒトが倒れるときには，滑らないとすると，点 A を支点として転倒する．外力によって生じるこの点まわりの反時計方向のトルク T_a は，次式で与えられる．

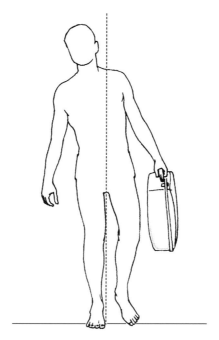

図 1.4 荷物を持ったヒト

$$T_a = F_a \times 1.5 \text{ m} \tag{1.1}$$

体重による反対方向の復元トルクは，次式となる．

$$T_w = W \times 0.1 \text{ m} \tag{1.2}$$

このヒトの質量 m を 70 kg と仮定すると，体重 W は，

$$W = mg = 70 \times 9.8 = 686 \text{ ニュートン (N)} \tag{1.3}$$

となる（ここで，g は重力加速度を表し，その値は，9.8 m/sec² である）．したがって，体重による復元トルクは，68.6 N·m となる．このヒトは，これらの2つのトルクがちょうど等しい条件，$T_a = T_w$，あるいは

$$F_a \times 1.5 \text{ m} = 68.6 \text{ N-m} \tag{1.4}$$

が，転倒するか否かの限界値を与える．

したがって，直立しているヒトを転倒させるには，次の力が必要とされる．

$$F_a = \frac{68.6}{1.5} = 45.7 \text{ N (4.66 kgf)} \tag{1.5}$$

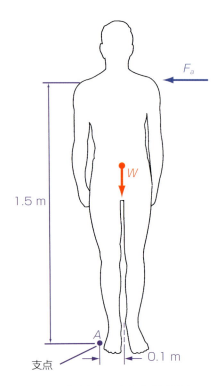

図 1.5　直立したヒトに作用する力

　実際には，外力に逆らう方向に胴体を曲げることによって，バランスを崩すことなくより大きい側方力に耐えることができる（図 1.6）．この動作は，重心位置を支点 A から離れさせ，体重による復元トルクを増加させる．

　転倒力に抗する安定性は，図 1.7 に示されるように，足を広げることによっても増大できる．このことは，練習問題 1-1 で考察する．

1.4　骨格筋

　骨格系の運動を生じる骨格筋は，両端で細くなって腱につながる柔軟な鞘に包まれた数千の平行な線維から構成されている（図 1.8）．強い組織から構成される腱は，骨内部まで伸び，筋と骨を結びつけている．ほとんどの筋は，先細りになり1つの腱につながる．しかし，筋によっては2つまたは3つの腱につながる場合もある．これらの筋は，それぞれ，二頭筋（biceps），三頭筋（triceps）と呼ばれる．筋の各端部は，異なった骨につながっている．一般に，筋でつながった

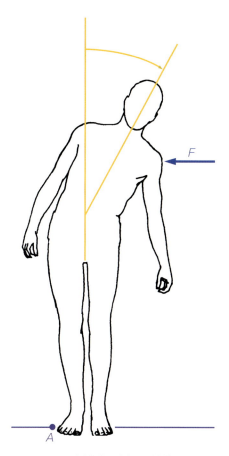

図 1.6　側方力に対する補償動作

2つの骨は，それぞれが接続する関節部位で自由に動くことができる．

　この筋と骨との配置は，レオナルド・ダヴィンチによって次のように記述されている．「筋は，常に，互いに接触する異なる骨の一方に始まり，他方に終わりを有するのであり，同じ骨に始まりと終わりを有するものではない．」彼は，また次のように述べている．「筋の機能は，性器と舌を除いて，引っ張ることであり押すことはない．」

　筋が引っ張る力（引張力）を出すというダヴィンチの観察は正しい．筋線維は，付着した神経終末から電気刺激を受けたときに収縮する．その結果，筋は短くなり，筋が付着している2つの骨（筋付着部）に引張力が負荷される．

　ある筋が対象に作用する引張力には，大きなバリエーションがある．筋の収縮力は，いかなるときでも筋内で収縮している線維の数によって決定される．個々

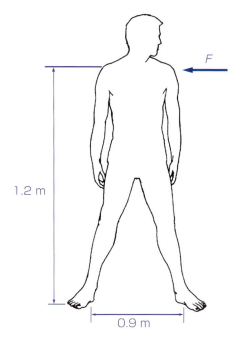

図 1.7 足を広げることによる安定性の増加

の線維が電気刺激を受けると,それぞれが最大限に収縮しようとする.もし強い引張力が必要とされる場合には,多数の線維が刺激を受けて収縮する.

実験により,1つの筋が発生しうる最大筋力はその断面積に比例することが示されている.実測により,筋は単位断面積あたり,約 7×10^6 dyn/cm^2 ($= 7 \times 10^5$ Pa $= 70$ kgf/cm^2) の筋力を発生できると計算されている.

筋力を計算するために,人体のいろいろな関節を,梃子(てこ,レバー)として解析することができる.そのようなモデル化は,単純化のための仮定を含み,腱は特定された点で骨に付着し,関節部では摩擦が無いと仮定されている.

現実の世界における各種システムの挙動を計算するためには,単純化がしばしば必要とされる.システムのすべての特性が既知であることは滅多にないし,既知な場合でさえ,通常はすべての詳細を考慮する必要はない.計算は,しばしば,現実の状況の良好な表現とみなされるモデルに基づいて行われる.

1.5 梃子

梃子(レバー)とは,**支点**(fulcrum)と呼ばれる固定点のまわりで自由に回転

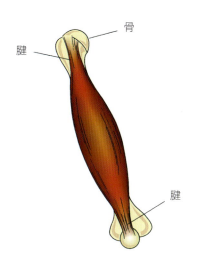

図 1.8　筋の模式図

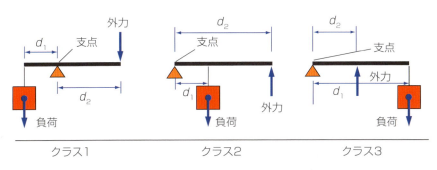

図 1.9　梃子（レバー）の 3 種のクラス分類

できる剛体棒のことである．支点の位置は固定されているため，棒（バー）に対して自由には動けない．梃子は，有利な手法で荷重を持ち上げたり，一点から他点への移動するためにも使われる．

図 1.9 に示されるように，梃子には 3 つのクラス（種類）がある．クラス 1 の梃子では，支点は，外力と荷重の間に位置している．バール（かなてこ）は，その事例である．クラス 2 の梃子では，支点は，棒の一端にあり，外力は棒の他端に作用し，荷重はそれらの中間に位置する．手押し車は，クラス 2 の例である．クラス 3 の梃子では，支点は棒の一端にあり，荷重は他端に位置し，外力は両端の

中間に与えられる．以下で述べるように，動物の手足の運動の多くは，クラス 3 の梃子によってなされている．

平衡条件（補遺 A）から示されるように，3 種のすべての梃子に対して，重量 W と釣合うことが必要となる外力 F は，次式で与えられる．

$$F = \frac{Wd_1}{d_2} \tag{1.6}$$

ここで，d_1 と d_2 は，図 1.9（練習問題 1-2）に示されるように，レバーアーム（支点・作用点間距離）の長さである．もし d_1 が d_2 より短ければ，荷重と釣合うために必要な力は，荷重よりも小さくなる．梃子の機械的な利得 M は，次式で与えられる．

$$M = \frac{W}{F} = \frac{d_2}{d_1} \tag{1.7}$$

支点からの距離に依存して，クラス 1 の梃子の機械的利得は，1 より大きくなったり小さくなったりする．荷重を支点に近づけると，d_1 は d_2 よりずっと小さくなり，クラス 1 の梃子では，非常に大きい機械的利得が得られる．クラス 2 の梃子では，d_1 は d_2 より常に小さい．したがって，クラス 2 の梃子の機械的利得は，1 より大きい．クラス 3 の梃子での状況は，逆になり，d_1 は d_2 より大きい．したがって，クラス 3 の梃子の機械的利得は，1 より小さい．

荷重と釣合うよりもやや大きい力が作用すると，荷重を持ち上げることになる．外力の作用点が L_2 だけ移動すると，重り（荷重部）は，L_1 の距離を移動する（図 1.10）．L_1 と L_2 の関係（練習問題 1-2 参照）は，次式で与えられる．

$$\frac{L_1}{L_2} = \frac{d_1}{d_2} \tag{1.8}$$

運動している梃子のこれらの 2 点の速度比は，同様にして次式で与えられる．

$$\frac{v_1}{v_2} = \frac{d_1}{d_2} \tag{1.9}$$

ここで，v_2 は外力が作用している点の速度で，v_1 は重りの速度である．これらの関係は，3 種のクラスの梃子すべてに適用できる．このように，重りの移動（変位）と速度が機械的利得と反比例することは明白である．

1.6 肘

肘の運動を生じる 2 つの最も重要な筋は，上腕二頭筋と上腕三頭筋である（図

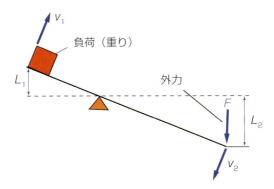

図 1.10　クラス 1 の梃子におけるレバーの運動

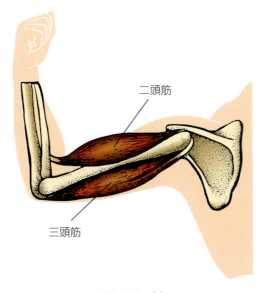

図 1.11　肘

1.11).三頭筋の収縮は肘を伸展させ(開かせ),二頭筋の収縮は肘を屈曲させる(閉じさせる).ここでの肘の解析では,これらの 2 つの筋の作用だけを考えよう.他の多くの筋も肘の運動に関与しているので,この解析は単純化の一例である.他の筋には,肘が運動する場合に肩関節を安定させたり,肘関節自体を安定させたりするものがある.

　図 1.12a は肘関節を 100° に屈曲した状態で,手に重り W を保持している場合を示している.この腕の位置の単純化された模式図が,図 1.12b に示されている.図 1.12 に示された寸法はヒトの腕に合致しているが,もちろん個人差があ

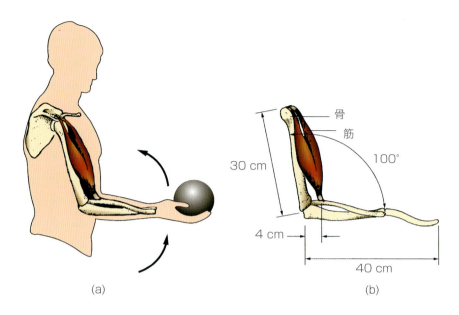

図 1.12　(a) 手に重りを保持する場合　(b) 簡略模式図

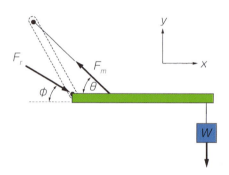

図 1.13　図 1.12 に対応する梃子表示

る．重りは腕を下向きに押している．したがって，前腕に作用する筋力は，上向きに作用しなければならない．すなわち，主働筋は，二頭筋となる．上腕の位置は，肩部の筋の作用によって肩に固定される．釣合の条件の元で，二頭筋による引張力 F_m と支点（肘関節部）における反力 F_r の方向と大きさを計算してみよう．図 1.13 に示されるように，クラス 3 の梃子として腕の位置を考えることによって計算する．x 軸，y 軸は，図 1.13 に示されている．示されている反力 F_r の方向は，推測である．厳密な解は，計算によって与えられる．

　この問題では，筋力 F_m，支点での反力 F_r，この力の角度あるいは方向 ϕ とい

う3つの未知量がある．筋力の方向 θ は，釣合条件を使わなくても，三角関数の考え方から計算可能である．練習問題 1-3 に示されているように，角度 θ は 72.6° である．

釣り合うためには，力の x 方向，y 方向成分の和はそれぞれ 0 にならなければならない．これらの条件から次式が得られる．

$$\text{力の } x \text{ 方向成分：} \quad F_m \cos\theta = F_r \cos\phi \tag{1.10}$$

$$\text{力の } y \text{ 方向成分：} \quad F_m \sin\theta = W + F_r \sin\phi \tag{1.11}$$

これらの2つの式だけでは，3つの未知量を決定するには十分ではない．必要なもう1つの式は，釣合に対するトルクの条件から得られる．平衡状態では，図 1.13 の任意の点のまわりのトルクは0でなければならない．便宜上，ここでは支点のまわりのトルクを考えることにする．

支点まわりのトルクは0でなければならない．この点まわりには，重りによる時計回りのトルクと，筋力の垂直 y 成分による反時計方向のトルクの2つのトルクがある．反力 F_r は，支点に作用するから，この点まわりのトルクは発生しえない．

図 1.12 にて示されている寸法を使うと，次の式が得られる．

$$4 \text{ cm} \times F_m \sin\theta = 40 \text{ cm} \times W$$

すなわち，

$$F_m \sin\theta = 10\, W \tag{1.12}$$

となる．したがって，$\theta = 72.6°$ の場合には筋力 F_m は，次式で得られる．

$$F_m = \frac{10W}{0.954} = 10.5\, W \tag{1.13}$$

手に 14 kg の重りを持っている場合には，次の筋力を得る．

$$F_m = 10.5 \times 14 \times 9.8 = 1440 \text{ N } (147 \text{ kgf})$$

二頭筋の断面直径が 8 cm で，筋が 1 cm^2 あたり 7×10^6 dyn の力を生じるとすれば，腕は，図 1.13 に示される肢位において，最大 334 N (34 kgf) を支持できる（練習問題 1-4 参照）．

式 1.10 と式 1.11 の解は，反力 F_r の大きさと方向を与える．前例と同様に，支持される重りを 14 kg とすれば，これらの式は，

$$1440 \times \cos 72.6° = F_r \cos \phi$$
$$1440 \times \sin 72.6° = 14 \times 9.8 + F_r \sin \phi \tag{1.14}$$

すなわち

$$F_r \cos \phi = 430 \text{ N}$$
$$F_r \sin \phi = 1240 \text{ N} \tag{1.15}$$

となる．両式を 2 乗して，$\cos^2 \phi + \sin^2 \phi = 1$ の関係を使って加えると，

$$F_r^2 = 1.74 \times 10^6 \text{ N}^2$$

あるいは

$$F_r = 1320 \text{ N } (135 \text{ kgf}) \tag{1.16}$$

が得られる．

式 1.14 と式 1.15 から，角度 ϕ のコタンジェントは，

$$\cot \phi = \frac{430}{1240} = 0.347 \tag{1.17}$$

したがって，

$$\phi = 70.9°$$

となる．練習問題 1-5, 1-6, 1-7 では，二頭筋についての類似事例が示してある．これらの計算において，われわれは腕の自重を無視したが，練習問題 1-8 では，この影響が考慮されている．三頭筋による筋力の事例は，練習問題 1-9 に示されている．

ここでの計算は，関節に作用する力と筋力が大きいことを示している．実際に筋力は，筋が支える重りよりもずっと大きい．これは，人体のすべての骨格筋に当てはまる．骨格筋はすべて，機械的利得が 1 より小さい梃子によって力を与えているのである．前述のように，この配置が手足の速い動きを可能にしている．筋長のわずかな変化が手足端部の比較的大きい変位をもたらしている（練習問題 1-10 参照）．自然は，強さよりも速さを好むようである．実際に，手足端部で得られる速度は卓越している．優れた投手は，野球ボールを 161 km/h 以上の速度で投げることができる．もちろん，これは，投手がボールを放つ位置での彼の手の速度でもある．

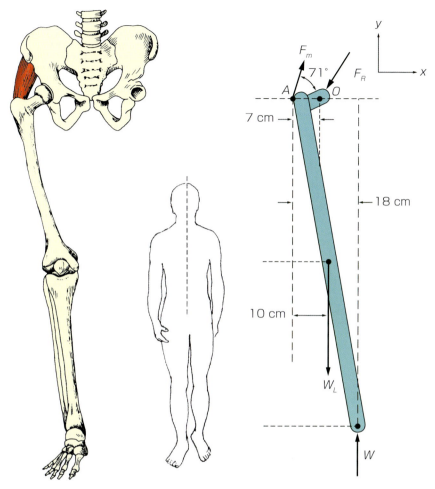

図 1.14 (a) 股関節 (b) 梃子表示

1.7 股関節

図 1.14 は，股関節とその単純化された梃子を表しており，その寸法は，男子人体の代表値である．股関節は，筋群によってソケット部に安定化されており，筋力は図 1.14b に単一の合力 F_m として表示されている．ヒトが直立しているときには，この力の角度は水平線に対して 71° である．W_L は，脚部，足，大腿部を含む重量である．この部位の重量は，代表的には全体重 W の 0.185 倍に相当する（$W_L = 0.185W$）．重量 W_L は，下肢の中間点で垂直下向きに作用するとみなされる．

まず，図 1.14 に示されるように，低速歩行と同様に片足で直立している場合の股関節に作用する筋力 F_m と力 F_R を計算してみよう．梃子の底部に作用する力 W は，ヒトの足に作用する床からの反力である．これは，体重を支持する力である．

1.6 節に示された方法を用いて釣合条件から次式が得られる．

$$F_m \cos 71° - F_R \cos\theta = 0 \quad (力の\ x\ 方向成分 = 0) \tag{1.18}$$

$$F_m \sin 71° + W - W_L - F_R \sin\theta = 0 \quad (力の\ y\ 方向成分 = 0) \tag{1.19}$$

$$(F_R \sin\theta) \times 7\ \text{cm} + W_L \times 10\ \text{cm} - W \times 18\ \text{cm} = 0$$
$$(A\ 点まわりのトルク = 0) \tag{1.20}$$

$W_L = 0.185\ W$ であるので，式 1.20 より次式を得る．

$$F_R \sin\theta = 2.31\ W$$

式 1.19 の結果を使えば，次式が得られる．

$$F_m = \frac{1.50\ W}{\sin 71°} = 1.59\ W \tag{1.21}$$

式 1.18 からは，次式が得られる．

$$F_R \cos\theta = 1.59\ W \cos 71° = 0.52\ W$$

したがって，

$$\theta = \tan^{-1} 4.44 = 77.3°$$
$$F_R = 2.37\ W \tag{1.22}$$

となる．

この計算は，股関節に作用する力が，体重の 2.5 倍に近いことを示す．たとえば，体重が 70 kg のヒトの重量は，$9.8 \times 70 = 686$ N であるので，股関節に作用する力は，1625 N (166 kgf) となる．

1.7.1 跛行

損傷した股関節を有するヒトは，その足に負荷をかけるときには，損傷側に傾け，足を引きずるように歩く（跛行する）（図 1.15）．その結果，体重心が股関節の真上にシフトし，損傷部位へ作用する力を低減させる．図 1.15 の事例に対す

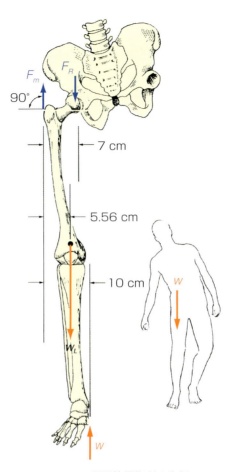

図 1.15 股関節損傷者の歩行

る計算により，筋力は，$F_m = 0.47\,W$ であり，股関節へ作用する力は，$1.28\,W$ となる（練習問題 1-11 参照）．これは，通常の片脚立脚期に作用する力から大きく低減している．

1.8 背

体幹を前方に曲げるときには，脊柱は，おもに第 5 腰椎を支点にして屈曲する（図 1.16a）．腕をぶらりと垂らして体幹を垂直軸から 60° 屈曲している場合の力を解析してみよう．この状況を表す梃子のモデルを図 1.16 に示す．

支点 A は，第 5 腰椎である．レバーアーム AB は，背である．体幹の重量 W_1

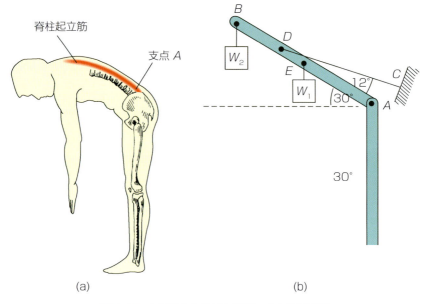

図 1.16 (a) 背中を曲げた姿勢　(b) 梃子表示

は，背に沿って一様に分布している．その効果は，中間地点につりさげた重りで表される．頭と腕の重量は，レバーアーム端部につりさげられた W_2 で表される．脊柱の 2/3 の位置に付着する連結部 D-C で示される脊柱起立筋が，背の傾きを保持している．脊柱と起立筋のなす角度は，約 12° である．体重 70 kg のヒトの場合には，W_1 と W_2 の代表値は，それぞれ 320 N (33 kgf) および 160 N (16 kgf) となる．

　この問題の解答は，練習問題に残しておこう．体重だけを支えるためには，筋力として 2000 N (204 kgf) が作用する必要があり，第 5 腰椎にかかる圧縮力は 2230 N (228 kgf) となる．さらに，もし，このヒトが手に 20 kg の重りを持つ場合には，筋力は 3220 N (329 kgf) となり，腰椎にかかる圧縮力は 3490 N (356 kgf) となる（練習問題 1-12 参照）．

　この事例は，第 5 腰椎には大きい力が作用することを示している．腰痛がこの部位で頻繁に生じることは，驚くべきことではない．また，図に示された体位が，重量物を持ち上げる場合に推奨されないことは明白である．

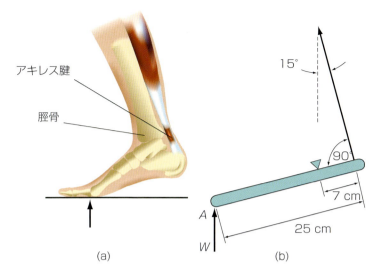

図 1.17 (a) つま先立ちの姿勢　(b) 梃子表示

1.9　つま先片足直立

片足でつま先立ちするときの足の配置が図 1.17 に示されている．ヒトの全体重は，点 A における反力で支持されている．これは，脛骨の接触部位を支点とするクラス 1 の梃子である．これと釣り合う力は，アキレス腱を介して踵につながる筋によって与えられる．

図 1.17b に示される寸法と角度は，この状況に関して妥当な値である．計算により，つま先片足立ちのときに脛骨にかかる圧縮力は，$3.5\,W$ であり，アキレス腱にかかる引張力は，$2.5\,W$ である（練習問題 1-13 参照）．つま先立ちは，かなり厳しい肢位である．

1.10　姿勢の動的な特性

人体に関するこれまでの考察では，骨格筋が発生する力は静的であると仮定してきた．すなわち，それらは時間に関して一定である．実際には，人体（および動物の体）は，内部起因の刺激や外部環境から与えられる刺激にたえず応答している動的システムである．直立時の体の重心は，足裏から身長の約半分の高さに位置しているので，わずかな変位によってでさえ身体を倒すことができる．実験的に示されているように，直立するという単純な動作は，重心を支持部位（ベース）

の真上に保持するために，たえず前後，左右に揺動する動きが必要である．このような姿勢を研究するためにデザインされた代表的な実験では，足裏によって与えられる力（圧力中心）を計測記録できる踏み台の上で，足を揃えて立ち，できるだけじっとするように指示される．重心の揺れを補償するために，この圧力中心は，足裏の領域内において，約 0.5 s の時間刻みで，たえず数 cm レベルで揺れている．質量中心の小さい前後方向の揺れ（摂動）（約 1.5 cm 未満の変位）は，足関節の動きによって補償される．股関節の動きは，左右の揺れはもちろん，より大きい変位に対して補償する場合に必要とされる．

歩行時の釣合の維持では，片方の足から他方の足への重心の移動を支えるため，もっと複雑な補償運動が必要とされる．身体の直立を維持することは，神経系にとって高度に複雑な作業任務である．その作業能力は，うっかり滑ってしまい，重心が支持部位から一瞬はずれてしまったときに，最も顕著に見ることができる．第 4 章の練習問題 4-9 で示されるように，補償運動がなければ，バランスを失った直立した人体は，約 1 秒で床にたたきつけられることになる．この短い時間に，重心が支持部位の真上に移動するように，身体の各部位を動員させる「立ち直り反射」によって，すべての筋システムが動作を開始する．人体は，バランス回復のプロセスにおいて，驚くべき曲芸をなしうるのである．

神経システムは，主として 3 つのソースから，バランスを維持するために必要な情報を得ている．すなわち，視覚と，頭の運動や位置をモニターする内耳に存在する前庭システム，身体の各部位の位置と方向をモニターする体性感覚システムである．加齢とともに，人体を直立させる機能の効率が低減し，転倒して損傷する事例が増加する．米国では，転倒して死亡する事例の割合が，80 歳以上の年齢層では，70 歳以下の年齢層より 60 倍も多くなっている．

人体動力学のもう 1 つの特徴は，筋骨格系の相互関連性（連結性）である．すべての筋と骨は，さまざまな経路を通して，お互いに結合しており，身体の一部における筋張力と手足の位置の変化は，他の部位での補償的変化を伴うに違いない．このシステムは，複雑なテント様構造と見なすことができる．骨はテントのポール（柱）として，筋はロープとして作動し，身体を望ましい肢位に保ちバランスをとる．このタイプの構造が適切に機能するためには，力が，すべての筋と骨において適切に分布する必要がある．テントでは，前方に引っ張るロープをピンと張るときには，それに対応して後方のロープの張力は増大させなければならない．さもなければ，テントは前方に倒れることになる．筋骨格系も同様に作動する．たとえば，足の前方の大きい筋が過度の緊張，すなわち，過度の収縮を起こせば，胴体を前方に引っ張ることになる．この前方引き寄せを相殺するために

は，背中の筋が緊張しなければならず，しばしば，腰の繊細な構造に対して過剰な力を負荷することになる．このように，一組の筋における過剰な張力は，身体のまったく異なった部位の痛みを生じることがある．

練習問題

1-1. (a) 図 1.7 に示したように，人体を倒そうとする力が作用する場合に，足を広げることによって安定性が増加する理由を説明せよ．

(b) 質量 70 kg のヒトが，図 1.7 に示したように，両足の間隔を 0.9 m に広げて立っている場合に，倒すのに必要な力を算出せよ．ただし，ヒトは滑らず，体重は両足に均等に分布すると仮定せよ．

1-2. 式 1.6, 1.7, 1.8 で示される関係を導出せよ．

1-3. 三角関数を用いて，図 1.13 における角度 θ を算出せよ．寸法は，図 1.12b において指定されている．

1-4. 本文に与えられているデータを用いて，図 1.12 において示されている肢位において腕が支持しうる最大重量を算出せよ．

1-5. 肘が (a) 160° および (b) 60° 屈曲し，14 kg の重りを手中に保持している場合に，上腕二頭筋が関節に与える力と関節にかかる反力 (F_r) を求めよ．必要な寸法は，図 1.12 に示されている．

腕上部は図 1.12 のように固定されていると仮定し，練習問題 1-3 で行った計算を使用せよ．これらの条件のもとでは，腕の下部は，もはや水平ではないことに注意せよ．

1-6. 再び図 1.12 を考える．さて，前腕の中心（支点から 20 cm）に，14 kg の重りを下げるとしよう．二頭筋の引張力と，関節にかかる反力を算出せよ．

1-7. 図 1.13 において，腕が 14 kg の重り 2 つを支える状況を考えよ．片方の重りは図 1.13 のように手で持ち，もう 1 つは，練習問題 1-6 のように，前腕の中央で支持される．

(a) 二頭筋の筋力と反力を算出せよ．

(b) (a) で算出される力は，重りが別々にかかっている場合に発生する力の和と同じであるか．

1-8. 図 1.13 において，腕の重量によって付加される力を算出せよ．前腕は 2 kg の質量を持ち，その全重量は，練習問題 1-6 と同様，前腕の中央に作用すると仮定せよ．

1–9. あなた自身の腕の寸法を見積もり，三頭筋により肘を伸展する梃子モデルを描け．肘の角度を $100°$ に保って腕 1 本で腕立て伏せする場合の三頭筋の筋力を求めよ．

1–10. 図 1.13 における二頭筋が 2 cm 収縮したと考えよ．重りの上方移動は，いくらになるか．筋収縮は，時間的に一様で，0.5 s 間隔で生じると考えよ．骨への腱の付着部の速度と重りの速度を求めよ．機械的利得に対する速度の比を比較せよ．

1–11. 図 1.15 に示される跛行における力を算出せよ．力 F_R の作用する角度は何度か．

1–12. (a) 図 1.16 における筋が発生する力と第 5 腰椎に作用する圧縮力を求めよ．本文に記述されている情報を用いよ．

(b) 図 1.16 に示されるヒトが手に 20 kg の重りを持っている場合に，(a) と同様の計算を行え．

1–13. 図 1.17 において，脛骨に作用する力とアキレス腱に作用する力を求めよ．

Chapter 2 第2章

摩擦

　物体の表面を調べると，それが不規則な形態を有しており，山と谷があることがわかる．肉眼では平滑に見える表面でさえ，顕微鏡観察ではそのような不規則性が見えてくる．2つの表面が接触する時には，凹凸部が噛み合い，その結果，両表面間での滑りや運動に対する抵抗が発生する．この抵抗は，**摩擦**（friction）と呼ばれる．一方の表面を他方の表面に対して運動させる場合には，摩擦に打ち勝つ力が与えられなければならない．

　図 2.1 に示すような面上に静止しているブロックを考えよう．もしブロックに力 F を加えると，ブロックは動こうとするであろう．しかし，表面の噛み合いは，運動に逆らう方向の摩擦による反作用の力 F_f を生じる．表面に沿って物体を動かすためには，外力は摩擦力に打ち勝たなければならない．摩擦力の大きさは，表面の性質によって決まり，表面が粗いほど，摩擦力は大きくなる[訳注1]．表面の摩擦特性は，摩擦係数 μ によって表される．摩擦力の大きさは，表面を押し付けて

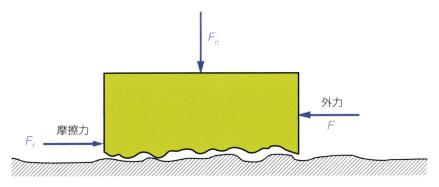

図 2.1　摩擦．簡略化のために，F_n と等しく反対向きの反力は表記されていない．

訳注1 一方，凝着力が摩擦の主体である場合には，表面が平滑なほど，摩擦力は大きくなる

いる垂直方向の力 F_n に依存する．力 F_n は，ブロックの自重（$W = mg$；補遺A.7 参照）など，表面を押しつけるあらゆる垂直方向の力である．表面を押し付ける力の大きさにより，表面の凹凸がどの程度噛み合うかが決まる．

摩擦力 F_f は，次式で表される．

$$F_f = \mu F_n \tag{2.1}$$

ここで，運動している物体に作用する摩擦力（動摩擦と称する）と静止物体に作用する摩擦力を区別しておく必要がある．物体の運動に抵抗する動摩擦力は，動摩擦係数 μ_k を用いて式 (2.1) から求められる．一般に，摩擦力に抗して物体の運動を維持するよりも，摩擦力に抗して物体を動かし始める方が大きい力を必要とする．静止している場合には，2 つの表面の凹凸がお互いにしっかりと噛み合うことができるので，このことは驚くべきことではない．ある物体を動かし始めるために与えられねばならない力も同様に式 (2.1) から求められるが，この場合には，静止摩擦係数 μ_s を用いる必要がある．この係数は，最大静止摩擦力の大きさを表す．

摩擦力の大きさは，見かけの接触面積に依存しない．もし表面の接触面積が増加すると，単位面積あたりの力（圧力）は減少し，凹凸間の噛み合いを緩くする．しかし，同時に凹凸の数は比例的に増加する[訳注2]．その結果，全摩擦力は不変となる．代表的な表面間の静摩擦係数と動摩擦係数が，**表 2.1** に示されている．明らかに，二表面間の静摩擦係数は，動摩擦係数よりいくぶん大きい値になっている．

これまで，お互いに滑りあう表面間の摩擦について説明してきたが，転がり運動（転がり摩擦）や流体流れ（粘性摩擦）でも摩擦力に遭遇する．一般に，生物系では転がり摩擦は生じないが粘性摩擦は，血流やその他の体液流れでは，重要な役割を演じている．

滑り摩擦は速度に依存しないが，流体摩擦は，速度に強く依存する．このことについては，第 3 章で議論する．

表 2.1　摩擦係数．静摩擦係数 (μ_s) と動摩擦係数 (μ_k)

表面	μ_s	μ_k
皮革/オーク材	0.6	0.5
ゴム/乾燥コンクリート	0.9	0.7
鋼/氷	0.02	0.01
乾燥骨/骨		0.3
関節：軟骨/軟骨，潤滑時	0.01	0.003

[訳注2] 一般には，真実接触面積は荷重に比例し，摩擦力は真実接触面積に比例すると説明される．

摩擦は，われわれのまわりのいたるところに存在する．それは，動物の運動能力においては，邪魔でありながら必要不可欠である．摩擦がなければ，押されて運動している物体は永遠に運動を続けるであろう（ニュートンの第1法則，補遺A）．ほんのわずかな力でさえ，われわれに永久運動を与えてくれるであろう．摩擦力こそが，運動エネルギーを消費して熱に換え，その結果として物体を静止させるのである（練習問題2-1参照）．摩擦無しでは，歩くことができないし，傾斜面でバランスをとることもできない（練習問題2-2参照）．どちらの場合でも，摩擦は必要な反力を与える．摩擦は，また接触表面で，望ましくない摩耗や引き裂き，有害な加熱（焼付き）を生じる．自然および技術者は双方とも，必要なところでは摩擦を最大にし，有害な場合には最小化するように試みる．摩擦は，2つの表面間に油のような流体を導入することによって，大きく低減される．流体は，凹凸部を満たし，表面を滑らかにする．そのような潤滑の自然の事例は，動物の関節で生じており，そこでは関節液と呼ばれる流体で潤滑されている．この潤滑剤は，摩擦を100分の1に低減させる．**表2.1**から明らかなように，自然は，非常に効果的な関節潤滑をもたらしている．この場合の摩擦係数は，氷上の鋼の摩擦よりかなり小さい．

2〜3の事例について摩擦の効果を例示しよう．

2.1 傾斜面での起立

図2.2に示すように，傾斜したオーク板上で，体重 W のヒトが滑り落ちずに起立できる傾斜角 θ を計算してみよう．この女性は，皮底の靴を履き，図に示されるように，垂直に直立していると考えよう．

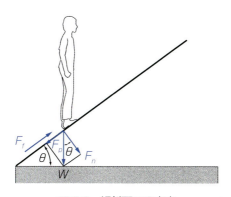

図 2.2 傾斜面での直立

傾斜面に垂直な力 F_n は，次式で表される．

$$F_n = W\cos\theta \tag{2.2}$$

静止摩擦力は，

$$F_f = \mu F_n = \mu_s W\cos\theta = 0.6W\cos\theta \tag{2.3}$$

滑りを生じる力となる表面に平行な力 F_p は，次式で表される．

$$F_p = W\sin\theta \tag{2.4}$$

力 F_p が摩擦力 F_f よりも大きくなるとヒトは滑ることになる．すなわち，

$$F_p > F_f \tag{2.5}$$

であり，滑り始める瞬間には，これらの力は等しくなるので，

$$F_p = F_f$$
$$0.6W\cos\theta = W\sin\theta \tag{2.6}$$

すなわち，

$$\frac{\sin\theta}{\cos\theta} = \tan\theta = 0.6$$

が成り立ち，$\theta = 31°$ となる．

2.2　股関節における摩擦

第 1 章において，関節に作用する力が非常に大きいことを示した．運動中の関節では，これらの大きい力が摩擦にともなう摩耗を生じうるため，もし関節が良好に潤滑されていなければ，損傷を受けることになる．関節の摩耗は，骨端の接触部位を被覆する滑らかな軟骨と，その接触域を潤滑する関節液によって大きく低減される．これから，ヒト股関節における潤滑の効果を調べてみよう．ヒトが歩くときには，各ステップの大半の期間，全体重 $W(\mathrm{N})$ が片足にかかる．体重心は関節の真上には無いので，関節に作用する力は体重より大きくなる．歩行速度に依存するが，この力は，体重の 2.4 倍程度になる（第 1 章参照）．各ステップで，股関節は，約 60° 振れる．関節の半径は，約 3 cm なので，関節は，ステップごとに臼蓋（股蓋節のソケット）内で約 3 cm 滑ることになる．関節に作用する摩擦力は次式で示される．

$$F_f = 2.4\,W\mu \tag{2.7}$$

関節が摩擦に抗して滑ることにより消費される仕事は，摩擦力とこの力が作用する距離との積になる（補遺 A 参照）．このように，各ステップで消費される仕事は，

$$\text{仕事} = F_f \times \text{距離} = 2.4\,W\mu \times 3\,\text{cm} = 7.2\,\mu W \times 10^5 \text{erg}（\text{または} \times 10^{-2}\text{J}） \tag{2.8}$$

となる．もし関節が潤滑されていなければ，摩擦係数 (μ) は，0.3 程度になる．このような条件下で消費される仕事は，次式で表される．

$$\text{仕事} = 2.16 \times W \times 10^5 \text{erg}（\text{または} \times 10^{-2}\text{J}） \tag{2.9}$$

これは，1 歩ごとに消費されなければならない仕事にしては大きい．1 人の全体重を 2.16 cm 持ち上げる仕事に相当する．さらに，この仕事は熱として消散されるために，関節に障害をもたらすことになる．

実際には，関節は良好に潤滑されており，摩擦係数は，ほんの 0.003 である．したがって，摩擦に対抗するために消費される仕事も発熱量も無視できるレベルである．しかし，加齢とともに，関節軟骨が摩耗を生じ潤滑の効果が低減すると，関節は厳しい損傷を受けることになる．最近の研究によると，70 歳になるまでに約 2/3 の人々が膝関節の障害を有し，約 1/3 が股関節の障害を有すると報告されている．

2.3 ナマズの背びれ

骨の接触表面での良好な潤滑は多くの場合には必須であるが，自然界で見られるいくつかのケースでは，骨の接触部で摩擦が増えるようにわざと潤滑なしにしている例がある．ナマズは，そのような関節を背棘ひれを体骨格につなぐ場所にもっている（図 2.3）．通常，そのひれは，体にぴったりと張りつくようにたたまれているが，襲撃された場合には，適切な筋が働いて，ひれの骨をその下の骨格のすきまに引っ張りこむことができる．ひれ骨と骨格の間の摩擦係数が高いので，摩擦力により背びれを上向きにロックすることができる．ひれを取り去るには，ひれの下の骨格に対してほぼ直角方向に力を作用させる必要がある．直立した鋭いひれのために，捕食動物はナマズを餌食にすることあきらめることとなる．

図 2.3b は，脊柱と突き出たひれの簡略な模式図である．影をつけてあるブロックは可動性のひれ骨を表し，水平のブロックはひれを保持する背棘を表している．角度 θ の向きの力 F が，点 A に作用し，骨を取り除こうとしていると考えよう．

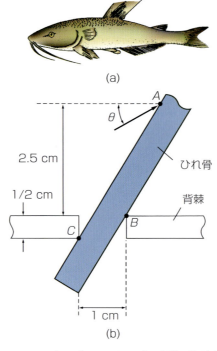

図 2.3 (a) ナマズ，(b) ナマズの背棘の簡略表示

力は，点 B の 2.5 cm 上部の点 A に作用している．図に示される寸法が練習問題 2-3 の計算に使用される．外力は，ひれ骨を傾け，その結果，反力が点 B と C に作用する．これらの力のひれ–骨表面に直交する成分が，骨の除去に抵抗する摩擦力を生じさせる．このロック機構の特性のいくつかに関する計算は，練習問題に残しておこう．

練習問題

2–1. (a) 50 kg の体重のスケーターが，氷上で 30 km/h まで速度を上げたとしよう．彼女は，滑り摩擦が彼女のエネルギーを消耗する前に，どの程度遠くまで惰性で進むことができるか（運動エネルギー $= \frac{1}{2} mv^2$，補遺 A 参照）．

(b) 惰性での進行距離は，スケーターの質量にどの程度依存するか．

2–2. 図 1.5 において，人体が外力を受けて，滑りやすさと倒れやすさが等し

くなる場合の摩擦係数を求めよ．

2–3. (a) 図 2.3 において，0.1 N のひれを取り出す力が $\theta = 20°$ の方向に作用し，背びれの骨と背棘のなす角が 45° の場合を想定せよ．ひれ骨の取り出しを防ぐために必要な骨間の摩擦係数の最小値を求めよ．

(b) 摩擦係数を 1.0 と仮定すると，0.2 N の力でひれ骨をちょうど取出せる場合の角度 θ を求めよ．もし骨が潤滑されている（$\mu = 0.01$）ならば，この角度は何度になるか．

第3章 並進運動

Chapter 3

　一般的に，身体の動きは**並進運動**（translational motion）と**回転運動**（rotational motion）で記述することができる．純粋な並進運動では，身体のすべての部位が同じ速度と加速度をもつ（**図 3.1**）．また，純粋な回転運動では，軸を中心とした棒の回転運動のように，角度 θ の変化率は身体のすべての部位で等しいが（**図 3.2**），各部位の速度と加速度は回転中心からの距離に依存する．自然界で認められる多くの動作や運動は，身体が回転しながら落下するような回転運動と並進運動の組合せである．しかしながら，便宜上，これら2つの運動は個別に議論する．この章では，並進運動について議論し，回転運動は次章で議論する．

　一定加速度における並進運動の数式は補遺 A に記載されているが，おおむね以下のようにまとめられる：同一の加速度において，任意の時間 t 加速し続ける物体の最終速度 (v) は

$$v = v_0 + at \tag{3.1}$$

ここで v_0 は物体の初速度，a は加速度である．それゆえに，加速度は次の式で与えられる．

$$a = \frac{v - v_0}{t} \tag{3.2}$$

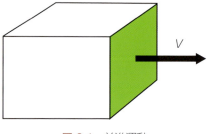

図 3.1　並進運動

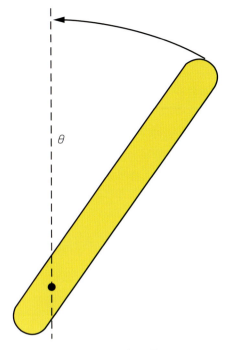

図 3.2 回転運動

任意の時間間隔 t における平均速度は，以下の式で与えられる．

$$v_{av} = \frac{v + v_0}{2} \tag{3.3}$$

この時間内に移動した距離 s は，以下の式で与えられる．

$$s = v_{av} t \tag{3.4}$$

式 3.1 および 3.2 より，次の式が得られる

$$s = v_0 t + \frac{at^2}{2} \tag{3.5}$$

式 3.1 の $t = (v - v_0)/a$ を式 3.5 に代入することによって，次の式が与えられる．

$$v^2 = v_0^2 + 2as \tag{3.6}$$

次に，これらの数式を生命科学におけるいくつかの問題に適用してみよう．この章の計算の多くは，跳躍のさまざまな局面を扱っている．一般に，跳躍の過程において身体の加速度は一定ではないが，加速度を一定と仮定することは，必要

以上に問題を難しくすることなく解くうえで必要である．

3.1 垂直跳び

跳躍者がしゃがんだ体勢から床を蹴って跳び上がる，単純な垂直跳びについて考えてみよう（図 3.3）．

まず，跳躍者が到達した高さ H を計算する．跳躍の開始時にしゃがむと，重心は距離 c の分だけ低くなる．跳躍の動作中，脚は地面を蹴ることによって力を生みだす．この力は跳躍中に変動するが，ここでは一定の平均値 F をとっていると仮定する．

跳躍者の脚が地面に対して力を発揮すると，同じ大きさの上向きの力が地面から跳躍者に対して発揮される（ニュートンの第 3 法則）．このように，下向きに作用する体重（W）と上向きに作用する反力（F）の 2 つの力が跳躍者に作用する．跳躍者に作用する正味の上向きの力は，$F-W$ である（図 3.4）．この力は，跳躍者の上体が起き上がり，脚が地面を離れるまで跳躍者に作用し続ける．それゆえに，この上向きの力は距離 c を通して跳躍者に作用する（図 3.3）．この垂直跳びにおける跳躍者の加速度は以下の式で与えられる（補遺 A を参照）．

$$a = \frac{F-W}{m} = \frac{F-W}{W/g} \tag{3.7}$$

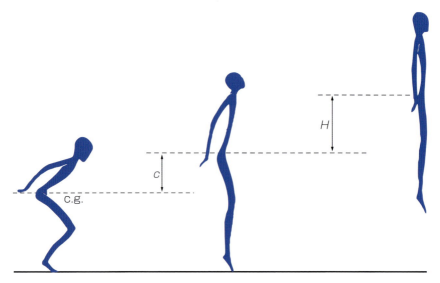

図 3.3　垂直跳び

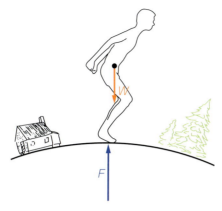

図 3.4 跳躍者に作用する力

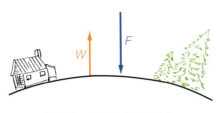

図 3.5 地球に作用する力

W は跳躍者の体重を，g は重力加速度を示す．地球に作用する力を考慮すると，$F - W$ と同じ力が地球を反対方向に加速する．しかしながら，地球の質量はあまりにも大きいので跳躍による地球の加速は無視できる．

式 3.7 で示される加速度運動は，距離 c にわたって起こる．それゆえに，跳躍者の脚が地面から離れる時点での速度 v は，式 3.6 より次の式で与えられる．

$$v^2 = v_0^2 + 2ac \tag{3.8}$$

跳躍者が跳躍する時点での初速度はゼロ（すなわち，$v_0 = 0$）なので，脚が地面から離れるときの速度は次の式で与えられる．

$$v^2 = \frac{2(F-W)c}{W/g} \tag{3.9}$$

（以下の式を式 3.8 に代入した）

$$a = \frac{F-W}{W/g}$$

身体が地面を離れた後，身体に作用する力は，身体を下向きに $-g$ 加速させる

重力 W のみとなる．身体が地面に向かって落下し始める寸前の位置，すなわち，最高到達点 H では，身体の速度がゼロになる．跳躍のこの段階の初速は，式 3.9 で与えられる，脚が地面から離れるときの速度 v である．それゆえに，式 3.6 より次の式が得られる．

$$0 = \frac{2(F-W)c}{W/g} - 2gH \tag{3.10}$$

これより，跳躍の高さは次式のようになる．

$$H = \frac{(F-W)c}{W} \tag{3.11}$$

ここで跳躍における高さを推定してみる．鍛錬されたヒトがうまく跳躍すると，発揮される平均的な脚力は体重の 2 倍程度であることが実験的に示されている（すなわち，$F = 2W$）．この場合，跳躍の高さは $H = c$ となる．跳躍者がしゃがむときに重心は下がるが，その距離 c は脚の長さに比例する．平均的なヒトの場合，この距離は約 60 cm であり，これが垂直跳びの高さに関するわれわれの推定値である．

垂直跳びの高さは，単純にエネルギーの視点からも計算できる．跳躍中に力 F によって跳躍者の身体になされた仕事量は，力 F とこの力が作用し続けた距離 c の積である（補遺 A を参照）．この仕事量は，跳躍者が上向きに加速された運動エネルギーに変換される．跳躍の最高到達点 H（跳躍者が地面に向かって落下し始める時点）では，跳躍者の速度はゼロとなる．この時点では，運動エネルギーはすべて跳躍者の重心が持ち上げられた高さ $(c+H)$ の位置エネルギーに変換される．それゆえに，エネルギーの変換により，

身体になされた仕事量 ＝ 最大到達点における位置エネルギー

または

$$Fc = W(c+H) \tag{3.12}$$

この数式より，跳躍の高さは，上記と同様で以下のようになる．

$$H = \frac{(F-W)c}{W}$$

別の視点からの垂直跳びについては，練習問題 3–1 で解いてみる．

3.2 重力が垂直跳びに与える影響

物体の重さは，その物体が存在する惑星の質量と大きさに依存する．たとえば，

月の重力定数は地球上の 6 分の 1 である．それゆえに，任意の物体の月面上での重さは，地球上の 6 分の 1 となる．ヒトが月面で跳躍をすると，体重が減少するのに比例して高く跳べるようになると考えるのは，よく犯す誤りの 1 つである．次の計算で示されるように，実際にはそのようなことは起こらない．

式 3.11 より，地球上での跳躍の高さは以下の通りである．

$$H = \frac{(F-W)c}{W}$$

脚の筋力に依存して身体を上向きに加速する力 F は，同じヒトであれば月面上でも地球上でも等しい．同様に，重心が下がる距離 c も場所によって変動しない．それゆえに，月面における跳躍の高さ (H') は，次の式で与えられる．

$$H' = \frac{(F-W')c}{W'} \tag{3.13}$$

ここで，W' は月面でのその人の体重である（すなわち，$W' = W/6$）．2 つの地点における跳躍の高さの比は，以下のようになる．

$$\frac{H'}{H} = \frac{(F-W')W}{(F-W)W'} \tag{3.14}$$

先のように $F = 2W$ と仮定すれば，$H'/H = 11$ となる．それゆえに，地球上で 60 cm 跳べる人は月面では 6.6 m 跳べることになる．なお，$H'/H = 11$ となるのは，計算において特定の F が与えられた場合にのみ成り立つことに注意する必要がある（練習問題 3–2 を参照）．

3.3 走り高跳び

これまでの節では，立位からの跳躍における高さを計算し，重心が約 60 cm 持ち上げられることを示した．助走をしてからの跳躍では，相当な高さが期待できそうである．現在の走り高跳びの記録は約 2.5 m である．走り高跳びによる高さの上乗せは，走りの運動エネルギーが重心を地面から持ち上げるために用いられることによって達成される．跳躍者の初期運動エネルギー ($\frac{1}{2}mv^2$) のすべてが身体を持ち上げるために利用されると仮定して，走り高跳びによって到達しうる高さを計算してみる．仮に，このエネルギーが重心を高さ H まで持ち上げるための位置エネルギーに完全に変換されるとすると，以下の式のようになる．

$$MgH = \frac{1}{2}mv^2 \tag{3.15}$$

すなわち

$$H = \frac{v^2}{2g}$$

ここでの推量を完成させるためには，跳躍の高さを増大させる新たな 2 つの因子について考慮する必要がある．第一に，脚が最終的に地面を蹴ることによって得られる 0.6 m を加える必要がある．次に，跳躍者の重心がすでに地面から約 1 m の地点にあることも考える必要がある．跳躍者は空中では自由に姿勢を変えることができるため，最高到達点で身体を水平にすることができる．この巧みな身体さばきによって，跳躍者が棒を飛び越えられる高さは 1 m 加算される．以上のことから，最終的に走り高跳びの最高到達点は，次の式のように推定できる．

$$H = \frac{v^2}{2g} + 1.6 \text{ m} \tag{3.16}$$

鍛錬した短距離走者の最大速度は約 10 m/秒である．この速度と式 3.16 を用いると，走り高跳びの最高到達点は 6.7 m と推定できる．この高さは，走り高跳びの世界記録の約 3 倍の値である．明らかに，跳躍者が最大速度における走りの運動エネルギーを完全に位置エネルギーに変換することは不可能ということである．

自力による走り高跳びにおいては，脚力が踏切り時に助走の方向を変換できる唯一の力である．このことにより，跳躍のために利用可能な運動エネルギーの量が制限されている．棒高跳びにおいては状況が一変し，跳躍者はポールの助けを借りることにより，助走による運動エネルギーの大部分を重心を持ち上げるために利用することができる．現在の男子の棒高跳びの世界記録は 6.15 m（20 ft 2 in）であるが，この値は私たちが推定した 6.7 m に近い高さである．跳躍者は棒を跳び越えるためには前進速度を残しておかなければならないということを，今回の推量に入れておけば，これらの数値はさらに一致が良くなるであろう．

3.4 発射体の到達距離

ほとんどの基礎物理学の教科書では，発射体が発射角度が θ，初速度が v_0 で発射される問題がとりあげられており，地表より発射された地点からの距離，すな

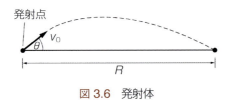

図 3.6 発射体

わち到達距離 R に対する答えが求められている（図 3.6）．この到達距離は，以下の数式で示される．

$$R = \frac{v_0^2 \sin 2\theta}{g} \tag{3.17}$$

任意の初速度において，到達距離は $\sin 2\theta = 1$，あるいは $\theta = 45°$ のときに最大となる．言い換えれば，最大の到達距離は発射体が $45°$ の角度で発射されたときに得られる．この場合の到達距離は，以下の式で与えられる．

$$R_{\max} = \frac{v_0^2}{g} \tag{3.18}$$

この結果を用いて，次に，幅跳びで得られる到達距離を推定してみる．

3.5 立ち幅跳び

跳躍者がしゃがんで静止した体勢から立ち幅跳びをすると仮定する（図 3.7）と，単純に体重と等しい重力による下向きの力 W と，どの方向にも適用可能な脚力の 2 つの力の合力で加速度は決まる．跳躍の到達距離を最大にするためには，発射速度，すなわち，重力と脚力の合力を $45°$ の角度に向ける必要がある．

先と同様に，跳躍者は体重の約 2 倍に等しい脚力を生みだせると仮定する．脚

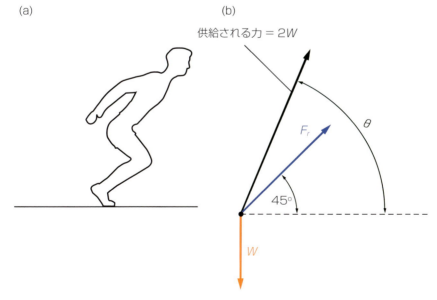

図 3.7 (a) 立ち幅跳び，(b) 関係する力

が身体に力を及ぼすときの合力 (F_r) の大きさと角度 θ は，以下の考察より得られる．

合力の水平成分と垂直成分は，それぞれ以下の通りである（図 3.7 を参照）．

$$F_r \text{の水平方向の成分：} \quad F_r \cos 45° = 2W \cos \theta \tag{3.19}$$

および，

$$F_r \text{の鉛直方向の成分：} \quad F_r \sin 45° = 2W \sin \theta - W \tag{3.20}$$

この 2 つの数式を使うと，2 つの未知数，すなわち F_r と θ を得ることができる．力 F_r の大きさは，次のように表される．

$$F_r = 1.16W$$

脚が $2W$ の力を発揮するときの最適角度は $\theta = 65.8°$ である．再び，跳躍者を発射させる力が，しゃがんだ体勢から伸び上がるまでの 60 cm にわたって作用すると仮定しよう．合力によって生みだされる加速度は，以下のようになる．

$$a = \frac{F_r}{m} = \frac{1.16W}{W/g} = 1.16g$$

したがって，跳躍者の発射速度 v は，$v = \sqrt{2as}$ となる．$s = 60$ cm のとき，速度が 3.70 m/秒となる．立ち幅跳びの到達距離 (R) は，式 3.18 より以下のようになる．

$$R = \frac{v^2}{g} = \frac{13.7}{9.8} = 1.4 \text{ m}$$

立ち幅跳びの到達距離は，両脚と両腕を跳躍方向に振ることによって著しく伸びるが，これは身体の前向きの運動量が増大することによる．立ち幅跳びに関する別な観点を練習問題 3–4 と 3–5 に示した．

3.6　走り幅跳び

次に，跳躍者が毎秒 10 m の最高速度で踏み切る場合を考えてみる．脚によって生みだされる踏切力 ($2W$) は，飛び出し速度の鉛直方向の成分を与える．この力からは，跳躍者の体重 (W) を引かねばならない．正味の力から生みだされる加速度は，以下のようになる．

$$a = \frac{2W - W}{m} = \frac{W}{W/g} = g$$

仮に，踏切力が跳躍者に 60 cm（しゃがみによって沈んだ距離）にわたって，かつ，その力がすべて鉛直方向に作用していたとすると，跳躍中の鉛直方向の速度成分 v_y は，以下の式で与えられる．

$$v_y^2 = 2as = 2 \times g \times 0.6 = 11.8 \text{ m}^2/\text{sec}^2$$
$$v_y = 3.44 \text{ m/sec}$$

跳び出し速度の水平方向の成分 v_x は走る速度なので，跳び出し速度の大きさは以下のようになる．

$$v = \sqrt{v_x^2 + v_y^2} = 10.6 \text{ m/sec}$$

跳び出し角度は，以下の通りとなる．

$$\theta = \tan^{-1} \frac{v_y}{v_x} = \tan^{-1} \frac{3.44}{10} = 19°$$

式 3.17 より，跳躍の最大到達距離 R は，以下の通りとなる．

$$R = \frac{v^2 \sin 2\theta}{g} = \frac{112.4 \sin 38°}{g} = 7.06 \text{ m}$$

以上のような計算を用いた推定値は，走り幅跳びの世界記録が男子では約 9 m，女子では 7 m であるということと良く一致する．

3.7 空中での運動

　私たちはこれまで物体の動作における空気抵抗を無視してきたが，経験上，それを無視できないことを知っている．物体が空気中を移動するとき，空気分子は物体の進行方向に押し出されるはずである．この反力が物体を押し返し，速度を弱める，すなわち，空気中における流体摩擦の源である．私たちは，走行中の車から手を車外にかざすことによって，空気抵抗の特徴を知ることができる．明らかに，空気に対する速度が速くなればなるほど，大きな抵抗力が生じる．手のひらを回転させると，手のひらが進行方向に向くときに大きな力がかかることに気付くだろう．このことから，抵抗力は速度が上昇すること，および，移動方向に対する表面積が大きくなることにより増大すると結論づけられる．空気抵抗 F_a による力は，おおよそ以下の式で示されることがわかっている．

$$F_a = CAv^2 \tag{3.21}$$

ここで，v は物体の空気に対する速度を，A は進行方向に面する面積を，そして

C は空気の摩擦抵抗の係数を示している．係数 C は，物体の形態にある程度依存するが，ここでの計算には，$C = 0.88 \text{ kg/m}^3$ の値を用いる．

　落下する物体には，空気抵抗によって，下向きの力である重力と，上向きの空気抵抗という2つの力が作用する．この場合，ニュートンの第2法則により（補遺 A を参照），以下の式が成り立つ．

$$W - F_a = ma \tag{3.22}$$

　物体が落下し始まるとき，その速度はゼロであり物体に作用する力は重さだけである．しかし，物体の速度が増すにつれ空気抵抗の力が大きくなってゆき，そして物体に作用する正味の加速力が低下してゆく．仮に物体が十分な高さから落下すると，速度は空気抵抗による力が物体の重さと等しくなるまで上昇する．さらに，この時点を過ぎると，物体はもはや加速せずに一定の速度で落下し続ける．この速度を**終速度**（terminal velocity）v_t という．式 3.22 における物体に作用する力は一定でないため，この数式の解は単純な代数の技法では得られない．しかしながら，終速度は容易に得ることができる．終速度において，重力の下向きの力は空気抵抗の上向きの力で相殺され，物体に作用する正味の加速度はゼロになる．このことは，以下のように示される．

$$W - F_a = 0 \tag{3.23}$$

すなわち，

$$F_a = W$$

式 3.21 より終速度は以下の式で与えられる．

$$v_t = \sqrt{\frac{W}{CA}} \tag{3.24}$$

　この数式より，体重が 70 kg で有効面積が 0.2 m^2 のヒトの終速度は，以下のとおりである．

$$v_t = \sqrt{\frac{W}{CA}} = \sqrt{\frac{70 \times 9.8}{0.88 \times 0.2}} = 62.4 \text{ m/sec } (140 \text{ mph})$$

　密度と形状が同じで，体積だけが異なる落下物体の終速度は，物体の線形サイズの平方根に比例する．このことは，以下の議論から認められる．物体の重さは容積に比例する．すなわち，物体の長さ L の 3 乗に比例する．

$$W \propto L^3$$

面積は長さの 2 乗に比例する．それゆえに，式 3.24 から終速度は，以下に示されるように長さの平方根に比例する．

$$v_t \propto \sqrt{\frac{W}{A}} = \sqrt{\frac{L^3}{L^2}} = \sqrt{L}$$

この結果は，動物が落下したときに生き延びることができるかどうかを考えるうえで興味深い．適切な訓練をすれば，ヒトは大きな怪我をすることなしに 10 m 程度の高さから飛び降りることができる．この高さからだとすると，ヒトは以下のスピードで地面に打ち付けられることになる．

$$v = \sqrt{2gs} = 14 \text{ m/sec } (46 \text{ ft/sec})$$

この速度を動物がけがをせずに着地できる速度と仮定してみる．この速度において，ヒトと同じ大きさの動物に作用する空気抵抗の力は，体重に比べて無視できる．しかし，小動物では空気の摩擦によって落下速度が十分に減速される．体長が 1 cm の昆虫の終速度は毎秒 8.6 m である（練習問題 3–6 を参照）．このくらい小さな生物では，どんな高さからでも無傷で着地することができる．坑夫はしばしば深い炭鉱でマウスを見かけることがあっても，ラットは見かけない．マウスは 100 m の掘削棒から無傷で落下できるが，ラットでは死んでしまうことは，単純な計算によって示すことができる．

空気の摩擦は雨滴や雹の落下速度に重要な影響を与える．たとえば，空気の摩擦無しでは，直径が 1 cm の雹が 1000 m の高さから落下すると，毎秒約 140 m の速度で地表に激突する．この速度であれば，雹にぶつかった人は確実にけがをする．ところが実際は，空気の摩擦により雹は安全な終速度である 8.3 m/秒にまで減速されてしまう（練習問題 3–8 を参照）．

3.8 身体活動によるエネルギー消費

動物は筋肉の動きによって仕事をする．動物は，仕事の発揮に必要なエネルギーを食物の化学的エネルギーから得ている．一般的に，筋肉によって消費されるエネルギーのうちわずかな部分のみが仕事に変換される．たとえば，1 秒間に一漕ぎするような自転車運動では，筋肉の効率は約 20 ％である．言い換えれば，筋肉では消費される化学エネルギーのうちわずか 5 分の 1 程度しか仕事に変換されない．残りの化学エネルギーは熱として浪費される．任意の活動中の単位時間あたりに消費したエネルギー量を代謝率という．

筋肉の効率は，仕事の様式と用いられた筋肉に依存する．ほとんどの場合，筋

肉が食物のエネルギーを仕事に変換する効率は 20 % 以下である．しかしながら，ここから先の計算では，筋肉の効率を 20 % と仮定する．

ここでは，70 kg のヒトが 1 秒間に 1 回の割合で 60 cm の跳躍を 10 分間継続するときに必要なエネルギーを計算してみる．1 回ごとの跳躍によって脚の筋肉でなされる機械的な仕事は，以下のようになる．

$$\text{体重} \times \text{跳躍の高さ} = 70 \text{ kg} \times 9.8 \times 0.6 = 411 \text{ J}$$

10 分間の跳躍における筋肉の仕事の合計は，

$$411 \times 600 \text{ 回の跳躍} = 24.7 \times 10^4 \text{ J}$$

筋肉の効率が 20 % であると仮定すると，身体は跳躍によって以下のエネルギーを消費する．

$$24.7 \times 10^4 \times 5 = 1.23 \times 10^6 \text{ J} = 294 \times 10^3 \text{ cal} = 294 \text{ kcal}$$

これは，およそドーナッツ 2 個分のエネルギーである．

同様にして，A. H. Cromer（参考文献を参照）は走っている時の代謝率を計算している．その計算では，走行中のほとんどの仕事は，脚の筋肉が片方の脚を走行速度 v に加速させては速度 0 まで減速させて休ませ，次いで反対の脚を同様に加速させることによってなされると仮定する．質量 m の脚を加速するための仕事は，$\frac{1}{2}mv^2$ である．同様に，脚を減速するための仕事も $\frac{1}{2}mv^2$ である．したがって，1 歩 1 歩の総仕事量は mv^2 となる．典型的には，練習問題 3–9 に示すように，70 kg のヒト（脚の質量が 10 kg）が 1 m の歩幅で毎秒 3 m の速度で走り，筋肉の効率が 20 % であるとすると，仕事量は 1,350 J/秒，あるいは 1,160 kcal/h となる．この値は，実測値と良く一致する．空気抵抗に打ち勝つために必要なエネルギーは，練習問題 3–10 で計算してみる．

身体活動中のエネルギー消費に関連して，仕事と筋肉の活動との違いについて考えておく必要がある．仕事とは，力とそれが作用した距離の積と定義される（補遺 A を参照）．あるヒトが固定された壁を押した場合，壁は動かないため，仕事はなされたことにならない．しかしながら，壁を押すことによって一定のエネルギーが使われたことに疑いはない．全エネルギーは，壁を押すという動作に必要な張力に筋肉を釣り合わせるために体内で消費される．

練習問題

3–1. 実験によると，垂直跳びでは，上方へ加速する時間は約 0.2 秒とされて

いる．本文と同様，体重 70 kg のヒトが 60 cm の垂直跳びをするときに産みだされる仕事率を $c = H$ として求めよ．

3–2. 体重 70 kg の宇宙飛行士は重い装備を背負っているため地球上では 10 cm しか跳躍することができない．月では，どの程度跳躍することができるだろうか（本文中の式 3.11 での仮定を参照のこと．本文と同様，脚によって生みだされる力は空身のヒトの体重の 2 倍，月の重力定数は地球の 1/6 と仮定せよ）．

3–3. 式 3.19 と 3.20 について，F_r と θ を求めよ．

3–4. 立ち幅跳びにおいて，跳躍者が空中に存在する時間が何秒であるかを求めよ．ただし，跳躍の条件は本文中に記述されている通りと仮定する．

3–5. 月面で 45° の角度で立ち幅跳びすることを考えてみる．踏切時に生みだされる平均の力を本文中と同様に $F = 2W$，その力が作用する距離を 60 cm と仮定する．月面の重力定数は地上の 1/6 とする，跳躍の (a) 到達距離；(b) 最大到達点；(c) 滞空時間を求めよ．

3–6. 1 cm の昆虫の終速度を求めよ．昆虫の密度を 1 g/cm^3，形状は球形で直径が 1 cm と仮定する．また，昆虫が空気の摩擦を受ける面積は πr^2 とする．

3–7. 体重 70 kg の落下傘兵の終速度が毎秒 14 m になるように減速するためのパラシュートの半径を求めよ．

3–8. 直径 1 cm と 4 cm の雹の終速度を求めよ．ただし，氷の密度を 0.92 g/cm^3 とする．また，空気摩擦に曝される面積を πr^2 とする．

3–9. 本文中で議論された方法を用いて，毎秒 3 m の速度で走るヒトの効率が 20 % であるときのエネルギー消費量を求めよ．ただし，脚の質量を 10 kg，歩幅を 1 m とする．

3–10. 時速 30 km の向かい風に逆らって秒速 4.5 m の速度で走るとき，空気抵抗に打ち勝つために必要な仕事率を求めよ（本文中のデータとヒトが風を受ける面積 0.2 m^2 とを用いて求めよ）．

第4章

角運動

第3章で述べたように,動物のほとんどの自然な動作は直線運動と角運動からなる.この章では,動物の動作にみられる角運動についていくつかの視点からの解析を行う.この章で用いる基本的な数式と角運動の定義は補遺 A を参照のこと.

4.1 カーブした道での力

最も単純な角運動は,走者が円状の道に沿って走ったり,自動車がカーブを曲がるときのように,一定の角速度を伴う曲線に沿った運動である.よく見られる問題は,遠心力を計算し,それが物体の運動に及ぼす影響を調べるという問題である.

多くの基礎物理学の教科書では,自動車がカーブを横滑りしないで廻ることができる最大の速度の求め方が解説されている.この問題は,走ることの解析に自ずと繋がるので,解いてみよう.重量 W の自動車が,水平で半径 R のカーブを走行することについて考える.走行中の自動車に作用する遠心力 F_c(補遺 A を参照)は,

$$F_c = \frac{mv^2}{R} = \frac{Wv^2}{gR} \tag{4.1}$$

自動車がカーブ上にとどまるためには,道路とタイヤの間の摩擦力によって求心力が供給されなければならない.遠心力が求心力よりも大きくなれば,自動車はカーブで横滑りし始める.

自動車が今にも滑り出そうとするときに,遠心力は摩擦力と同等となる.

$$\frac{Wv^2}{gR} = \mu W \tag{4.2}$$

ここで μ はタイヤと道路の表面の間の**摩擦係数**(coefficient of friction)である.

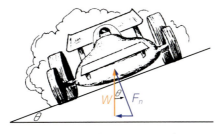

図 4.1 バンクしたカーブ

式 4.2 より，横滑りをしない最大速度は，以下のようになる．

$$v_{\max} = \sqrt{\mu g R} \tag{4.3}$$

道路がカーブに沿って傾斜していると，より速い速度で安全に走行できる．仮に道路に適切な傾斜があれば，摩擦力に頼ることなく横滑りを防ぐことができる．図 4.1 には，車がバンク角 θ のカーブを走行している様子を示した．摩擦が無い場合，車への作用力 F_n は，道路の表面に対して垂直方向に働くはずである．この力の垂直成分は車の重量による．すなわち，

$$F_n \cos\theta = W \tag{4.4}$$

摩擦がない路面で横滑りを防ぐためには，総向心力が F_n の水平成分から得られなければならない．すなわち，

$$F_n \sin\theta = \frac{Wv^2}{gR} \tag{4.5}$$

ここで R は道路のカーブの半径である．

道路のバンク角 θ は，式 4.4 と 4.5 を用いて得ることができる．すなわち，以下のように示される．

$$\tan\theta = \frac{v^2}{gR} \tag{4.6}$$

4.2 カーブした走路上での走者

円状のトラックにおける走者には，先に自動車で議論したのと同様の力がかかる．走者はカーブを廻るとき，回転の中心に向かって上体を傾斜させる（図 4.2a）．走者がこの姿勢をとる理由は，走者に作用する力を分析すれば理解できる．走者

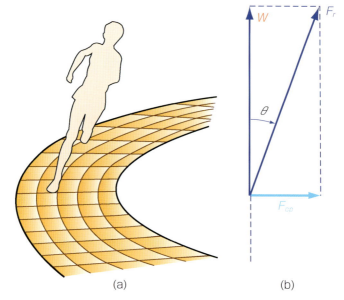

図 4.2 (a) カーブした走路上の走者 (b) 走者の脚に作用する力

の脚が接地するときに，図 4.2b に示したように，体重を支持する上向きの力 W と遠心力に対抗する向心作用力 F_{cp} の 2 つの力が作用する．それらの合力 F_r は，垂直軸に対して角度 θ 方向で走者に作用する．

仮に走者が地面に対して垂直の姿勢を保ちながらカーブを廻ろうとしたら，この合力は走者の重心を通らず，バランスを崩させるようなトルクが走者にかかることになる（練習問題 4–1 を参照）．仮に，走者が上体を回転の中心に対して角度 θ 傾斜させたら，合力 F_r は走者の重心を通り，バランスを崩させるようなトルクはなくなる．

角度 θ は以下の関係から与えられる（図 4.2b を参照）．

$$F_r \sin\theta = F_{cp} = \frac{Wv^2}{gR} \tag{4.7}$$

および

$$F_r \cos\theta = W \tag{4.8}$$

それゆえに，

$$\tan\theta = \frac{v^2}{gR} \tag{4.9}$$

半径 15 m のトラックを毎秒 6.7=m（1 km あたり約 2 分 30 秒）の速度で走行する場合の適切な角度は，

$$\tan\theta = \frac{(6.7)^2}{9.8 \times 15} = 0.305$$
$$\theta = 17°$$

である.

　カーブを廻るときに特別に状態の傾きを意識する必要はない．身体は自動的に適切な角度になるようにバランスをとるからだ．遠心力の他の視点からの問題を，練習問題 4–2, 4–3, および 4–4 で解いてみよう．

4.3　振り子

　動物の脚は関節によって連結されているため，それらが振動する動きは基本的に角運動である．歩行や走行時の脚の多くの運動は，**振り子**（pendulum）の振動運動として解析できる．

　図 4.3 に示した単振り子は，一方が固定された支点に接続された針とその反対側に接続した重りからなる．仮に重りが中心位置より距離 A の位置に持ち上げられて放たれたら，重りは重力のもとで行ったり来たりの振動をする．この往復運動は，**単振動**（simple harmonic motion）とよばれる．重りが 1 秒間に往復する回数を**周波数**（f）と呼ぶ．運動が 1 往復するのに要する時間（A から A' に到達した後に再び A まで戻ってくる時間）を**周期**（period）T と呼ぶ．周波数と周期は反比例の関係にあり，$T = 1/f$ となる．仮に，変位の角度が小さければ，周期は以下のようになる．

$$T = \frac{1}{f} = 2\pi\sqrt{\frac{\ell}{g}} \tag{4.10}$$

ここで，g は重力加速度，ℓ は振り子の腕の長さを示している．この周期の表記は振動の角度が小さいときに導かれるが，比較的揺れ幅の大きな振動においても良い近似を与える．たとえば，振幅が 120° である場合（片側 60° の振幅），周期は式 4.10 で予測される値よりも 7 ％長くなるにすぎない．

　振り子が振動する過程では，位置エネルギーと運動エネルギーの連続的な変換が繰り返される．振れの最大位置において，振り子は瞬間的に静止する．その時点において，重りのエネルギーはすべて位置エネルギーとなる．この地点で，重りには重力のみが作用しており，振り子は重力加速度にしたがって中心に向かって揺り戻される．加速度は振動の軌道の接線で示され，振り子が中心に向かって戻り始めるときに最大となる．この時点における最大正接加速度 $a_{\max}$ は，以下のようになる．

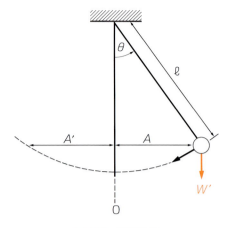

図 4.3　単振り子

$$a_{\max} = \frac{4\pi^2 A}{T^2} \tag{4.11}$$

振り子が中心に向かって加速するとその速度は大きくなり，位置エネルギーは運動エネルギーへと変換される．振り子が中心位置 (0) を通過するときに速度は最大となる．この地点では，すべてのエネルギーが運動エネルギーとなり，その速度 ($V_{\max}$) は，以下のようになる．

$$v_{\max} = \frac{2\pi A}{T} \tag{4.12}$$

4.4　歩行

　歩行のいくつかの局面は，振り子の単振動として解析できる．歩行における一歩は，おおむね単振動の半サイクルとみなすことができる（図 4.4）．あるヒトが毎分 120 歩（毎秒 2 歩），歩幅が 90 cm で歩行すると仮定する．歩行の過程では，それぞれの脚は着地して 0.5 秒間休憩し，次いで 180 cm 前方に振り出され，再び反対の脚の 90 cm 先に着地して休憩する．前方への振り出しに 0.5 秒間を要するため，単振動の周期は 1 秒となる．歩行速度 v は，以下のようになる．

$$v = 90 \text{ cm} \times 2 \text{ 歩}/\sec = 1.8 \text{ m}/\sec \text{ (4 mph)}$$

振り出される脚の最大速度 $v_{\max}$ は，式 4.12 より，以下のようになる．

$$v_{\max} = \frac{2\pi A}{T} = \frac{6.28 \times 90}{1} = 5.65 \text{ m}/\sec \text{ (12.6 mph)}$$

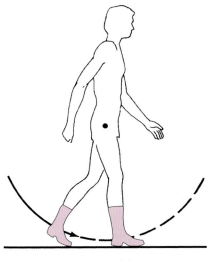

図 4.4 歩行

このように，最大速度では，脚は上体よりも約 3 倍速く動く．最大加速度は，以下のようになる．

$$a_{\max} = \frac{4\pi^2 A}{T^2} = 35.4 \text{ m/sec}^2$$

これは重力加速度の 3.6 倍もの大きさである．これらの方程式は，走行にも適用できる（練習問題 4–5 を参照）．

4.5 実体振り子

図 4.3 に示した単純な振り子は，振り出される脚のモデルとしては適当ではない．なぜならば，単振り子ではそのすべての質量が振り子の先端に存在し，一方で，振り子の腕そのものには重さがないと仮定しているからである．より現実的なモデルが実体振り子である．実体振り子では，重量が振動する物体に均一に分布しているモデルである（図 4.5 を参照）．重力のもとでの実体振り子の振動の周期 T は，以下のようになることが示されている．

$$T = 2\pi \sqrt{\frac{I}{Wr}} \tag{4.13}$$

ここで，I は回転の支点を O としたときに振り子の慣性モーメント（補遺 A を参照）を，W は振り子の総重量を，そして r は支点から重心までの距離をそれぞれ示している（式 4.13 の周期も，振り子の振幅角度が小さいときにのみ正確な表現

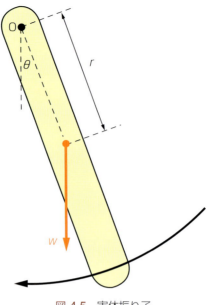

図 4.5 実体振り子

である).

4.6 歩行と走行の速度

歩行および走行の解析により,脚は 1 点を支点とする棒で慣性モーメントをもった実体振り子とみなされる.脚の慣性モーメント I は,それゆえに以下のようになる(補遺 A を参照).

$$I = \frac{m\ell^2}{3} = \frac{W}{g}\frac{\ell^2}{3} \tag{4.14}$$

ここで,W と ℓ はそれぞれ脚の重量と長さを示している.仮に,脚の重心がその中間 $\left(r = \frac{1}{2}\ell\right)$ に存在すると仮定すると,振動の周期は以下のようになる.

$$T = 2\pi\sqrt{\frac{I}{Wr}} = 2\pi\sqrt{\frac{(W/g)(\ell^2/3)}{W\ell/2}} = 2\pi\sqrt{\frac{2}{3}\frac{\ell}{g}} \tag{4.15}$$

脚の長さが 90 cm だとすると,周期は 1.6 秒になる.

歩行動作のそれぞれの 1 歩は,単振動の 1 つの振動の半分とみなせるため,1 秒あたりの歩数は単純に周期の半分の逆数となる.努力を要しない程度の歩行では,脚は自然な周波数で振動し,1 歩の時間は $T/2$ となる.速く歩く,もしくは,遅く歩くときには筋力を余計に用いるために疲労する.練習問題 4–6 では,脚の

長さが 90 cm のヒトが 90 cm の歩幅で自然に歩いたときの速度が毎秒 1.13 m（毎時 4.07 km）となることを計算する．同様の考察が振動する腕にも適用できる（練習問題 4–7 を参照）．

ここで，歩行者の大きさが歩行速度に及ぼす影響について演繹してみる．歩行速度は，単位時間あたりになされた歩数と歩幅の積に比例する．歩幅は脚の長さ ℓ に比例する．それゆえに，歩行速度 v は以下の比例関係にある．

$$v \propto \frac{1}{T} \times \ell \tag{4.16}$$

$1/T$ は $\sqrt{1/\ell}$ に比例するため（式 4.15 参照），以下のように示される．

$$v \propto \frac{1}{\sqrt{\ell}} \ell = \sqrt{\ell} \tag{4.17}$$

このように，ヒトの自然な歩行における速度は，脚の長さの平方根が大きくなるに従って速くなる．同様の考察は，動物にも適用でき，小動物の自然な歩行速度は大型動物に比べて遅い．

ヒトが（あるいは動物が）全力疾走するときには状況が異なる．自然な歩行では，脚の振動のトルクは一義的に重力によってもたらされるが，全力疾走では，トルクは筋肉によって生みだされる．合理的な仮定をいくつか立てれば，同じような構造をもつ動物は，その脚の長さにかかわらず，同じ速度で疾走できることが示される．

ここで，脚の筋肉の長さは脚の長さに比例し，脚の筋肉の断面積は ℓ^2 に比例すると仮定する．また，脚の容積は ℓ^3 に比例するとする．すなわち，仮にある動物が別の動物の 2 倍の長さの脚を持っているとすると，筋肉の断面積は 4 倍に，また，容積は 8 倍の大きさになる．

筋肉が発揮できる最大の力 F_m は，筋肉の断面積に比例する．筋肉によって生みだされる最大トルク $L_{\max}$ は，力と脚の長さの積に比例する．
すなわち，以下のようになる．

$$L_{\max} = F_m \ell \propto \ell^3$$

振動の周期を示す数式は，重力のもとでの振り子の振動にも適用できる．一般的に，実体振り子が最大トルク $L_{\max}$ で働くときの振動の周期は，以下のように与えられる．

$$T = 2\pi \sqrt{\frac{I}{L_{\max}}} \tag{4.18}$$

脚の容積は ℓ^3 に比例するため，慣性モーメント（式 4.14 より）は ℓ^5 に比例す

る．それゆえに，この場合の振動の周期は ℓ に比例し，以下のように示される．

$$T \propto \sqrt{\frac{\ell^5}{\ell^3}} = \ell$$

最大走速度 $V_{\max}$ は，1秒あたりの歩数と歩幅との積に比例する．また，歩幅は脚の長さに比例するため，$V_{\max}$ は以下のようになる．

$$v_{\max} \propto \frac{1}{T}\ell \propto \frac{1}{\ell} \times \ell = 1$$

これは，最大速度は動物の大きさとは関係のないことを示しており，たとえば，キツネはウマとほぼ同じ速度で走ることができるという観察と良く一致する．

式 4.10 と 4.15 は，走っているときにみられる別の特徴を表してもいる．ヒトが緩やかなペースで走るとき，腕は歩行時と同様にまっすぐである．しかしながら，走行速度（任意の間隔における歩数）が上がるに従って，腕は自然と曲がってくる．この結果，振り子の有効距離 (ℓ) が小さくなる．これは，とりもなおさず腕の固有振動数を上げることとなり，脚の振動数とよりよく一致するようになる．

4.7 走行時のエネルギー消費

第 3 章では，脚を走行速度まで加速し，次に停止させるために減速するためのエネルギー量を計算することで，走行時のエネルギー消費量を求めた．ここでは，振動する脚のモデルとして実体振り子を用い，走るときのエネルギー量を求めてみよう．走行においては，脚は股関節だけを支点に振動するものと仮定する．当然のことではあるが，走行時には脚は股関節だけでなく膝も支点にして振動するため，このモデルは厳密には正確ではないことを断っておく．それでは，振動する脚のエネルギー消費量を計算するための概要を示していこう．

走行中のそれぞれの 1 歩において，脚は最大角速度 $\omega_{\max}$ で加速される．ここでの振り子モデルでは，この最大角速度は脚が垂直位置 0 を通過するときに最大となる（図 4.6 を参照）．

この地点の回転運動エネルギーは，走行のそれぞれの 1 歩における脚の筋肉によって供給されるエネルギーである．最大回転エネルギー E_r（補遺 A を参照）は，以下のようになる．

$$E_r = \frac{1}{2}I\omega_{\max}^2$$

ここで，I は脚の慣性モーメントである．角速度 $\omega_{\max}$ は，以下のように求められる．走る速さより，振り子をモデルとした脚の振動の周期 T を算出することがで

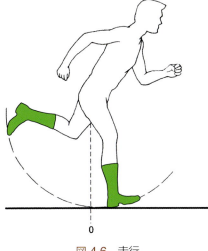

図 4.6　走行

きる．この値を周期とすることによって，式 4.12 より，脚の最大直線速度 $v_{\max}$ を求めることができる．そうすると，角速度（補遺 A を参照）は以下のようになる．

$$\omega_{\max} = \frac{v_{\max}}{\ell}$$

ここで，ℓ は脚の長さである．周期 T を計算するためには，それぞれの片脚の 1 秒あたりの歩数が，1 秒あたりの両脚の総歩数の半分であることに気をつけよう．練習問題 4–8 では，走行の実体振り子モデルに基づくと，それぞれの一歩あたりの仕事量は $1.6mv^2$ であることが示されている．第 3 章では異なる考え方で求めた 1 歩あたりの仕事量は mv^2 であった．両者の手法がいずれも近似的な手法であることを考えると，この一致の程度は許容範囲であろう．

　歩行や走行のエネルギー消費量を計算するうえで，脚に伝達される運動エネルギーは歩行や走行の過程で脚の動きが止まるときに完全に（摩擦として）消失すると仮定した．しかし，実際は，歩行や走行の過程において脚に伝達される運動エネルギーの多くの部分は位置エネルギーとして保存され，振動する振り子やバネのように，その後の脚運びための運動エネルギーに変換される．歩行や走行のそれぞれの過程で生じるエネルギーがすべて消失すると仮定することは，歩行や走行によるエネルギー消費量を過大評価することになる．この過大評価したエネルギー消費量は，質量中心が歩行や走行の過程で上下運動することを無視することによるエネルギー消費の過小評価によって相殺されるが，このことについては以下の 4.8 節と 4.9 節で取り上げる．

4.8 歩行と走行における別の視点からの考え方

4.4 節から 4.7 節においては，比較的単純化した歩行と走行のモデルを検討してきた．様々な学術誌では，より詳細で正確な記述ができることが示されている（この分野を概観するためには，参考文献に記載されている Novacheck の論文を参照のこと）．しかしながら，さまざまな解析方法に認められる基本的な方法論は，歩行や走行時の使われる高度に複雑な相互作用のある筋肉骨格系を，数学的な解析可能な単純化をした構造物に置き換えるという点で共通している．

ここまでの歩行と走行の取り扱いにおいては，脚の振り子様の動きだけを考慮に入れてきた．より詳細な取り扱いとして，重心の動きも考慮に入れてみる．歩行時の重心の動きのモデルとして，足取りの過程における重心の動きに着目する．両脚が着地していて，片方の脚がもう片方の脚のよりも前方に存在するときの歩き出しを考えてみよう．この時点において重心は両脚の間，かつ最も低い位置に存在する（図 4.7 を参照）．図の 4.7 の左側の脚を後ろ脚とする．歩行は後ろ脚が地面から離れ，前方へ振り出されるところから始まる．重心は，振り出された脚が着地し静止している脚の上を通過したときに最上位点となる．振り出された脚が静止している脚を通過すると，通過した脚は前脚となり，両脚が再び着地し右脚が後ろ脚となったところで歩行の一過程が完了する．重心の軌道は，図 4.7 に示されるような弧として描かれる．

図に描かれているような連続的な歩行においては，重心は，脚が前方に振り出さ

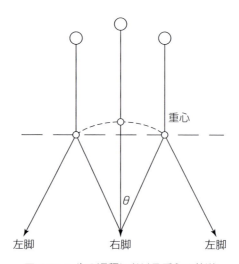

図 4.7　1 歩の過程における重心の軌道

れる間，着地している脚の前後を交互に往き来する．すなわち，後ろの左脚が前方に振り出し始めるとき，このときにこの脚はもちろん地面から離れているが，重心は支持脚の右脚の後ろ側に位置している．歩行のこの局面において，重心は支持脚の右脚に向けて振り出されており，その運動エネルギーは位置エネルギーに変換されている（振り子の上向き方向への振りだしと同様であり，このときに支持脚は振り子の支点である）．左脚が支持脚である右脚を通過すると，重心は右脚の前方に移動し，位置エネルギーが運動エネルギーに変換されながら加速する（振り子の下向き方向への振りだし）．歩幅が 90 cm で重心が地上 1 m に位置しているとすると，重心は歩行におけるそれぞれの振り子の揺り戻し過程において 11 cm 上昇する（練習問題 4–10 を参照）．このモデルでは，単純化して処理するために，歩行の全過程にわたって脚が直線であり続けると仮定しているので，11 cm の値が重心の移動の上限となる．

上記の事例では，重心が 0.11 m 上昇したときの仕事量は，それぞれの 1 歩あたり $0.11 \times W$（単位はジュール）となる．歩行する身体は完全な振り子ではないため，この位置エネルギーの一部のみが運動エネルギーに逆変換される．歩行時のエネルギー消費量を少なくするために，身体は重心の上下動を極力小さくするようには制御されている（4.9 節を参照）．

歩行と走行では明確な違いが存在する．歩行において，歩行過程のある時点では両脚が接地している．それに対して走行では，両脚が地面から離れている時間がある．歩行の過程においては，重心は振り子運動を反転させたような軌道をとり，その運動の支点は片方の脚が他方の脚を追い越す地点である（図 4.7）．走行は，片方の脚がもう片方の脚まで弾むような運動であり，ヒトがホッピングバーに乗っているのに似ている．

図 4.8 には，1 m あたりのエネルギー消費量と速度との関係が，歩行と走行について示されている（この図は Novackck によって発表された Alexander の研究に基づいている）．任意の距離を必要最小限のエネルギー消費量で移動するには（図 4.8 に示されているように），毎秒 1.3 m（毎時 4.7 km）の速度で歩行すれば良い．この値は，先に 4.6 節で脚の振り子モデルで計算した，最も努力を要しない歩行速度である毎秒 1.13 m のわずか 13 % 増にすぎない．図に示したように，任意の距離を移動するのに消費されるエネルギー量は，歩行速度が遅くても速くても増大する．スピードに関していえば，毎秒 2 m（毎時約 7.2 km）以下の歩行であれば，走行よりも効率が良くなる（任意の距離を移動するのに消費するエネルギー量が少なくてすむ）．この速度を超えると，エネルギーの消費量が小さくてすむので，多くのヒトは自然と走り出す．

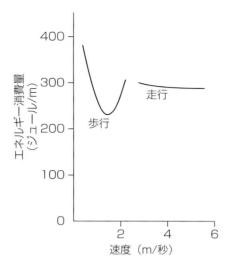

図 4.8　1 m あたりに要するエネルギーと歩行および走行速度との関係
(T. F. Novacheck/Gait and Posture 7 (1998) 77-95 より)

図 4.8 に示すように，走行に要するエネルギー量は 1 m あたり約 300 ジュールである．先に 3.8 節（練習問題 3–9）で議論したように，毎秒 3 m（1 km あたり 5.6 分）で走行するときに要するエネルギー量は毎秒 1,350 J，すなわち 1 m あたり 450 J と計算される．計算の方法が近似的であることと，その方法自体が異なることを考慮すると，得られた 2 つの値は良く一致している．

4.9　重量の移動（荷物の運搬）

荷物を移動させるためにはエネルギーが必要である．測定してみると，ヒトにしても，イヌ，ウマ，そしてラットなどの動物にしても，歩行の速度において移動させる重量が増せば，それに比例してエネルギー消費量は大きくなる．たとえば，体重の 50 ％の重量物を運ぶとすると，エネルギー消費量は 50 ％大きくなる．たいていのヒトにとって，荷物を背負おうが頭の上に載せようが，エネルギー消費量は変わらない．

最近の研究では，東アフリカのある地域の女性が，とてつもなく重い荷物を頭の上に載せていとも簡単に運ぶことに注目が集まっている．定量的な分析によって，ルオ族とキクル族の女性は，彼女たちの体重の約 20 ％までの重量物をエネルギー消費量を増すこと無しに運ぶことができることが示されている．この重量を

超えると，エネルギー消費量は重量物から20％分の重さを引いた重量に比例して増大する．すなわち，体重の50％の重量の荷物を運ぶのに，エネルギー消費量を30％増すのみで（50％〜20％）運ぶことができる．これらの女性たちが大きな負荷を効率よく運べるのは，4.8節で議論したように，重心が振り子様に動くことによって重力による位置エネルギーが効率よく運動エネルギーに変換されるためであることが，Heglundらの研究によって示唆されている．言い換えれば，彼女たちの歩行は，揺れ動く振り子によく似ているといえる．しかし，どのような特別な動きやトレーニングをすれば，このように重い重量を効率よく運ぶことができるかは，今のところ良くわかっていない．

練習問題

この章での練習問題を解くためにはヒトの脚の重量などのデータが必要である．それらの重量の計算には，**表4.1** を参照のこと．

表4.1 体のいろいろな部分の重量比

	重量比
頭と首	0.07
胴体	0.43
上腕	0.07
前腕と手	0.06
大腿	0.23
下腿と足	0.14
合計	1.00

From Cooper and Glassow [6-6], p.174 より．

4–1. 走者が地面に対して垂直な姿勢を保ちながらコーナーを廻ろうとすると，なぜトルクに曝されるのかを説明せよ．

4–2. 歩行動作において，腕が45°の範囲で1秒間に1度，前後に振動するとする．**表4.1** と以下のデータを用いて，遠心力によって腕にかかる平均の力を求めよ．対象とするヒトの体重は70 kg, 腕の長さは90 cmとする．また，腕の総重量は腕の中点に存在すると仮定する．

4–3. 乗客が大きな筒の内壁に背をつけて立っている遊園地の乗り物を考えてみる．筒が回転し，筒の床が下がってゆくとともに乗客は遠心力によって壁に押しつけられるとする．乗客と壁との摩擦係数が0.5，また，筒

の半径が 5 m であると仮定して，乗客が壁からずり落ちないでいるための筒の最低の角速度とそれに相当する直線速度を求めよ．

4–4. あるヒトが腕の力を抜いた状態で回転する台の上に立っているとすると，腕は水平の位置まで持ち上がる．(a) この現象について説明せよ．(b) 水平面に対して腕の角度が 60° となるための台の角速度（回転速度）を求めよ．また，その時の 1 分あたりの回転数を求よ．なお，腕の長さは 90 cm，腕の重心はその中点に存在すると仮定する．

4–5. 100 m を 10 秒で疾走する走者の脚の最大速度と加速度を求めよ．なお，歩幅は 1 m，脚の長さは 90 cm，そして脚の重心はその中点に存在すると仮定する．

4–6. 脚の長さが 90 cm のヒトが，歩幅が 90 cm で自然に歩行するときの速度を求めよ．

4–7. 歩行中，腕は重力もとで前後に振動する．この振動の周期を求めよ．また，この周期を脚の振動の周期と比較せよ．なお，腕の長さを 90 cm と仮定する．

4–8. 本文中に記載されている走行の実体振り子モデルを用いて，1 歩あたりの仕事量を示せ．

4–9. 立っているヒトがバランスを崩して何の支えも無しに床に激突するまでの時間を求めよ．なお，倒れる身体は，式 4.13 で周期を求めたときのように，床を支点とする実体振り子のように振る舞うと仮定する．

4–10. 1 歩の過程において，重心が上昇する距離を，4.8 節で議論した変数と仮定を用いて求めよ（図 4.7 を参照のこと）．

第5章

材料の弾性と強度

　これまでは，力が物体の運動に与える影響についてだけ考えてきた．今度は，力が物体の変形に与える影響を考えよう．力が加わると，物体の形や大きさが変化する．力がどう加えられるかによって，物体は伸ばされたり，圧縮されたり，曲げられたり，あるいは捩られたりする．このような力を取り除いた後，物体が元の形に戻る性質を**弾性**（elasticity）と呼ぶ．しかし，加えられた力が十分に大きい場合，物体は弾性限度を超えて変形し，力を取り除いても元の形に戻ることはない．さらに大きな力は物体を破断させるだろう．本章では，変形の理論について簡単に触れた後，骨や体の組織が作用する力で損傷する例について議論する．

5.1　軸方向の引張と圧縮

　棒に加わる引張力の効果について考えよう（図5.1）．加えられた力は，物体の隅々にまで伝わり，物体を構成する原子や分子を引き離そうとするだろう．しかし，物体を1つにまとめている原子や分子間の凝集力がそれに抗する力となる．この凝集力を上回る力が作用すると物体は破壊する．もし，図5.1の力が逆転すると棒は圧縮され，長さが減少する．引張の場合と同様に考えると，圧縮力が小さいうちは物体の変形は弾性的であるが，十分大きな力が作用すると永久変形が生じ，さらには破断する．

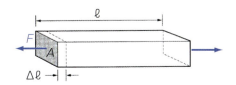

図 5.1　外部から加えられた力による棒の伸び

物体内部の単位断面積あたりに作用する力を**応力**（stress）S と呼び，次式で定義される[1]：

$$S \equiv \frac{F}{A} \tag{5.1}$$

ここで，F は物体に作用する力，A はその力が作用する面積である．

図 5.1 の棒に作用する力は，棒を $\Delta\ell$ だけ延ばす．長さの変化の割合 $\Delta\ell/\ell$ を**縦ひずみ**（longitudinal strain）S_t と呼ぶ．すなわち，

$$S_t \equiv \frac{\Delta\ell}{\ell} \tag{5.2}$$

ここで ℓ は棒の長さ，$\Delta\ell$ は加えられた力による棒の長さの変化である．もし，力が逆向きに作用するなら，図 5.1 の力は棒を引っ張るかわりに圧縮することになるだろう（応力やひずみの定義は先ほどと同じままである）．1676 年にロバート・フックは物体が弾性的な変形をする限りは応力とひずみの比は一定であることを見出した（フックの法則）．すなわち，

$$\frac{S}{S_t} = Y \tag{5.3}$$

この比例定数 Y は**ヤング率**（Young's modulus）と呼ばれる．ヤング率はさまざまな材料について計測されており，その一部を表 5.1 に示す．それぞれの材料の破断強度についても併せて示す．

表 5.1 代表的な材料のヤング率と破断強度

材料	ヤング率 (dyn/cm^{2*})	破断強度 (dyn/cm^2)
鉄	200×10^{10}	450×10^7
アルミニウム	69×10^{10}	62×10^7
骨	14×10^{10}	100×10^7（圧縮）
		83×10^7（引張）
		27.5×10^7（捻り）
腱		68.9×10^7（引張）
筋肉		0.55×10^7（引張）

*$dyn/cm^2 = 10^{-1}$ Pa（パスカル）

5.2 ばね

材料の弾性的性質はばねの挙動との対比で考えるとわかりやすい．図 5.2 に示

---
[1] 記号 $\equiv$ は「・・・は以下のように定義される」という意味である．

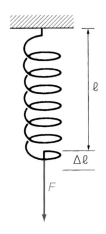

図 5.2 伸ばされたばね

すばねで考えて見よう．

ばねを引き延ばす（あるいは圧縮する）のに必要な力 F は引張の量に比例する．すなわち，

$$F = -K\Delta\ell \tag{5.4}$$

比例定数 K はばね定数（spring constant）と呼ばれる．前にマイナスが付いているのは，力の向きが $\Delta\ell$ と逆であることを示している．

伸ばされた（あるいは圧縮された）ばねにはポテンシャル・エネルギーが蓄えられている．つまり，ばねを伸ばしている力を取り除くと，ばねは仕事をすることができるのである．ばねに蓄えられているエネルギー（[6-23] 参照）は

$$E = \frac{1}{2}K(\Delta\ell)^2 \tag{5.5}$$

で与えられる．応力の加えられた弾性体はばね定数 YA/ℓ のばねと同じと考えることができる．これは式 5.3 を以下のように変形することで了解される．

$$\frac{S}{S_t} = \frac{F/A}{\Delta\ell/\ell} = Y \tag{5.6}$$

式 5.6 より，力 F は

$$F = \frac{YA}{\ell}\Delta\ell \tag{5.7}$$

と表される．この式はばね定数

$$K = \frac{YA}{\ell} \tag{5.8}$$

のばねの式と同じである．ばねの場合と同様に考えて（式 5.5 参照），引っ張られたあるいは圧縮された物体に蓄えられるエネルギーは

$$E = \frac{1}{2}\frac{YA}{\ell}(\Delta\ell)^2 \tag{5.9}$$

となる．

5.3 骨折：エネルギーに基づく解析

体のある部分が安全に蓄えることのできるエネルギーの最大値を知っていれば，種々の状況でわれわれがケガをする可能性を見積もることができる．まず，長さ ℓ，断面積 A の骨が折れるのに必要なエネルギーの大きさを計算してみよう．骨は折れるまで弾性的に振る舞うとする．骨折するときの応力を S_B としよう（図 5.3 参照）．するとこれに対応する骨折時の力 F_B は式 5.7 より以下のようになる：

$$F_B = S_B A = \frac{YA}{\ell}\Delta\ell \tag{5.10}$$

したがって，破断点における圧縮量 $\Delta\ell$ は

$$\Delta\ell = \frac{S_B \ell}{Y} \tag{5.11}$$

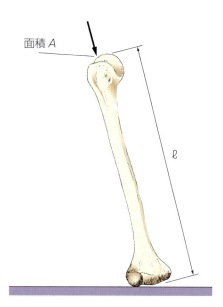

図 5.3　骨の圧縮

式 5.9 より，破断時点で圧縮された骨に蓄えられるエネルギーは

$$E = \frac{1}{2}\frac{YA}{\ell}(\Delta\ell)^2 \qquad (5.12)$$

となり，ここで $\Delta\ell = S_B \ell / Y$ を利用すると，

$$E = \frac{1}{2}\frac{A\ell S_B^2}{Y} \qquad (5.13)$$

となる．

例として，足の 2 本の骨が折れる場合を考えよう．2 本合わせた長さは 90 cm で，平均の断面積を 6 cm^2 とする．表 5.1 より，骨の破断応力 S_B は 10^9 dyn/cm^2，骨のヤング率は 14×10^{10} dyn/cm^2 と置く．すると圧縮による破断直前に片足の骨に蓄えられている全エネルギーは式 5.13 より

$$E = \frac{1}{2}\frac{6 \times 90 \times 10^{18}}{14 \times 10^{10}} = 19.25 \times 10^8 \text{ erg} = 192.5 \text{ J}$$

となるので，両足に蓄えられるエネルギーはこの 2 倍，385 J となる．このエネルギーは体重 70 kg のヒトが 56 cm の高さから飛び降りたときの衝撃 mgh（ここで m は体重，g は重力加速度，h は高さ）に相当する．もし，すべてのエネルギーが両足の骨のみで吸収されたなら，骨折する可能性がある．

もちろん，56 cm よりかなり高い所からでも，着地の際に体各部の関節を曲げて落下のエネルギーを体中に再分配し，骨折の可能性を低下させることで，安全に飛び降りることができる．しかし，この計算結果は，意外に低いところから飛び降りた場合でも，骨折する可能性があることを示している．同様の考察は走っているときの骨折の可能性を考える場合にも使うことができる（練習問題 5–1 参照）．

5.4 撃力

突然，物が衝突した場合，衝突した物体には強い力が短時間作用する．このような力の時間変化の例を図 5.4 に示す．力は最初ゼロから最大値に達し，その後，またゼロに戻る．物体に力の働いている時間 $t_2 - t_1 = \Delta t$ が衝突の持続時間である．このような短時間作用する力のことを**撃力**（impulsive force）と呼ぶ．

衝突は短い時間で起こるため，衝突時の力の大きさを正確に知ることは難しい．しかし，撃力の平均値 F_av を知ることは比較的容易である．それは補遺 A に示した力と運動量の関係から簡単に求めることができる．すなわち，

$$F_\text{av} = \frac{mv_f - mv_i}{\Delta t} \qquad (5.14)$$

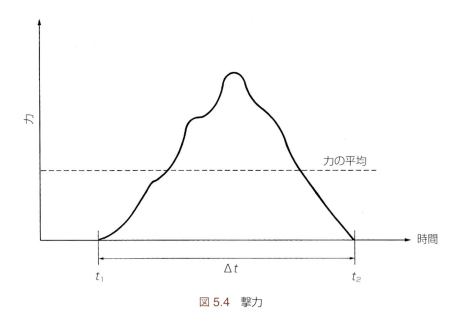

図 5.4 撃力

ここで mv_i は物体の衝突前の運動量，mv_f は衝突後の運動量である．たとえば，衝突の持続時間が 6×10^{-3} sec で運動量の変化が 2 kgm/sec の場合，衝突の間物体に作用していた力の平均は

$$F_{\text{av}} = \frac{2 \text{ kg m/sec}}{6 \times 10^{-3} \text{ sec}} = 3.3 \times 10^2 \text{ N}$$

となる．

なお，運動量の変化の大きさが一定の場合，撃力の大きさは衝突持続時間に反比例する．すなわち，衝突力は，ゆっくりした衝突よりも素早い衝突のほうが大きいことに注意する必要がある．

5.5 落下による骨折：撃力に基づく解析

上記の節では，地面との衝突によるダメージをエネルギーの観点から考察した．同様の計算を撃力の概念を用いて行うこともできる．骨折を誘起する力の大きさを式 5.14 を用いて計算しよう．衝突による運動量の変化は，普通，容易に計算することができるが，衝突の持続時間 Δt は正確に求めることが難しい．それは衝突の状態に依存する．もし，衝突した物体どうしが硬い場合，衝突時間は非常に短く，数ミリ秒にすぎない．もし，物体の片方が柔らかく，衝突時に大きく変形する場合，衝突の持続時間は長くなり，結果として撃力は減少する．このよう

に，柔らかい砂地に落下する場合は，堅いコンクリートの地面に落下する場合より，ケガの程度がよほど軽い．

もしヒトが高さ h から落下したとき，地面と衝突する際の速度は空気抵抗を無視して（式 3.6 参照），

$$v = \sqrt{2gh} \tag{5.15}$$

と表される．衝突時の運動量は

$$mv = m\sqrt{2gh} = W\sqrt{\frac{2h}{g}} \tag{5.16}$$

となる．

衝撃を受けた後，人体は静止しているから，運動量はゼロ $(mv_f = 0)$ である．よって，運動量の変化は

$$mv_i - mv_f = W\sqrt{\frac{2h}{g}} \tag{5.17}$$

撃力の平均値は式 5.14 より

$$F = \frac{W}{\Delta t}\sqrt{\frac{2h}{g}} = \frac{m}{\Delta t}\sqrt{2gh} \tag{5.18}$$

となる．

さて，これからが難しい問題，衝突持続時間の推定である．もし，衝突した地面がコンクリートのように硬い面で，また，落下したヒトが関節を曲げずに真っ直ぐ固定していたとすると，衝突時間は 10^{-2} sec 程度と推定される．もし，ヒトが膝を曲げて着地したり，地面が柔らかかった場合は，衝突時間はこれよりはるかに長くなる．

表 5.1 より，骨折が生じるであろう単位面積あたりの力は 10^9 dyn/cm^2 である．もし，ヒトがかかとで着地するならば，その面積はおよそ 2 cm^2 である．したがって，骨折を生じる力 F_B は

$$F_B = 2 \text{ cm}^2 \times 10^9 \text{ dyn/cm}^2 = 2 \times 10^9 \text{dyn} \ (4.3 \times 10^3 \text{ lb})$$

となる．式 5.18 より，飛び降りたときにこのような撃力を生じる高さ h は

$$h = \frac{1}{2g}\left(\frac{F\Delta t}{m}\right)^2 \tag{5.19}$$

で与えられる．

体重 70 kg の男性の場合だと，このような平均撃力を受ける高さ（$\Delta t = 10^{-2}$ sec と仮定して）は

$$h = \frac{1}{2}\left(\frac{F\Delta t}{m}\right)^2 = \frac{1}{2 \times 980}\left(\frac{2 \times 10^9 \times 10^{-2}}{70 \times 10^3}\right)^2 = 41.6 \text{ cm } (1.37 \text{ ft})$$

と与えられる．この値はエネルギーを基にした解析から得られた結果と近い．しかし，衝撃を受ける面積を 2 cm^2 と仮定したことは，順当ではあるが，わずかに恣意的ではある．この面積は着地の際の条件により大きくも小さくもなり得る．さらにわれわれはヒトが両足を曲げることなく，真っ直ぐにしたまま着地するとも仮定している．練習問題 5–2 と 5–3 では，撃力によってケガが生じる場合の計算例についてさらに取り扱う．

5.6　エアバッグ：膨れることで衝突から身を守る装置

撃力は衝突時に物体の重心が移動する距離からも求めることができる．たとえば自動車の衝突安全装置であるエアバッグ（図 5.5 参照）の動作を調べてみよう．エアバッグは車のダッシュボードに格納されている．衝突の際には，このバッグが急速に拡張し，搭乗員を撃力から守る．正面衝突時に前方の硬い表面と搭乗者が接触するのを防ぐには，搭乗員の前方への動きをおよそ 30 cm 以内に止める必要がある．この場合，平均の減速の加速度（式 3.6 参照）は

$$a = \frac{v^2}{2s} \tag{5.20}$$

と与えられる．ここで，v は衝突前の自動車（すなわち，搭乗員）の速度であり，s は減速距離である．この減速の際に生じる力の平均は，搭乗員の質量を m として

$$F = ma = \frac{mv^2}{2s} \tag{5.21}$$

図 5.5　エアバッグが膨れることで衝突から身を守る．

と与えられる.

体重 70 kg のヒトを 30 cm の距離で制動する場合,必要な力の平均値は

$$F = \frac{70 \times 10^3 v^2}{2 \times 30} = 1.17 \times 10^3 \times v^2 \text{ dyn}$$

となる.

時速 70 km/h ($= 1.94 \times 10^3$ cm/sec $= 43.5$ mph) で衝突した場合,搭乗員に加わる力は 4.42×10^9 dyn となる.この力が搭乗員の体表面積 1000 cm^2 に均一に作用するとするならば,単位面積あたりに加わる力は 4.42×10^6 dyn となる.これは推定されている体の組織の破断強度を若干下回る.

搭乗員を制動するのに必要な力は速度の 2 乗に比例して大きくなる.衝突時の時速が 105 km に達した場合には,平均制動力は 10^{10} dyn となり,単位面積あたりに作用する力も 10^7 dyn となる.このような大きさの力が作用すると,搭乗員は恐らく傷害を負うであろう.

この安全装置の設計においては,通常の運転時にバッグが開いてしまう可能性についても考慮されている.もしエアバッグが開いたままだと,ドライバーが車を運転し続けることはできない.このため,エアバッグは衝突時の衝撃を吸収するのに必要な短い時間だけ膨らむように設計されている (この時間の推定については練習問題 5–4 を参照).

5.7 むち打ち損傷

頭部の骨はデリケートであり,それほど大きな力でなくとも破損しうる.幸いにして,首の筋肉は他の筋肉に比べて強いため,相当な大きさのエネルギーを吸収することができる.しかし,後方から衝突されたときのように衝撃が急である場合,体は座席の背もたれによって前方に急加速されるのに対し,支えのない頭部は後方に強く引っ張られる.この場合,筋肉は十分に早く応答することができ

図 5.6　むち打ち

ず，衝撃のエネルギーは頚部の骨により吸収され，いわゆるむち打ち損傷（図 5.6 参照）になる．むち打ち損傷については練習問題 5-5 で定量的に解析する．

5.8 高空からの落下

　スカイダイバーが飛行機から飛び降りた際，パラシュートが開かなくても，柔らかい雪の上に落ちたために助かったという報告が幾つかある．このような例では，人体は雪原に 1 m ほどめり込むとされている．この報告の信憑性は人体が着地するときの撃力を計算することで確かめることができる．詳細は練習問題 5-6 に示すが，たとえ着地するときの速度が 62.5 m/sec (225 km/h) であったとしても，これを約 1 m の距離で止めるための制動力の平均値は人体が深刻なダメージを受ける力に達しないことがわかる．

5.9 変形性関節症と運動

　本章では，これまで大きな撃力による人体のダメージの可能性について論じてきた．日常生活では，われわれの体は，たとえば歩いたり走ったりするときに足に加わる撃力のような，より小さい繰返しの力を受けていることが多い．このようなより小さい繰返しの力，特に日常の運動やスポーツで体に加えられる繰返しの力がどの程度，体にダメージを与えるのか，ということは，まだ完全には解明されていない．変形性関節症はこのような小さな撃力の繰返しにより発生するのではないかと考えられている．

　変形性関節症は関節の病気で，関節を構成する要素，なかでも滑膜や軟骨組織の進行性の摩耗を特徴とする．このような組織の摩耗や断裂によって，関節は柔軟性や強度を失い，痛みや関節のこわばりが発生する．そして，やがて軟骨下の骨も摩耗し始める．変形性関節症は老人の身体障害の主因である．膝に発生することが最も多い．65 歳以上では，男性の 60 %，女性の 75 % が多かれ少なかれ，変形性関節症を抱えている．

　ここ数年にわたり，運動と変形性関節症の関係を調べる多くの研究が行われてきた．その結果，関節の障害はその後の変形性関節症の発生に最も強く関係しているということがだんだんわかってきた．このことが，衝撃が強くケガをしやすいスポーツをやっている人々に変形性関節症が発生しやすい理由であると考えられる．一方，楽しみのため毎週 20 から 40 km（約 13 から 25 マイル）程度走ることは，ほとんど問題にはならないようである．

ケガをした関節がその後，摩耗や損傷しやすいのは驚くことではない．第2章の表2.1に示したように，正常な関節の動摩擦係数（μ_k）は約0.003である．潤滑されていない骨どうしの摩擦係数はこの100倍も高い．関節のケガは往々にして関節の潤滑能を低下させ，このことが軟骨の摩耗を増加させ，変形性関節症を導く．この単純化された考えに立つと，変形性関節症の進行は，走らないヒトの群に比べ，定期的に走っているヒトの群で早いことになる．しかし，これは当てはまらないようである．実際には変形性関節症は両方の群で同じような速度で進行する．つまり関節は何らかの自己修復能を有する可能性がある．これらの結論はまだ定まったものではなく，今後の更なる研究が必要である．

練習問題

5–1. 体重 50 kg のランナーがつまずいて転び，片手を延ばして地面に着いたとする．もし，腕の骨がすべての運動エネルギー（転倒のエネルギーは無視する）を吸収するとすると，腕を骨折する最小の速度はいくらか？腕の長さは 1 m，骨の断面積は 4 cm^2 とする．

5–2. 問題 5.1 の計算を撃力を考慮した解析に基づき行え．撃力の持続時間は 10^{-2} sec，衝撃を受ける領域は 4 cm^2 とする．衝撃を受ける領域が 1 cm^2 の場合はどうか？

5–3. 重量 1 kg の物体がどの高さから頭の上に落ちると頭蓋骨が割れるか？物体は硬く頭蓋骨との接触点は 1 cm^2，衝撃の持続時間は 10^{-3} sec とする．

5–4. 本章で議論したエアバッグと搭乗員の衝突持続時間を計算せよ．

5–5. 後方からの衝突の場合，衝突された車は速さ v まで 10^{-2}/sec で加速される．むち打ちによる首の障害が発生する最小の速度はいくらか？ 本文中で示されたデータを使い，また，頸椎の断面積は 1 cm^2，頭部の質量は 5 kg とする．

5–6. 最終速度 62.5 m/sec で落ちてきた女性が 1 m の制動距離で止まるとき，減速時の撃力を求めよ．この人の体重は 70 kg で，背中で着地するものとし，その面積は 0.3 m^2 とする．この力の大きさは体が深刻なダメージを受けるレベルより低いか？（体の組織において，このレベルはおおよそ 5×10^6 dyn/cm^2 である）

5–7. ボクサーが 50 kg のサンドバックを打った．バッグに当たった瞬間の拳の速さは 7 m/sec であり，バッグを打つことにより，手は完全に停止し

た．ボクサーの手の重量を 5 kg として，バッグの運動速度と運動エネルギーを計算せよ．この例では運動エネルギーは保存されるか？　それはなぜか？（運動量保存則を使え）

Chapter 6 第6章

昆虫の飛行

　本章では，昆虫の飛行について，幾つかの面から解析する．特に，昆虫のホバリングについて考える．この際，これまでの章で紹介した多くの概念を使いながら計算を行う．計算に必要なパラメータはほとんどの場合，文献から得たが，幾つかの値についてはすぐには見つからなかったため，推測せざるを得なかった．昆虫により大きさや形，質量は大きく異なる．ここでは，質量 0.1 g の昆虫，ちょうど，ミツバチのサイズの昆虫について計算を行う．

　一般的に，鳥や昆虫の飛行は複雑な現象である．飛行を厳密に議論するには，空気力学を考慮することが必要であり，さらには飛行のさまざまなステージでの翅（はね）の形状変化も考えなくてはならない．大きな昆虫と小さな昆虫で翅の動きに違いのあることですら，ごく最近，明らかにされたばかりである．以下の議論は極度に単純化されてはいるが，飛行の基本的物理学の幾つかが理解できるように展開されている．

6.1　ホバリング

　多くの昆虫は翅（そしていくつかの小さい鳥は翼）を素早く振るわせることにより，空中の1点に留まることができる．これをホバリングという．ホバリングの際の翅の運動は複雑である．翅は重力に抗する上昇力を発生させるだけでなく，横方向にも一定位置に留まるための力を発生する必要がある．上昇力は翅の振り下ろしによって発生する．翅が周囲の空気を押し下げることによって，空気からの反作用力が翅に加わり，これによって昆虫は押し上げられる．多くの昆虫の翅は振り上げの際にかかる力が小さくなるようにできている．運動時に翅に加わる力を図 6.1 に示す．翅を振り上げる際には重力によって昆虫は落下する．翅の振り下ろしが上向きの力を発生し，昆虫は元の位置に戻る．したがって，昆虫の垂

第6章 昆虫の飛行

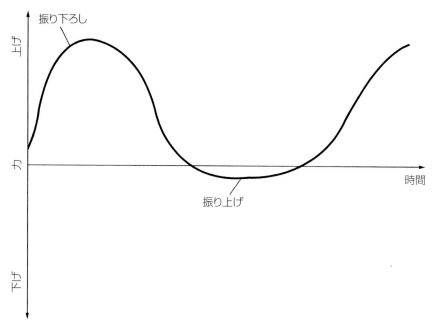

図 6.1 飛行中に作用する力

直方向位置は羽ばたきの周波数に合わせて上下に動いている．

　昆虫が羽ばたきの合間に落ちる距離は，その羽根がどのくらい早く羽ばたいているのかによる．もし，昆虫がゆっくり羽ばたいているなら，上昇力がゼロとなる時間は長くなるので，昆虫が落ちる距離は早く羽ばたいている場合に比べて大きくなる．

　昆虫が空中に安定して留まるのに必要な羽ばたきの周波数は容易に計算することができる．計算を簡単にするために，上昇力は翅が振り下ろされる間は有限の一定値を取り，振り上げる際にはゼロであると仮定する．翅を振り上げている時間 Δt の間，昆虫は距離 h だけ重力の作用によって落下する．式 3.5 より，この距離は

$$h = \frac{g(\Delta t)^2}{2} \tag{6.1}$$

である．翅の振り下ろしは昆虫を元の位置に戻す．典型的には，垂直方向の昆虫の位置の変動は 0.1 mm より小さい程度（すなわち $h = 0.1$ mm）であろう．すると昆虫が自由落下できる時間は

$$\Delta t = \left(\frac{2h}{g}\right)^{1/2} = \sqrt{\frac{2 \times 10^{-2} \text{ cm}}{980 \text{ cm/sec}^2}} = 4.5 \times 10^{-3} \text{ sec}$$

となる．翅の振り下ろしと振り上げに要する時間はほぼ等しいので，羽ばたきの周期 T は Δt の 2 倍となる．すなわち，

$$T = 2\Delta t = 9 \times 10^{-3} \text{ sec} \tag{6.2}$$

となる．したがって，羽ばたきの周波数 f，すなわち，1 sec あたりの羽ばたきの数は

$$f = \frac{1}{T} \tag{6.3}$$

となる．この例では，周波数は毎秒 110 回となる．これは典型的な昆虫の羽ばたきの周波数である．ただし，蝶のような昆虫ははるかに低い周波数，毎秒 10 回程度で羽ばたき（彼らはホバリングできない），また，他の小さな昆虫には毎秒 1000 回羽ばたくものもいるが．翅を振り下ろす際に昆虫が垂直方向位置を元に戻すためには，この間に体に作用する上向きの力 F_{av} の平均値は昆虫の体重の 2 倍である必要がある（練習問題 6–1 参照）．昆虫の体に働く上向きの力は羽ばたきの半分の時間しか作用しないので，昆虫に加わる平均の上向きの力は昆虫の体重に等しくなる点に注意すること．

6.2 昆虫の飛翔筋

昆虫の飛翔筋の配置にはさまざまな種類がある．この 1 つの例として，トンボの飛翔筋の配置を大幅に簡単化したものを図 6.2 に示す．翅の運動は多くの筋肉によって制御されているが，ここでは筋肉 A と B で代表する．翅の上向きの運動は筋肉 A の収縮で発生するが，この筋肉は胸部の上部を圧縮し，これにより翅が振り上げられる．筋肉 A が収縮する際，筋肉 B は弛緩している．筋肉 A により発生する力は翅に第 1 種テコとして与えられる点に注意すること．この場合，支点は図 6.2 に小さな円で示された翅の関節である．

翅の下方への運動は筋肉 B の収縮で生じ，この際，筋肉 A は弛緩している．この場合，力は翅に第 3 種テコとして伝えられる．われわれの計算では，翅の長さを 1 cm としよう．

昆虫の飛翔筋の物理的性質は昆虫に特有のものではない．単位断面積あたりに発生する張力や収縮速度はヒトの筋肉で計測された値と同様である．しかし昆虫の飛翔筋は翅を非常に速い速度で動かすことが要求される．これは翅を動かすテコの原理により実現されている．計測によると羽根が約 70° 動く際に，筋肉 A と B はわずか 2 ％しか収縮しない．筋肉 B の長さを 3 mm とすると，筋収縮量は 0.06 mm（3 mm の 2 ％）となる．この条件下で必要となる翅の動きをするため

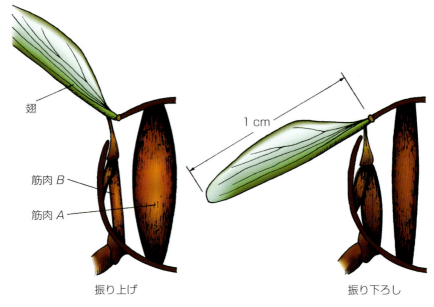

図 6.2　飛翔筋

には，筋肉 B はテコの支点から 0.052 mm のところに付着している必要がある（練習問題 6–2 参照）．

　もし，羽ばたきの周波数が毎秒 110 回であるなら，翅の 1 回の振り上げ・振り下ろしに時間は 9×10^{-3} sec である．筋肉 B により生じる翅の振り下ろしはこの半分の時間，4.5×10^{-3} sec で生じる．したがって，筋肉の収縮速度は 0.06 mm 割る 4.5×10^{-3} sec，すなわち 13 mm/sec となる．この収縮速度は多くの筋肉組織で普通に観察されるものである．

6.3　ホバリングに必要な仕事率

　次にホバリングを維持するのに必要な仕事率（パワー）を計算してみよう．昆虫の質量は $m = 0.1$ g であると再び仮定する．練習問題 6–1 に示すように，2 枚の翅を振り下ろす際に発生する平均の力 F_{av} は $2W = 2mg$ である．翅に発生する圧力は翅の全面に均等に加わるので，翅により発生する力は翅の中央断面の 1 点に作用すると考えることができる．振り下ろしの際には翅の中央部は距離 d だけ移動する（図 6.3 参照）．毎回の振り下ろしで昆虫によってなされる仕事は，力と距離の積になるので

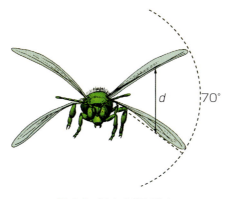

図 6.3 昆虫の翅の動き

$$\text{仕事} = F_{\text{av}} \times d = 2Wd \tag{6.4}$$

である．もし翅が 70° の範囲で羽ばたくなら，翅の長さ 1 cm のわれわれの例では d は 0.57 cm となる．すると，2 本の翅が毎回の振り下ろしで発生する仕事は

$$\text{仕事} = 2 \times 0.1 \times 980 \times 0.57 = 112 \text{ erg}$$

となる．次にこのエネルギーがどこに行くのか考えて見よう．われわれの例では，昆虫の質量は翅の振り下ろし期に 0.1 mm だけ持ち上げられなくてはならない．この仕事に必要なエネルギー E は

$$E = mgh = 0.1 \times 982 \times 10^{-2} = 0.98 \text{ erg} \tag{6.5}$$

である．これは全消費エネルギーに対しては無視できる量であり，明らかに，ほとんどのエネルギーは別のプロセスで消費される．この問題に対するより詳しい解析から，翅によりなされる仕事はおもに翅の運動エネルギーと翅の振り下ろしにより加速される空気の運動エネルギーに変換されることが示されている．

仕事率（power）とは 1 秒あたりになされる仕事の大きさである．われわれが議論している昆虫は毎秒 110 回翅を振り下ろしているので，そのパワー出力 P は

$$P = 112 \text{ erg} \times 110/\text{sec} = 1.23 \times 10^4 \text{ erg/sec} = 1.23 \times 10^{-3} \text{ W} \tag{6.6}$$

となる．

6.4 飛行中の翅の運動エネルギー

われわれのホバリングに関する計算では，翅の運動エネルギーは無視してきた．

昆虫の翅は昆虫本体と同じように軽いが，有限の質量を有する．したがって，翅の動きは運動エネルギーを伴う．翅は回転運動をしているので，翅の羽ばたきの際の運動エネルギーの最大値は

$$KE = \frac{1}{2}I\omega_{\max}^2 \tag{6.7}$$

と表される．ここで，I は翅の慣性モーメントであり，$\omega_{\max}$ は翅の1ストローク中の角速度の最大値である．翅の慣性モーメントを求めるために，翅が，その一端が回転中心となる細い棒であると仮定する．すると翅の慣性モーメントは

$$I = \frac{m\ell^3}{3} \tag{6.8}$$

となる．ここで ℓ は翅の長さ（われわれの例では 1 cm），m は2枚の翅の質量であり，代表的な値としては 10^{-3} g である．角速度の最大値 $\omega_{\max}$ は翅の中心部の速度の最大値 $v_{\max}$ から，

$$\omega_{\max} = \frac{v_{\max}}{\ell/2} \tag{6.9}$$

と表される．

それぞれのストロークにおいて，翅の中心部は平均速度 v_{av} で運動し，この速度は翅の中心の移動距離 d を翅の振り下ろしの持続時間で割ることで求められる．先ほどの例では，$d = 0.57$ cm，$\Delta t = 4.5 \times 10^{-3}$ sec であったので，

$$v_{\mathrm{av}} = \frac{d}{\Delta t} = \frac{0.57}{4.5 \times 10^{-3}} = 127 \text{ cm/sec} \tag{6.10}$$

となる．

翅の速度はストロークの最初と最後ではゼロである．したがって，翅の最大速度は平均速度より大きい．もしも，翅の速度が運動経路に沿ってサイン波のように変化するとすると，最大速度は平均速度の2倍になる．したがって角速度の最大値は

$$\omega_{\max} = \frac{254}{\ell/2}$$

となり，翅の運動エネルギーは

$$KE = \frac{1}{2}I\omega_{\max}^2 = \frac{1}{2}\left(10^{-3}\frac{\ell^2}{3}\right)\left(\frac{254}{\ell/2}\right)^2 = 43 \text{ erg}$$

となる．翅の運動には振り上げと振り下ろしの2つのストロークがあるので，運動エネルギーは $2 \times 43 = 86$ erg となる．この値はおよそホバリングで消費されるエネルギーに等しい．

6.5 翅の弾性

翅は加速されるにつれて運動エネルギーを得るが，これはもちろん，飛翔筋により供給されたものである．翅が1ストロークの最後に向けて減速するとき，この運動エネルギーは散逸されなくてはならない．振り下ろしのストロークの際には，この運動エネルギーは筋肉で散逸され熱に変わる（この熱は昆虫の体温を保つのに使われる）．昆虫のなかには，振り上げのストロークの際の運動エネルギーを飛行に役立てるものもいる．このような昆虫の翅の関節には弾性的でゴムのようなレシリン（resilin）とよばれるタンパク質が付いている（図6.4）．振り上げストロークの際にレシリンが引っ張られる．翅の運動エネルギーはこうして，レシリンの弾性エネルギーに変換され，ちょうどばねのようにエネルギーが蓄えられる．翅が下方に運動を始めるとこのエネルギーは解放され，翅の下方への運動を助ける．

幾つかの単純化した仮定を置くことで，引っ張られたレシリンに蓄えられるエネルギーを計算することができる．実際はレシリンは複雑な形状に変形させられるが，簡単のため，レシリンは断面積 A，長さ ℓ の真っ直ぐな棒であると仮定する．また，引っ張るとフックの法則に従うものと仮定する．実際にはレシリンは相当量引っ張られ，断面積もヤング率も引張の過程で変化するので，この過程は厳密には正しくない．

引っ張られたレシリンに蓄えられるエネルギー E は式5.9より

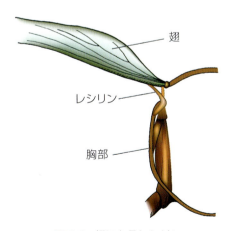

図6.4 翅にあるレシリン

$$E = \frac{1}{2} \frac{YA\Delta\ell^2}{\ell} \tag{6.11}$$

と与えられる．ここで，Y はレシリンのヤング率で，1.8×10^7 dyn/cm^2 であると計測されている．

ミツバチのサイズの昆虫の場合，レシリンの典型的な寸法はおおよそ 2×10^{-2} cm の長さで 4×10^{-4} cm^2 の断面積をもった棒と近似できる．ここで，レシリンの棒の長さが引張により 50 % 増加すると仮定しよう．すなわち，$\Delta\ell$ が 10^{-2} cm である．したがって，このケースでは，それぞれの翅のレシリンに蓄えられるエネルギーは

$$E = \frac{1}{2} \frac{1.8 \times 10^7 \times 4 \times 10^{-4} \times 10^{-4}}{2 \times 10^{-2}} = 18 \text{ erg}$$

となるので，2 枚の翅に蓄えられるエネルギーは 36 erg である．これは翅を振り上げる際の運動エネルギーと大体同じである．実際，実験から翅の運動エネルギーの 80 % がレシリンに蓄えられる可能性のあることが示されている．レシリンの利用は翅に留まらない．たとえば，ノミの後肢はレシリンを含んでおり，これがジャンプの際のエネルギーを蓄える（練習問題 6–3 参照）．レシリンによるエネルギー蓄積の更なる応用例は練習問題 6–4 で検討する．

練習問題

6–1. 昆虫がホバリングを保つために必要な，翅の振り下ろし期に胴体に作用していなくてはならない力の大きさを計算せよ．

6–2. 本文中の議論を参考に図 6.2 中の筋肉 B が翅に付着する点の位置を計算せよ．なお，筋肉は翅の運動中，常に翅に垂直な位置にあるものとする．

6–3. ノミの両足のレシリンがそれぞれ長さ 2×10^{-2} cm，断面積 10^{-4} cm^2 の円筒であると仮定する．レシリンの長さ変化が $\Delta\ell = 10^{-2}$ cm であるとき，レシリンに蓄えられる弾性エネルギーを求めよ．体重が 0.5×10^{-3} g のとき，このノミは蓄えられた弾性エネルギーだけを利用してどの高さまでジャンプすることができるか？

6–4. 50 kg のヒトがレシリンのパッドを両膝の関節に 1 つずつ装着していたとする．50 cm ジャンプするのに十分なエネルギーを蓄えるためには，このパッドはどの程度の大きさが必要か？　なお，パッドは立方体形状で，$\Delta\ell = \ell/2$ であるとする．

Chapter 7 第**7**章

流体

　前章では力が作用するときの固体の振る舞いについて述べた．次の3つの章では生命科学に重要な役割を果たす液体と気体の振る舞いについて議論を展開することにする．固体，液体，気体の物性の違いは，分子が結合する力の面から説明できる．固体では分子が互い強固に結合している．そのため固体には定まった体積と形がある．液体を構成する分子は，定まった形を維持できるほどの力ではお互いが結合していないが，その結合力は定まった体積を維持できる強さである．液体は，それを入れる容器に合った形をとることができる．気体では分子どうしは結合していない．そのため，気体は定まった体積と形をもたない．気体は，それを入れる容器に充満する．液体と気体は自由に流れるので**流体**（fluid）と呼ばれる．流体と固体は同じ力学法則に支配されるが，流体は流れることができるという性質から，固体には見られない幾つかの現象を示す．この章では，流体圧力，液体中における浮力と表面張力の特性について，生物学と動物学からの実例をあげて説明する．

7.1　流体中の力と圧力

　固体と流体では力の伝達様式が異なっている．固体の一部に（ある方向から）力が作用すると，その力は方向が変わることなく固体の他の場所に伝わる．流体は流動性があるので，流体に作用した力はすべての方向に均等に伝わってゆく．そのため，静止している流体のどの場所の圧力もすべての方向で同じになる．静止している流体が及ぼす力は，流体と接触している物体のどの場所においても垂直方向に作用する．容器に入った流体は，接触している容器のどの場所にも力を及ぼす．流体は，その中に入っているどのような物体にも力を及ぼす．

　流体内の圧力は上にある流体の重さがあるため，深くなるほど大きくなる．一

定の比重 ρ の液体では，垂直距離 h で離れている 2 点間の圧力差 $P_2 - P_1$ は，

$$P_2 - P_1 = \rho g h \tag{7.1}$$

となる．液圧は mmHg（水銀柱の高さ），あるいは**トル**［torr，大気圧の性質を理解した最初の人であるトリチェリー（Evangelista Torricelli, 1608-1674）にちなんで］として測られる．1 torr（トル）は 1 mm の高さの水銀柱の圧力である．この他，Pa と略される**パスカル**（pascal）も圧力の単位としてよく用いられる．圧力を測るのに用いられる他の単位と torr との関係は以下のようになる．

$$\begin{aligned}
1 \text{ torr} &= 1 \text{ mm Hg} \\
&= 13.5 \text{ mm water} \\
&= 1.33 \times 10^3 \text{ dyn/cm}^2 \\
&= 1.32 \times 10^{-3} \text{ atm} \\
&= 1.93 \times 10^{-2} \text{ psi} \\
&= 1.33 \times 10^2 \text{ Pa (N/cm}^2)
\end{aligned} \tag{7.2}$$

7.2　パスカルの原理

表面積 A_1 の液体に力 F_1 を加えると，液体内の圧力は次の式に示される P（図 7.1）だけ増加する．

$$P = \frac{F_1}{A_1} \tag{7.3}$$

非圧縮性の液体では，あらゆる場所における圧力の増加は液体内のどの場所へも

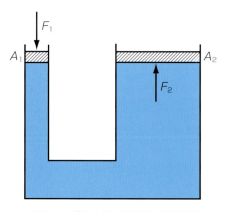

図 7.1　パスカルの原理を示す図解

減衰することなく伝わる．これは**パスカルの原理**（Pascal's principle）として知られている．液体内の圧力がどこでも同じなので，面積 A_2 に働く力 F_2 は，

$$F_2 = PA_2 = \frac{A_2}{A_1} \times F_1 \tag{7.4}$$

である．A_2/A_1 はてこの機械的利点に類似している．

7.3 水力学的骨格

第1章では筋肉が骨格を構成する骨を引っ張ることで運動を起こすことを示した．しかし，固い骨格を持たない軟かい体の動物（イソギンチャクやミミズなど）もいる．これらの動物の多くは，体を動かすためにパスカルの法則を利用する．この機能を果たす構造体を**水力学的骨格**（hydrostatic skeleton）と呼んでいる．

蠕虫（ぜんちゅう，ミミズのような形の虫）のような動物の動きを理解するため，液体で満たされた閉鎖された弾力性のある円筒でできた動物を想定する．この円筒が水力学的骨格である．蠕虫は円筒の壁に沿って縦に走る筋肉と横に走る環状の筋肉を用いて運動する（図 7.2）．円筒内の液体の量は一定なので，環状筋が収縮すると体は細く，長くなる．縦走筋が収縮すると体は短く，平たくなる．もし，片側の縦走筋だけが収縮すると，体は収縮している側に屈曲する．体の前端と後端を交互に表面に固定し，連続的に縦走筋と環状筋を収縮させると，蠕虫は前方や後方に動く．片側の縦走筋の収縮により動きの方向が変化する．

それでは動く蠕虫の体の内部の水力学的力を計算してみよう．半径 r の蠕虫を考える．体を回る環状筋が体の長軸に沿って均等に分布し，その筋肉が体の単位

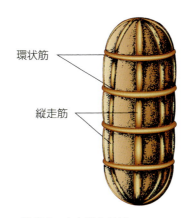

図 7.2　水力学的骨格

長さあたりに影響を及ぼす範囲を A_M と仮定する．環状筋が収縮すると体の長さ 1 cm あたりにかかる力 f_M は，

$$f_M = SA_M \tag{7.5}$$

ここで S は筋肉の単位面積あたり生じる力である（f_M は単位長さあたりの力の単位であることに注意）．この力が体の中に圧力を生じる．圧力の大きさは，体の断片を示す図 7.3 を参考に計算することができる．その断片の長さを L とする．仮に断片を図 7.3 のごとく長さ方向に半分に切ると，円筒の内部の圧力は，その 2 つの部分を押し離す力となる．

この力は次のように計算される．中央で切った断面の面積 A は

$$A = L \times 2r \tag{7.6}$$

流体圧は任意の面に常に垂直に作用するので，円筒を分割させる力 F_p は

$$F_p = P \times A = P \times L \times 2r \tag{7.7}$$

ここで P は環状筋の収縮により虫の内部に生じる流体圧である．

平衡状態では力 F_p は図の切断面の両縁に沿って働く筋力と釣り合うので，

$$F_p = 2f_M L$$

となり，すなわち，

$$P \times L \times 2r = 2f_M L$$

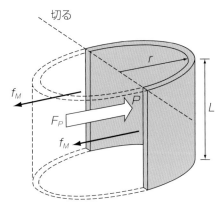

図 7.3　蠕虫体内の圧力の計算

となる．そして
$$P = \frac{f_M}{r} \tag{7.8}$$
となる．計算を具体的にするため，体の半径 r を 0.4 cm，体の長さ 1 cm あたりの環状筋の面積 A_M を 1.5×10^{-3} cm^2，筋肉の単位面積あたりに生じる最大の力 S を 7×10^6 dyn/cm^2 と仮定しよう．これは前回，ヒトの筋肉で使用した数値である．したがって，環状筋の最大収縮力が働いたときの体の内部の圧力は，

$$P = \frac{f_M}{r} = \frac{SA_M}{r} = \frac{7 \times 10^6 \times 1.5 \times 10^{-3}}{0.4}$$
$$= 2.63 \times 10^4 \text{ dyn/cm}^2 = 19.8 \text{ torr}$$

となる．

これは比較的高い圧力で，水柱にするとその高さは 26.7 cm に相当する．この圧力は体を引き延ばし，前方に向かう圧力 F_f は

$$F_f = P \times \pi r^2 = 1.32 \times 10^4 \text{ dyn}$$

である．縦走筋の作用も同様に解析できる．

7.4 アルキメデスの原理

アルキメデスの原理によれば，体の部分あるいは全体が液体中に沈んでいると，沈んだ体には，それによって押しのけられた液体の重さに等しい上向きの力，すなわち浮力を受ける．この原理の起源は基礎的な物理の教科書にも書かれている．それではアルキメデスの原理を，体が水中で浮かび続けるのに必要な力を計算するためや，魚の浮力を調べるために使うことにしよう．

7.5 浮かび続けるのに必要な力

動物が水の中で沈むか浮かぶかは，動物の体の密度に依存する．密度が水よりも大きいと動物は沈まないようにするために仕事をしなくてはならない．体積が V で密度 ρ の動物が，その体積の一部 f が水面下にある状態で水に浮かぶのに必要な力を計算しよう．この問題は第 6 章で議論したホバリング飛行に似ているが，問題へのアプローチの仕方が異なっている．

動物の体の一部 f が水に浸かっているので，動物には次の式で計算される浮力 F_B がかかる．

$$F_B = gfV\rho_w \tag{7.9}$$

ここで，ρ_w は水の密度である．力 F_B は単純に水に沈んでいる動物の体によって押しのけられた水の重さである．

動物にかかる下向きの力の F_D はその体重 $gV\rho$ と浮力の差であり，

$$F_D = gV\rho - gVf\rho_w = gV(\rho - f\rho_w) \tag{7.10}$$

となる．浮かび続けるには，動物は F_D に等しい上方に向かう力を出さなくてはならない．この力は水の中で四肢を下方に押し出すことにより生まれる．この動きは水を下方に押しやり，結果として上方に向かう反作用の力が生まれ動物を支えることができる．

仮に動く四肢の面積を A，加速された水の終速度を v とすると，踏みつけ運動における単位時間あたりに加速される水の体積は次の式で計算される．

$$m = Av\rho_w \tag{7.11}$$

水は最初，静止しているので，毎秒水に加わる推進力は mv となる（ここで m は毎秒加速される水の体積である）．

$$\text{毎秒水に加わる運動量} = mv$$

これは水の運動量の変化率である．この運動量の変化を起こす力は動く四肢によって水に与えられる．泳ぐヒトの体重を支える上方への反作用の力の強さは F_D と等しく，次の式で計算される．

$$F_R = F_D = gV(\rho - f\rho_w) = mv \tag{7.12}$$

式 7.11 の m を代入すると，次の式を得る．

$$\rho_w Av^2 = gV(\rho - f\rho_w)$$

すなわち，

$$v = \sqrt{\frac{gV(\rho - f\rho_w)}{A\rho_w}} \tag{7.13}$$

四肢の踏みつけ運動でなされる仕事は加速された水の運動エネルギーになる．1秒あたりに水に与えられる運動エネルギーは，毎秒加速される水の質量と水の終速度の 2 乗との積の半分である．この毎秒水に加わる運動エネルギーは四肢により産生される力である．それは

$$KE/\text{sec} = \text{四肢により産生される力}, \quad P = \frac{1}{2}mv^2$$

と書ける．

ここで m と v に関する等式を代入すると，次の式を得る（練習問題 7–1 を参照）

$$P = \frac{1}{2}\sqrt{\frac{\left[W\left(1 - \frac{f\rho_w}{\rho}\right)\right]^3}{A\rho_w}} \tag{7.14}$$

ここで W は動物の体重である（$W = gV\rho$）．

練習問題 7–2 では，50 kg の体重の女性が鼻を水面上に保つために約 7.8 W 消費することが示されている．われわれの計算では動く四肢の運動エネルギーを無視していることに注意せよ．式 7.14 では，動物の密度は水のそれよりも大きいことが前提となっている．逆の例が練習問題 7–3 で試される．

7.6 水生動物の浮力

魚やその他の水生動物の体には多孔性の骨，あるいは空気が入った浮き袋があり，それが体の平均密度を下げてエネルギーの消費なしに水に浮くことを可能にしている．たとえば，コウイカの体には密度 0.62 g/cm^3 の多孔性の骨があり，骨以外の体の密度は 1.067 g/cm^3 である．次の式を使うと，コウイカの体の平均密度が水と同じ密度（1.026 g/cm^3）になるときの体全体の体積に占める多孔性の骨の割合 X を計算することができる（練習問題 7–4 参照）：

$$1.026 = \frac{0.62X + (100 - X)1.067}{100} \tag{7.15}$$

この例では $X = 9.2$ % となる．

コウイカは深さがおよそ 150 m の海中にいる．この深さでは水圧は 15 atm になる（練習問題 7–4 参照）．多孔性の骨の中は約 1 atm の気体で満たされている．したがって，多孔性の骨は 14 atm の圧力に耐えなくてはならない．実験によれば，そうした骨は実際 24 atm の圧力まで耐えられることが示されている．

浮き袋をもつ魚では，浮き袋の中に気体があるため体の密度が減少する．気体の密度は組織の密度と比べて無視できるほど小さいので，魚の体の密度を減少させるのに必要な浮き袋の体積は多孔性の骨よりも小さくてすむ．たとえば先の例で計算した密度の減少を達成するには，浮き袋は魚の体の体積のたったの 4 % ですむ（練習問題 7–6 参照）．

多孔性の骨や浮き袋をもつ水性動物は体の密度を変えることができる．コウイ

力は多孔性の骨に液体を出し入れして体の密度を変える．浮き袋をもつ魚は，浮き袋の中の気体の量を変えて体の密度を変化させる．浮力の他への応用については練習問題7–7で検証する．

7.7 表面張力

　液体を構成する分子は互いに引力を及ぼしあっている．液体中のある分子は，すべての方向に同じ数の隣り合う分子に囲まれている．したがって，その分子にかかる正味の分子間力はゼロである．しかし，液体の表面近くでは状況は異なってくる．液体の表面より上には分子はないので，液体表面のある分子にはおもに1つの方向，すなわち，表面から液体内部へ引っ張る力が作用する．これにより液体の表面は緊縮し，ぴんと張った膜のように振る舞う．この緊縮する傾向は，液体の自由表面の増加に抵抗する表面張力となる．表面張力は表面の接線方向，かつ表面に置いた単位長さの線に垂直に働く力であることを示すことができる（図7.4）（参考論文7–8を参照）．温度が25℃の水の表面張力は72.8 dyn/cmである．境界の長さがLである液体表面の接線方向に働く表面張力により生まれる総力は

$$F_T = TL \tag{7.16}$$

となる．

　液体が容器に入っているとき，その壁の近くの表面分子は壁方向に引かれる．この引力は**接着力**（adhesion）と呼ばれる．しかしながら，これらの分子は同時に液体が凝縮しようとする凝縮力により逆方向に引かれる．もし，接着力が凝縮力より大きいと液体は容器の壁を濡らし，壁の近くの液体の表面は上方に湾曲する．逆の場合は，液体表面は下方に湾曲する（図7.5）．図7.5の角θは液体の表面が壁と接触する点における壁と液体の表面の接線がなす角度である．液体と表

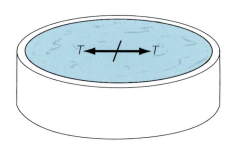

図7.4　表面張力

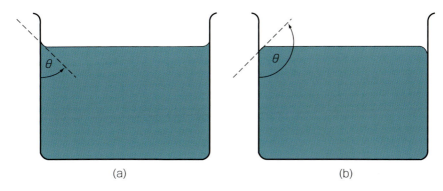

図 7.5 接触角. (a) 液体が壁を濡らすとき. (b) 液体が壁を濡らさないとき.

面の材料が決まれば，θ は決まった定数となる．たとえば，ガラスと水の接触角は 25° である．

もし接着性が凝集力より大きいと，細い管内の液体は特定の高さ h まで上昇する（図 7.6a）．h は次のように計算できる．液柱の重さ W は

$$W = \pi R^2 h \rho g \tag{7.17}$$

であり，ここで R は管の半径，ρ は液体の密度である．液体の端に沿った表面張力による最大力は

$$F_m = 2\pi R T \tag{7.18}$$

となる．この力の上方向成分が液柱の重さを支える（図 7.6a）．すなわち，

$$2\pi R T \cos\theta = \pi R^2 h \rho g \tag{7.19}$$

であり，それゆえ，液柱の高さは

$$h = \frac{2T\cos\theta}{R\rho g} \tag{7.20}$$

となる．もし，接着力が凝集力より小さければ，角度 θ は 90° よりも大きくなる．この場合，管内の液体の高さは下降する（図 7.6b）．式 7.20 はここでも適用でき，h は負になる．これらの効果は**毛管現象**（毛細管現象，capillary action）と呼ばれる．

表面張力のもう 1 つの効果は液体を球形にしようとすることである．この効果は液体が容器の外にあるとはっきりと観察できる．容器に入っていない液体は球体を形成し，雨粒の形をとる．球体である液滴の内圧は外の圧力よりも高い．半

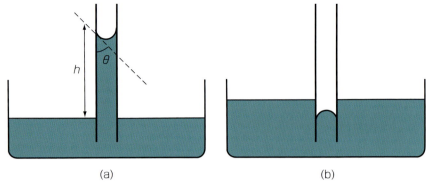

図 7.6 (a) 毛管上昇 (b) 毛管降下

径 R の液滴内の過剰圧力 ΔP は

$$\Delta P = \frac{2T}{R} \tag{7.21}$$

である．これは液体中にある気泡の内部の過剰圧力も表している．言い方を変えると，表面張力 T の液体内に半径 R の気泡を作るためには，液体に気体を注入する圧は周りの液体の圧力よりも式 7.21 で与えられる ΔP だけ大きくなくてはならない．

続く節では，生命科学に関わる多くの領域で表面張力の効果が現れることを示す．

7.8 土壌水

ほとんどの土壌は，小さな粒子の間に狭い空間を有し，多孔性である．これらの空間は毛管として働き，土壌を通る水の動きの一部を決めている．水が土に入ると小さな粒子の間に入り込み，粒子に接着する．水は粒子に接着しなければ，固い岩に到達するまで土の中を速やかに通る．このことに植物の営みは大きな影響を受ける．水の接着と毛管現象のため，土に入った水の大部分はそこに留まる．この水を引き出す植物では，根は水を含んだ土に対して陰圧あるいは吸引力を発揮しなくてはならない．それにはきわめて高い陰圧を必要となることもある．たとえば，毛管の有効半径が 10^{-3} cm とすると，水を引き出すのに必要な圧力は 1.46×10^5 dyn/cm^2，すなわち 0.144 atm となる（練習問題 7–8 参照）．

土から水を引き出す圧力は **土壌水分吸収力**（soil moisture tension, SMT）と呼ばれる．SMT は土の粒子の大きさや水分量や成分に依存しており，土の質を決める重要な因子となっている．SMT が高いほど，植物の根が植物の成長に必

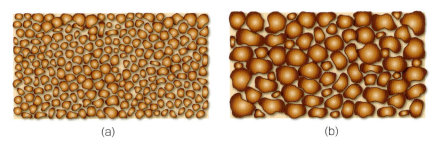

図 7.7　細かい粒子の土 (a) は粗い粒子の土 (b) よりも水分をよりしっかり保持する．

要な水を引き出すことがより困難になる．

　SMT の土の粒子の大きさ依存性は次のような考察から理解できる．土の粒子の間隙は粒子の大きさが増すと大きくなる．毛管現象は毛管の直径に反比例するので，細かい粒子の土は，成分が同じで粗い粒子の土よりも水分をよりしっかり保持する（図 7.7）．

　土の孔が水で充満しているとき，その表面張力は最も低くなる．言い方を変えると，このような条件で植物の根が土から水を引き出すのに必要な吸引力は最も低くなる．しかし，水で飽和した土は植物の成長に最適ではない．植物の根はいくらかの空気を必要とするが，土が水で飽和しているとそれがなくなる．土の水分量が減少していくと SMT が増加する．たとえば，水分量 20 %のローム（砂と粘度が混じった柔らかい土）は 0.19 atm であるが，水分量が 12 %に減少すると SMT は約 0.76 atm へ増加する．

　水分量の減少に伴って SMT が上昇することは 2 つの効果で部分的に説明できる．土が水分を失うにつれ，残った水はより狭い毛管に拘束され動かなくなる．このため水を引き出すことがより困難になる．加えて，水分量が減ると水の塊は孤立化し液滴を形成するようになる．この液滴の大きさは大変小さいかもしれない．たとえば，液滴の半径が 10^{-5} cm に減少すると，その液滴から水を引き出すのに必要な圧力は約 14.5 atm になる．

　毛管現象も水の接着力の強さに依存し，一方，接着力の強さは毛管表面の物質組成に依存する．たとえば，粒子の大きさと水分量が同じ条件では，粘土の SMT はロームより十倍大きくなる．土から水を引き出すために植物の根が生じる圧力には限界がある．SMT が 15 atm を超えると，たとえば，小麦は成長に十分な水を得ることができない．植物がより多くの水を必要とする暑く乾燥した気候では SMT が 2 atm でも植物はしおれてしまう．植物が生き残る能力は，土の SMT ほどは水分には依存していない．ある植物はロームで成長しても，それより 2 倍

の水分を含む粘土ではしおれてしまうかもしれない．SMT の他の局面を練習問題 7–9 と 7–10 で扱う．

7.9 水の上での昆虫の移動運動

すべての昆虫の約 3 %はある程度までは水生で，かれらの生活は何らかの形で水と関係している．これらの昆虫は多くは移動のために水の表面張力を利用するように適応している．水の表面張力は，昆虫が水の上に濡れないで立つことを可能にしている．それでは表面張力で支持できる昆虫の最大の重さを見積もってみよう．

昆虫が水に乗ると，図 7.8 に示すように水の表面がへこむ．しかし，昆虫の足は水に濡れてはいけない．ワックスのような物質で足がコーティングされていると撥水性を発揮することができる．昆虫の体重 W は表面張力の上向き成分により支えられ，それは

$$W = LT\sin\theta \tag{7.22}$$

となる．ここで L は昆虫の水と接触するすべての足の外周を合わせた長さである．

定量的な計算を行うためには幾つかの前提を設けなくてはならない．昆虫が辺の寸法が l の立方体の形をしていると仮定する．体の密度 ρ の昆虫の体重は

$$W = \ell^3 \rho g \tag{7.23}$$

さらに水と接する足の外周の長さが，立方体の寸法とほぼ等しいと仮定すると，式 7.23 から

$$L = \ell = \left(\frac{W}{\rho g}\right)^{1/3} \tag{7.24}$$

となる．

表面張力により昆虫を支える最大の力は角度 $\theta = 90°$ で生じる（図 7.8）（この状態で昆虫は今にも沈みそうである）．表面張力で支えることのできる最大の体重 W_m は式 7.22 から得られ，それは

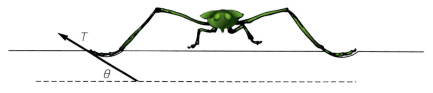

図 7.8　水の上に立つ昆虫

$$W_m = LT = \left(\frac{W_m}{\rho g}\right)^{1/3} T$$

すなわち，

$$W_m^{2/3} = \frac{T}{(\rho g)^{1/3}} \tag{7.25}$$

である．昆虫の体の密度が 1 g/cm^3 で，$T = 72.8 \text{ dyn/cm}$ ならば，最大体重は

$$W_m^{2/3} = \frac{72.8}{(980)^{1/3}}$$

であり，すなわち，

$$W_m = 19.7 \text{ dyn}$$

となる．

それゆえ昆虫の重さは約 2×10^{-2} g となる．そのような昆虫の長さは約 3 mm である．

練習問題 7.11 に示すように，70 kg のヒトが表面張力だけで支えてもらうには水面に浮かぶ周囲が 10 km の足場の上に立たなくてはならない（これは直径が 3.2 km の円盤に相当する）．

より最近の研究により，いくつかの昆虫（たとえばアメンボ）はきわめて細かい，1 μm か，それよりも小さい毛で覆われているため表面張力で支えられる体重が一桁大きくなることが示されている（練習問題 7-6 参照）．

7.10 筋肉の収縮

骨格筋を調べると，それが筋肉線維から構成されており，筋肉線維はさらに小さな単位である**筋原線維**（myofibril）でできていることがわかる．電子顕微鏡でみると，筋原線維は 2 種類の線維，1 つは直径が約 160 Å（1 Å = 10^{-8} cm）の**ミオシン**（myosin），もう 1 つは直径が約 50 Å の**アクチン**（actin），でできていることがわかる．1 つのミオシン・アクチン単位は長さが約 1μm である．それらの線維は，間に空間をもちながら規則正しく配列していて，互いに滑り込むことができる．

筋肉の収縮は電気的な神経インパルスによりミオシン・アクチン構造内に Ca^{2+} イオンが放出されることで始まる．次に，カルシウムイオンがアクチン・ミオシンの構造的な変化を介してお互いの滑り込みを起こし，結果的にアクチン・ミオシン構造が短縮する．この過程の総合的な効果が筋肉の収縮である．

そのような筋肉の収縮運動を生むためには，ミオシン・アクチンの線維に沿って

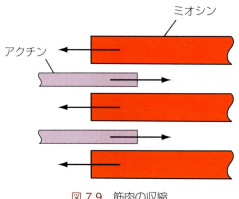

図 7.9 筋肉の収縮

力が働かなくてはならないことは明白である．しかし，この力の物理的性質についてはまだよくわかっていない．この力が，液体だけでなくゲルのような材料にも存在する表面張力によるかもしれないことがガモフ（Gamow）とイカス（Ycas）によって示唆された．そうだとすると，ミオシンとアクチンの動きは液体の毛管運動に似ている．その運動は2つの線維の表面に発生する引力によるものである．その表面引力は Ca^{2+} イオンの放出がきっかけかもしれない．それではこのモデルで提唱されている表面張力により筋肉組織 1 cm^2 あたりに発生する力を推定してみよう．

線維の直径の平均を D とすると，筋肉 1 cm^2 あたりの線維の数はおおよそ

$$N = \frac{1}{\frac{\pi}{4} \times D^2} \tag{7.26}$$

それぞれの線維の表面張力により生まれる最大の引力 F_f は，式 7.16 から

$$F_f = \pi D T \tag{7.27}$$

断面積 1 cm^2 の筋肉にあるすべての線維が発生する最大引力の総和 F_m は

$$F_m = N F_f = \frac{4T}{D} \tag{7.28}$$

筋線維の平均直径は約 100 Å（10^{-6} cm）なので，表面張力による筋肉 1 cm^2 あたりの最大の収縮力は

$$F_m = T \times 4 \times 10^6 \,\mathrm{dyn/cm^2}$$

となる．1.75 dyn/cm の表面張力があれば筋肉で計測される 7×10^6 dyn/cm^2

の力を生むことができる．この値の表面張力はよく出会う表面張力の値よりも十分低いので，表面張力が筋肉の収縮の源になり得ると結論できる．しかし，この提案された機構をそんなに重大に捉えるべきではない．筋肉の収縮の実際の過程はもっと複雑で単純な表面張力のモデルへは還元できない（7.8 節と 7.10 節を参照）．

7.11 界面活性剤

界面活性剤は液体の表面張力を下げる分子である［surfactant（界面活性剤）は surface（界面）active（活性）agent（剤）が略されたものである］．最も一般的な界面活性剤は分子の片方の端が水に溶ける(親水性)で，もう片方の端が水に溶けない（疎水性）の性質をもっている（図 7.10）．言葉通り，親水性の端は水に強く引きつけられ，一方，疎水性の端は水に引きつけられず，そのかわり油性の液体に引きつけられて容易に溶解する．多くの異なる界面活性剤が自然界に存在し，また実験室で合成されている．

界面活性分子を水に入れると，図 7.11 に示すように疎水性端を水面の上に突き出して水の表面に並ぶ．そのような整列は水の表面の構造を壊して表面張力を減少させる．低い濃度の界面活性剤でも，一般的に水の表面張力を 73 dyn/cm から 30 dyn/cm に下げることができる．油性液体では，界面活性剤は親水性端を液面上に突き出して並ぶ．この場合も油の表面張力は減少する．

界面活性剤の最も身近な使い方は，油性の物質を洗うための石けんや洗剤である．そこでは図 7.12 のように界面活性剤の疎水性端は油の表面に溶け込み，親水性端は周りの水に接した状態になる．並んだ界面活性分子は油の表面張力を下げるため，油は界面活性剤の親水性端で囲まれた小さな液滴になる．その小さな液滴は水に可溶化（浮遊するか溶解）するので，洗い流すことができる．

界面活性剤は生化学実験にも広く使われている．ある実験では，たとえば，膜タンパク質やリポタンパク質のように疎水性のタンパク質を水に溶かさなくてはならない．ここで界面活性剤が，図 7.12 に示したダイアグラムと類似の過程を

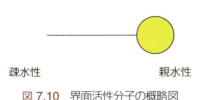

疎水性　　　　　　親水性

図 7.10　界面活性分子の概略図

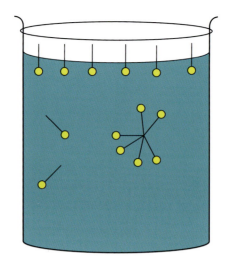

図 7.11 界面活性分子の界面層

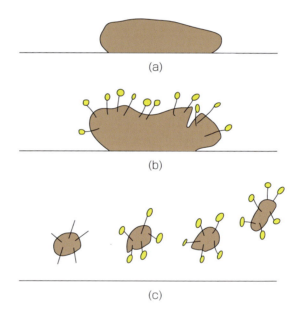

図 7.12 洗剤の作用．(a) 濡れた場所の油滴　(b) 界面活性剤の疎水性端が油滴に入る　(c) 油滴は親水性端で囲まれた小さな部分に分解してゆく．

経てタンパク質の可溶化に使われる．界面活性分子の疎水性端はタンパク質の表面に溶け込み，並んだ親水性端はタンパク質を取り囲み，そのタンパク質を周囲の水に可溶化する．

アメンボのような昆虫は水の上に立つだけでなく，推進力として表面張力を利用する．彼らは腹部から表面張力を減少させる物質を後ろに放出する．結果として彼らは前方に推進する．この効果はぴんと張られたゴムの膜が切られて，断端が切った場所から離れていくときと似ている．マランゴニ推進と呼ばれるこの効果は爪楊枝の一端を石けんでコーティングして水に入れることで観察できる．界面活性剤として働く石鹸が，石鹸を塗った端の後方の表面張力を下げて，爪楊枝が溶解した石鹸から離れるような動きが加速される．

実験により昆虫から分泌された界面活性剤が水の表面張力を 73 dyn/cm から約 50 dyn/cm に下げることが示されている．測定するとマランゴニ推進によりアメンボは最高速度 17 cm/秒を得ることができる．この値は練習問題 7–12 に示された単純な計算結果と一致する．

呼吸における界面活性剤の重要性については第 9 章で述べる．

練習問題

7–1. 方程式 7.11 と 7.14 を確かめよ．

7–2. 鼻は水面の上にあり，体の 95 % は水に沈んでいる状態で体重 50 kg の女性が水中で立ち泳ぎをしているときに使う力を計算せよ．人体の平均的な密度を水とほぼ同じ（$\rho = \rho_w = 1 \text{ g/cm}^3$）に，水に働く足の面積は約 600 cm^2 と仮定せよ．

7–3. 方程式 7.14 では動物の密度をそれが沈む液体の密度より大きいと仮定した．もし，それが逆転すると沈んだ動物は水面に浮くので，それを水面下に保つにはエネルギーを使うことになる．この場合，方程式 7.14 はどのようになるか．

7–4. 方程式 7.15 に示された関係を導出せよ．

7–5. 海面下 150 m の水圧を計算せよ．海水の密度は 1.026 g/cm^3 とする．

7–6. 魚の平均密度を 1.067 g/cm^3 から 1.026 g/cm^3 へ下げるために必要な魚の全体の体積に占める浮き袋の割合をパーセントで計算せよ．

7–7. 動物の密度はまず空気中で，ついで液体に沈めて重さを計ることで便宜的に得ることができる．空気中と液中での重さをそれぞれ W_1，W_2 とし，液体の密度を ρ_1 とすると，動物の密度 ρ_2 は

$$\rho_2 = \rho_1 \frac{W_1}{W_1 - W_2}$$

となる．この関係を導出せよ．

7–8. 方程式 7.20 から始めて，半径 R で接触角 θ の毛管から水を引き出すのに必要な圧力が下記の計算式となることを示せ．

$$P = \frac{2T\cos\theta}{R}$$

接触角 $\theta = 0°$ のとき，半径が 10^{-3} cm の毛管から水を引き出すのに必要な圧力を計算せよ．

7–9. 同じ材質の土の粗い粒子の部分と細かい粒子の部分が隣り合っていると，水は粗い方から細かい方へ浸みだしていく．この理由を説明せよ．

7–10. SMT を測定するための装置をデザインせよ（そのような装置に関する記述が参考文献 [7-4] に示されている）．

7–11. 体重 70 kg のヒトを表面張力だけで水面に浮かすのに必要な足場の周囲の長さを計算せよ．

7–12. (a) 本文中に記載したように表面張力を減少させることで昆虫が出せる最大の推進力を推定せよ．昆虫の長さを 3×10^{-1} cm，その質量を 3×10^{-2} g と仮定する．さらに，清浄水と界面活性剤の影響を受けた水との間の表面張力の差が昆虫の推進力を生むと仮定する．表面張力は本文中の値を使用せよ．(b) 界面活性剤の放出が 0.5 秒続くと仮定して，昆虫の推進の速度を計算せよ．

Chapter 8　第8章

流体の運動

運動する流体の研究は生物学や医学と密接に関係している．事実，この分野での先駆者のポアズイユ（Poiseuille, L.M.）はフランスの物理学者で体内の血液の流れに興味をもって流体の運動を研究した．この章では流体の流れを支配する原理について簡単に述べ，ついで循環系における血液の流れについて考察する．

8.1　ベルヌーイの式

摩擦による損失が無視できると，非圧縮性の流体の流れは，一連の流れにおける速度，圧力，高さの関係を示すベルヌーイの式（Bernoulli's equation）に従う．ベルヌーイの式によると液体が流れる流路のどの地点においても以下の関係がなりたつ：

$$P + \rho g h + \frac{1}{2}\rho \nu^2 = 一定 \tag{8.1}$$

ここで P は流路の任意の場所における液体の内圧，h は流路の高さ，ρ は液体の密度，そして ν は速度である．方程式の最初の項は，液体内部の圧力による単位体積あたりのポテンシャルエネルギーである（圧力の単位 $\mathrm{dyn/cm^2}$ は単位体積あたりのエネルギーの単位 $\mathrm{erg/cm^3}$ と同一である）．2番目の項は重力による単位体積あたりの位置（ポテンシャル）エネルギーで，3番目は単位体積あたりの運動エネルギーである．

ベルヌーイの式はエネルギー保存の法則から導かれる．方程式の3つの項は流体のエネルギーの総和で，摩擦がないときは流れがどのように変わってもこの総和エネルギーは一定である．

ベルヌーイの式を使う例を図解する．断面積がそれぞれ A_1, A_2 の2つの部分からなる管を通る流体の流れを考えてみよう（図8.1）．管を毎秒流れる流体の体積は管の断面積と流速の積，$A \times \nu$ で与えられる．流体が非圧縮性なら単位時間

図 8.1 異なる断面積の 2 つの部分からなる管を通る液体の流れ.

あたり，管に入る量と同じ量が管から出ていく．したがって，それぞれセグメント 1 とセグメント 2 の流量は等しく，すなわち，

$$A_1 \nu_1 = A_2 \nu_2 \quad \text{または} \quad \nu_2 = \frac{A_1}{A_2} \nu_1 \tag{8.2}$$

となる．この例で A_1 は A_2 より大きいのでセグメント 2 の流速はセグメント 1 よりも速いと結論できる．

ベルヌーイの式は式 8.1 の項の総和はどの場所においても一定としているのでセグメント 1 とセグメント 2 における変数，P, ρ, h, ν の関係は

$$P_1 + \rho g h_1 + \frac{1}{2}\rho \nu_1^2 = P_2 + \rho g h_2 + \frac{1}{2}\rho \nu_2^2 \tag{8.3}$$

となる．

ここで下付きの数字は流れの 2 地点を示している．この例では，2 つのセグメントは同じ高さなので ($h_1 = h_2$)，式 8.2 は次のように書き換えることができる．

$$P_1 + \frac{1}{2}\rho \nu_1^2 = P_2 + \frac{1}{2}\rho \nu_2^2 \tag{8.4}$$

$\nu_2 = (A_1/A_2)\nu_1$ なのでセグメント 2 の圧力は

$$P_2 = P_1 - \frac{1}{2}\rho \nu_1^2 \left[\left(\frac{A_1}{A_2}\right)^2 - 1 \right] \tag{8.5}$$

となる．

この関係はセグメント 2 の流速が増加する一方，そこの圧力は低下することを示している．

8.2 粘性とポアズイユの法則

摩擦のない流れは理想論であり，実際の流体では分子はお互いに引き合って，流体の分子間の相対的動きは**粘性摩擦**（viscous friction）と呼ばれる摩擦力により抑制される．粘性摩擦は流速と流体の粘性係数に比例する．粘性摩擦のため，管

8.2 粘性とポアズイユの法則

を流れる流体の速度は管の横断面の部位により異なっている．流速は管の中央で最も速く，管壁に近いほど遅くなり，管壁のところでは流体は静止している．そうした流れは**層流**（laminar flow）と呼ばれる．図 8.2 は管を流れる層流の速度プロファイルを示している．ここで矢の長さは管の直径軸に沿った流速に比例している．

粘性を考慮すると，半径 R で長さ L の円筒を流れる層流の流量 Q は，ポアズイユの法則から与えられ（参考文献 [8-5]），

$$Q = \frac{\pi R^4 (P_1 - P_2)}{8\eta L} \text{ cm}^3/\text{sec} \tag{8.6}$$

となる．ここで $P_1 - P_2$ は円筒の両端の圧力差で，η は dyn (sec/cm^2) の単位，**ポアズ**（poise），で表される粘性係数である．いくつかの液体の粘性を表 8.1 にまとめた．一般的に，粘性は温度の関数で，温度が下がると増加する．

摩擦のない流体と粘性流体では基本的な違いがある．摩擦のない流体は外力を受けず，定常的に流れる．このことはベルヌーイの式から明らかで，流体の高さと速度が一定であれば流路に沿って圧の降下は起こらない．しかし，粘性流体に対するポアズイユの式は，粘性流体の流れは常に圧力降下を伴うことを示している．式 8.6 を改変して，圧力降下を次のように表すことができる．

$$P_1 - P_2 = \frac{Q 8 \eta L}{\pi R^4} \tag{8.7}$$

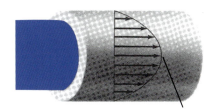

図 8.2　層流．矢の長さは流速の大きさを示している．

表 8.1　流体の粘性係数

流体	温度℃	粘性係数（ポアズ）
水	20	0.01
グリセリン	20	8.3
水銀	20	0.0155
空気	20	0.00018
血液	37	0.04

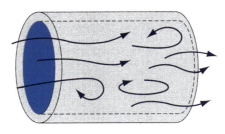

図 8.3 乱流

$P_1 - P_2$ は，流量 Q，管の長さ L のときの圧力降下である．圧力降下と管の面積の積は流れを阻止しようとする摩擦力に対抗する力である．ある流量のとき，摩擦によるエネルギーの損失による圧力降下は，管の半径の 4 乗に反比例する．したがって，流体が摩擦にさらされても，流れの断面積が大きいと，摩擦によるエネルギーの損失とそれに伴う圧力降下は小さく，無視できるほどである．このような場合，ベルヌーイの式を使っても誤差はほとんどない．

8.3 乱流

流速がある限界点を超えると図 8.2 に示したような整然とした流れである層流は壊れてしまう．流れは乱れ渦を巻き層流は破壊される（図 8.3）．円筒管では流れが乱流になる限界速度 v_c は次の式で与えられる．

$$v_c = \frac{\mathfrak{R}\eta}{\rho D} \qquad (8.8)$$

ここで D は円筒の直径，ρ は流体の密度，η は流体の粘度である．記号 $\mathfrak{R}$ はレイノルズ数（Reynold's number）でほとんどの流体での値は 2000 から 3000 である．乱流における摩擦力は層流より大きいので，流れが乱流になると，流体は管を流れにくくなる．

8.4 血液の循環

体内の血液循環は，しばしば心臓がポンプで静脈，動脈，毛細血管が血液の通る管でできた配管系統に例えられる．この考え方は完全に正しいとはいえない．血液は単なる流体ではなく血球を含んでいるため，流れが，とくに流路が狭い場所で，複雑になる．さらに静脈や動脈は固い管ではなく弾力性があり，流体からの力に反応して形を変える．それでも血液の循環系を，単純な流体が固い管を流れ

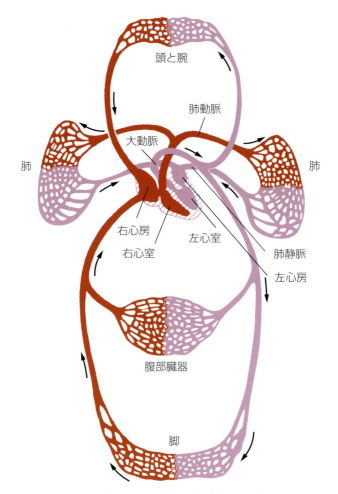

図 8.4 循環系のさまざまな経路を示した概要図

るとした考え方で解析することには妥当性がある．

　図 8.4 はヒトの循環系を図示したものである．循環系の血液は細胞に酸素，栄養素，その他の活性物質を届け，代謝で出た老廃物を除去する．血液は心臓により拍出され，**動脈**（artery）と呼ばれる血管に入って心臓を離れ，**静脈**（vein）を通って心臓に戻る．

　哺乳動物の心臓は左右 2 つのポンプからなり，それぞれは**心房**（atrium）と**心室**（ventricle）でできている．これらへの血液の出入りは弁により調節され，血液が適切な方向に流れるようになっている．肺以外の体のすべての組織からの血液は右心房に入り，右心房の収縮により右心室へ入る．右心室が収縮することで

血液は肺動脈を通って肺に入る．血液が肺を通過するときに，二酸化炭素を放出して酸素を吸収する．ついで血液は肺静脈を通って左心房に入り，左心房の収縮により左心室へ入る．左心室の収縮により酸素の豊富な血液が大動脈から動脈を通って肺以外のすべての組織に到達する．したがって，心臓の右側のポンプは血液を肺に，左側はその以外の体の部分に血液を拍出する．

大動脈（aorta）と呼ばれる大きな動脈は心臓の左心室から拍出された酸素化された血液が通り，分岐して体のさまざまな場所に分布する小さな動脈となる．これらの動脈はより細くなり，最も細い動脈は**細動脈**（arteriole）と呼ばれる．後で説明するが，細動脈は体の中の特定の領域に行く血流を調節するうえで重要な役割を果たす．細動脈はさらに細い毛細血管となるが，そこは血球1個が通れるほどの幅しかない．

毛細血管は組織内に大変豊富に分布しているため，体の細胞のほとんどが毛細血管の近くにある．血液と周囲の組織の間のガスや栄養素や老廃物の交換は薄い毛細血管壁を介する拡散で行われる（第9章参照）．毛細血管は**細静脈**（venule）と呼ばれる小さな静脈につながり，それは少しずつ大きな静脈となり酸素の減少した血液を右心房へ導く．

8.5 血圧

心臓の収縮は，心臓の左半分と右半分に同時に伝わる電気インパルスがきっかけとなって起こる．最初に心房が収縮して血液が心室に入り，ついで心室が収縮して血液が心臓から押し出される．心臓のポンプ作用により血液は間欠的に動脈へ拍出されるが，拍動のピークのときの最大血圧を**収縮期血圧**（systolic pressure）と呼び，拍動の間の最小血圧を**拡張期血圧**（diastolic pressure）と呼ぶ．若く健康な人の収縮期血圧は約 120 torr (mmHg) で拡張期血圧は約 80 torr で，120/80と表記される．したがって，心臓の位置（高さ）での平均血圧は 100 torr となる．

血液が循環系を流れるに従い，心臓の拍動で得た最初のエネルギーは2つの機序で失われてゆく．動脈壁の**拡張と収縮**（expansion and contraction）による損失と，血流に関連する**粘性摩擦**（viscous friction）による損失である．こうしたエネルギー損失により，始めの圧力変動は心臓から遠ざかるに従って平滑化され，平均圧力は低下する．血液が毛細血管に到達するまでには流れは平滑化され，血圧は 30 torr ほどになってしまう．血圧は静脈ではさらに低くなり，心臓に戻る直前にはゼロに近くなる．この流れの最終段階では，静脈を通る血液の動きは筋肉の収縮の助けを借りて心臓に送られる．静脈では一方向的に働く弁により一

方向性の流れが確保されている．

　体の主要な動脈は相対的に大きな径を有している．たとえば大動脈の半径は約 1 cm なので圧力損失は小さい．この圧力損失をポアズイユの式（式 8.7）を使って見積もることができる．そのためには流量を知る必要がある．流量 Q は体の活動状態に依存し，体を休めているときは約 5 L/分であるが，激しい活動状態ではそれが 25 L/分に達することがある．練習問題 8–1 は，最大流量のとき大動脈の長さ 1 cm あたりの圧力損失は 42.5 dyn/cm^2 (3.19×10^{-2} torr) であることを示しているが，これは血圧の値と比較すると無視できるほど小さい．

　もちろん，大動脈は分岐するに従って動脈の径は小さくなり，結果として流れに対する抵抗が増える．細い動脈では血流が減少するが，圧力損失はもはや無視できなくなる（練習問題 8–2 参照）．細動脈の入り口の圧力は 90 torr で，これは心臓の平均圧からみると 10 % の下降に過ぎない．しかし，細動脈を血液が流れるとさらに大きな約 60 torr の圧力損失が起き，結果として毛細血管の圧は 30 torr にすぎなくなる．

　体が臥位のとき主要な動脈での圧力損失は小さいので，平均動脈圧は足先から頭までほぼ一定である．100 torr の動脈圧は，高さ 129 cm の血液の入った円柱の圧力に相当する（式 7.1 と練習問題 8–3 参照）．このことは細い管を動脈に挿入すると血液が 129 cm の高さに達することを意味している．

　ヒトがまっすぐ立っていると動脈の血圧は体の場所によって違ってくる．さまざまな場所の血圧を計算するには，血液の重さを考慮しなくてはならない．たとえば，心臓の 50 cm 上にある頭の動脈の平均圧は $P_{頭} = P_{心臓} - \rho g h = 61$ torr となる（練習問題 8–4b）．心臓より 130 cm 下の足では動脈圧は 200 torr となる（練習問題 8–4b）．

　心血管系は体の姿勢の変更に伴う大きな動脈圧変化を補正するさまざまな血流調節機構を有している．こうした機構が圧変化を補正するのには数秒を要するので，ヒトがうつ伏せから急に起きたときに瞬間的に目眩を感じることがある．これは脳動脈の血圧が突然減少し脳への血流が減少するために起こる．

　同様の流体静力学的因子は静脈でも働くが，そうした効果は動脈におけるよりももっと厳しいかもしれない．静脈の血圧は動脈よりも低く，ヒトが静かに立つとき，その血圧は血液を足から心臓へ戻すのにかろうじて十分な程度である．したがってヒトが下肢の筋肉を動かさずに座位や立位をとると血液は下肢の静脈に停滞する．このことは毛細血管の圧を上昇させ，足を一過性にむくませることになるかもしれない．幾つかの例外はあるが，多くの動物の血圧はヒトと同じ範囲にある．たとえば，ブタ，ネコ，イヌの収縮期血圧は約 120 torr である．頭が

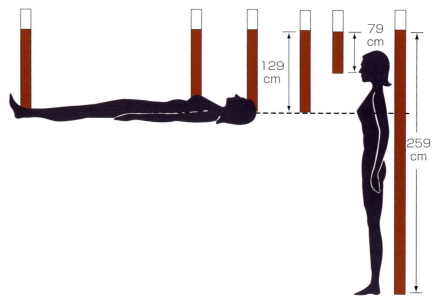

図 8.5　仰臥位と直立のヒトの血圧

心臓よりも高い位置にあるキリンは例外で，血圧は大変高く，240/160 torr にもなる．

8.6　血流の調節

　心臓のポンプ活動である血圧，流量，心拍数はさまざまなホルモンにより調節されている．ホルモンは分子であるが，その多くはタンパク質で，体の異なる場所の器官や組織で産生される．ホルモンは血流中に分泌され，体のある部分から他の部分へ情報を運ぶ．心臓に作用するホルモンは，より多くの酸素の需要，体温の変化，さまざまな感情的ストレスといった刺激に反応して産生される．体の特定の場所への血流は細動脈により調節されるが，その直径は平均で 0.1 mm である．細動脈の壁は神経インパルスやホルモンの刺激により収縮する平滑筋を含んでいる．体のある場所の細動脈の収縮はそこへの血流を減少させ，他の場所へ血液を流すことにつながる．細動脈の径は小さいので，収縮により効果的に血流を調節できる．ポアズイユの式によれば，血管内の圧力降下が一定なら，細動脈の直径が 20 ％減少すると血流は半分以下に減少する（練習問題 8–5 参照）．

　最近，西洋医学によりストレス心筋症（別名失意症候群）と呼ばれるストレスが誘発する心臓病の存在が明らかになってきた．この症候群は家族の死，暴力を受

けること，激しい怒りなどで急性で強烈な感情傷害を受けた後に頻繁に発生する．症状は急性心臓発作と似ているが，冠動脈は正常で心筋組織に傷害はない．こうした病態はカテコールアミンと呼ばれるストレス関連ホルモンの過剰分泌により惹起されると考えられている．

8.7 血流のエネルギー論

ヒトが休んでいるとき，血流量はだいたい 5 L/分である．このことは大動脈を通る血流速度の平均が 26.5 cm/秒であることを意味している（練習問題 8–6 参照）．しかし，大動脈の血液は持続的には流れず，間欠的に前方に流れるので，ピークの血流速度は練習問題 8–6 で計算した全体の平均値の 3 倍に達する．したがって，流れる血液 1 cm^3 の運動エネルギーは

$$KE = \frac{1}{2}\rho v^2 = \frac{1}{2}(1.05) \times (79.5)^2 = 3330 \text{ erg/cm}^3$$

となる．前述した通りエネルギー密度（単位体積あたりのエネルギー）と圧力は同じ単位で測定される（1 erg/cm^3 = 1 dyn/cm^2）ので，お互いを比較することができる．3330 erg/cm^3 の運動エネルギーは 2.50 torr の圧力と等しい．これは大動脈の血圧（平均血圧 100 torr）と比較して小さい．動脈が分岐してより細い血管になると，全体の血管壁の面積は増大するので，血液の運動エネルギーより小さくなる．たとえば，総流量が 5 L/分のとき，毛細血管の血流速度はたった 0.33 mm/秒である．

血液の運動エネルギーは血流量が増えるとより大きくなる．たとえば，運動時には流量は 25 L/分となり，血液の運動エネルギーは 83,300 erg/cm^3 となるが，それは 62.5 torr の圧力と等しい．このエネルギーは安静時の血圧と比較してもはや無視できない大きさである．健康な動脈では，運動時の血流速度を増加させることに問題を生じることはない．激しい運動の間，血圧の増加が圧力降下を補ってくれるからである．

8.8 血液内の乱流

式 8.8 は流体の速度が特定の臨界点を超えると，流れが乱流になることを示している．循環系の血流のほとんどは層流であるが，大動脈のみ，ときによって乱流になることがある．レイノルズ数を 2000 とすると，直径 2 cm の大動脈で乱流が発生する臨界速度は式 8.8 より，

$$V_c = \frac{\Re \eta}{\rho D} = \frac{2000 \times 0.04}{1.05 \times 2} = 38 \text{ cm/sec}$$

安静時の体の大動脈における血流速度はこの値よりも低い．体の活動レベルが増加するにつれ，大動脈の血流は臨界速度を超え，乱流になる．しかし，大動脈以外の血管では異常に収縮しない限り血流は層流である．

層流は静かであるが，乱流はさまざまな周辺の組織を振動させ雑音を生じる．この雑音の存在は循環系に異常が存在することを示すことになる．これを**血管雑音**（bruit）と呼ぶが，聴診器で検出することができるので，循環器疾患の診断に役立つ．

8.9 粥状動脈硬化と血流

粥状（じゅくじょう）動脈硬化は最も一般的な循環器疾患である．米国では毎年，推定20万人がこの病気で亡くなっている．粥状動脈硬化では動脈壁は肥厚し，**粥腫**（プラーク，plaque）と呼ばれる沈着物で動脈は狭くなる．この状態は循環系の機能をひどく障害する．動脈の断面の50％**狭窄**（stenosis）は中等症（moderate），60％から70％は重症（severe），80％以上は危険な状態（critical）と見なされている．狭窄がひき起こす問題の1つはベルヌーイの式が示している．狭窄のある部位を通る血流は速度が速くなる，たとえば，動脈の径が3分の1になると断面積は9分の1になり，速度は9倍になる．そこでの運動エネルギーは9の2乗，81倍まで増加する．運動エネルギーが増加する代わりに血圧は低下することとなる．すなわち，高い流速で流量を維持するために血圧による圧力エネルギーが運動エネルギーに変換される結果，狭窄部での血圧は降下する．仮に狭窄のない部位の血流速度を50 cm/秒とすると，断面積が9分の1になっている狭窄部の血流速度は450 cm/秒となり，同時に血圧は約80 torr降下することになる（練習問題8–8参照）．血圧が降下すると，外部からの圧力で動脈が本当に閉塞して血流が遮断される可能性がある．そのような血流遮断が心筋に血液を供給している冠動脈に起こると，心臓は機能を停止することになる．

80％以上の狭窄は，血流を乱流にして層流よりも大きなエネルギー損失を起こすため，危険と考えられている．こうした乱流の存在する状況での圧力降下は，ベルヌーイの式で計算したよりも大きくなる．さらに，乱流は層流のように血管壁に平行に流れるだけでなく，一部は動脈壁に向って流れるので循環系を損傷させる可能性がある．動脈壁に衝突する血液により剥がれた粥腫が下流の動脈のより細い所に詰まるかもしれない．そのような塞栓が脳動脈に起こると，脳への血流

が遮断されて**虚血性脳卒中**（ischemic stroke）をひき起こすことになる．

動脈の粥腫にはもう1つ別の問題がある．動脈は特有な弾性を有し，バネのような特性を示す．バネと似て動脈は容易に振動運動を起こす固有の振動数をもっている（第5章の式5.6参照）．健康な動脈の振動数は1 kHzから2 kHzの範囲にあるが，粥腫は動脈壁の質量を増加させて弾性を低下させるため，動脈の固有振動数は著しく減少し，しばしば数百 Hzになる．拍動する血流は450 Hzの振動成分を有している．それが固有振動数の低下した粥腫のある動脈に共鳴振動を起こし，粥腫の剥離や動脈壁のさらなる傷害につながる可能性がある．

8.10 心臓が生み出す力

流れる血液のエネルギーは心臓のポンプ活動によってもたらされる．それでは，循環系を血液が流れ続けるために必要な心臓が生み出す仕事率を計算してみよう．

心臓が生み出す仕事率 P_H は流量 Q と血液の単位体積あたりのエネルギー E との積である．それは

$$P_H = Q\left(\frac{\text{cm}^3}{\text{sec}}\right) \times E\left(\frac{\text{erg}}{\text{cm}^2}\right) = Q \times E \text{ erg/sec} \tag{8.9}$$

となる．

安静時，血流量が5 L/分，83.4 cm³/秒のとき，大動脈を流れる血液の運動エネルギーは 3.33×10^3 erg/cm³ である（8.7節参照）．収縮期血圧120 torrに相当するエネルギーは 160×10^3 erg/cm³ であり，運動エネルギーと血圧に基づくエネルギーの和である総エネルギーは 1.63×10^5 erg/cm³ となる．したがって，左心室が生み出す仕事率 P は

$$P = 83.4 \times 1.63 \times 10^5 = 1.35 \times 10^7 \text{ erg/sec} = 1.35 \text{ W}$$

となる．

練習問題8-9は激しい運動時に，血流が25 L/分に増えると左心室が生み出すピークの出力は10.1 W（ワット）になることを示している．

肺に血液を送る右心室を通る流量は左心室のそれと同じである．しかし，右心室の内圧は大動脈の6分の1しかないので，練習問題8-10が示すように右心室の出力は安静時で0.25 W，激しい運動時には4.5 Wとなる．このように心臓の総出力は1.9 Wから14.6 Wの範囲にあると考えられる．ただし，血流が増加すると収縮期の血圧も増加するが，ここでは120 torrが維持されると仮定している．

8.11 血圧の測定

　血圧（動脈圧）はヒトの健康にとって重要な指標である．異常に高い，あるいは異常に低い血圧は，双方とも治療が必要な疾病の存在を示している．高血圧は，血管の収縮により起こっているかもしれないが，心臓が通常よりも厳しく働いていること，また，過剰な負荷が与えられると心臓が危険にさらされることを意味している．血圧は，垂直に立つガラス管を動脈に入れて血液がどこまで上昇するかを見ることで，直接測定することができる（図 8.5）．事実，1733 年にヘイルズ（Reverend Stephen Hales）はウマの動脈に長いガラス管を入れてはじめて血圧を測定している．特別な場合には，より精妙に改良されたこの方法が今でも使われているが，日常的な臨床検査法としては明らかに満足のいくものではない．現在ではカットオフ法が最も普通に血圧測定法として使われている．これは直接計測と比較すると正確性に劣るが簡単であり，ほとんどの場合，これで十分である．この方法では膨らますことのできる気球を入れたカフを上腕にきつく巻き，送気ゴム球をつかって気球を膨らまし，気球の内圧を圧力計で継続的に測定する．気球内の最初の圧力は動脈圧よりも高くするので動脈の血流は遮断（カットオフ）される．カフの下流の動脈に聴診器を当てて音を聞きながら，空気を抜いて気球内の圧力をゆっくり下げてゆく．気球内の圧力が収縮期血圧になるまでは音は聞こえないが，収縮期血圧よりもわずか下がると血液が流れはじめ，そこの動脈は局所的に狭窄しているため血流は乱流となり，特徴的な音が聞こえるようになる．音が出始めたときの圧が収縮期血圧である．気球内の圧力をさらに低くしていくと動脈は正常なサイズに拡張し，血流は層流になるため音は消失する．このときの圧が拡張期血圧である．

　臨床の場での計測に際しては体の場所により血圧は異なることを考慮する必要がある．カットオフ計測法では腕に巻くカフの位置は心臓の高さにする．

練習問題

8–1. 血流量が 25 L/分のとき，大動脈の長さ 1 cm あたりの圧力降下を計算せよ．なお，大動脈の半径は 1 cm，血液の粘性係数は 4×10^{-2} poise とする．

8–2. 半径 0.5 cm の動脈で 30 cm の距離を血液が流れることで起こる血圧の低下を計算せよ．なお，血流量は 8 L/分とする．

8–3. 動脈圧が 100 torr のとき，動脈に円柱を入れて立てたときの円柱内の血

液の高さを計算せよ．血液の密度は 1.05 g/cm^3 とする．

8–4. (a) 直立したヒトの頭の動脈圧を計算せよ．なお，頭は心臓の 50 cm 上にあり，血液の密度は 1.05 g/cm^3 とせよ．(b) 直立したヒトの心臓より 130 cm 下の下肢の平均動脈圧を計算せよ．

8–5. (a) 圧降下が一定に維持されるとして，細動脈の半径が 0.1 mm から 0.08 mm まで減少すると血流量が 2 倍以上減少することを示せ．(b) 血流量が 90 ％減少するのに必要な半径の減少を計算せよ．

8–6. 血流量が 5 L/分のとき，半径 1 cm の大動脈の平均血流速度を計算せよ．

8–7. 大動脈の血流量が 5 L/分のとき，毛細血管の血流速度は約 0.33 mm/秒である．毛細血管の平均直径が 0.008 mm とすると，循環系における毛細血管の数はいくらになるか計算せよ．

8–8. 半径が 3 分の 1 に狭窄した動脈を流れるときに起こる血圧の降下を計算せよ．なお，狭窄していないところの平均血流速度を 50 cm/秒とする．

8–9. 本文に示した情報を使って，激しい運動時，血流量が 25 L/分のときの左心室の仕事率を計算せよ．

8–10. 本文に示した情報を使って，(a) 血流量が 5 L/分の安静時と，(b) 血流量が 25 L/分の激しい運動時の右心室の仕事率を計算せよ．

8–11. 心臓は拍動するごとに，大動脈と肺動脈に血液が駆出される．心拍のこの部分では血液は加速されるので，体の他の部分では反対方向の力が生じている．ヒトを高感度の秤（あるいは他の力測定装置）の上に載せたら，この反作用の力を測定することができる．この原理を用いた測定を**心弾図**（ballistocardiograph）と呼ぶ．心弾図による測定から得られるであろう情報の種類について考察し，この装置により測定される力の大きさを推定せよ．

第9章 熱と分子運動論

9.1 熱と熱さ

　熱さの感覚は，われわれすべてに馴染みがある．1つが熱く，もう1つが冷たい2個の物体を容器に入れておくと，熱い物体は冷たくなり，冷たい物体は熱くなり，やがて両物体の温度が同じになることを，われわれは経験上知っている．熱さを同じにするために，何かが1つの物体からもう1つの物体に移動していることは確かだ．ここで，熱い物体から冷たい物体に移動したものを**熱**（heat）という．熱は，仕事に変換されることもあるので，エネルギーの形態の1つである．たとえば，熱せられた水は，蒸気に変わり，蒸気はピストンを押す．事実，熱は熱い物体から冷たい物体に移動するエネルギーと定義することができる．

　この章では，熱に関するさまざまな性質を説明する．熱エネルギーによる原子や分子の運動を記述し，細胞や呼吸システムの機能に関わる拡散について考察する．

9.2 物質の動力学（分子運動論）

　熱の現代的な概念を理解するために，物質の構造を簡単に説明する必要がある．物質は原子と分子からできている．それらは，連続的かつ無秩序に運動している．気体では，原子または分子は，互いに結合していない．それらは，ランダムな方向に動き，互いにまたは容器の壁に頻繁に衝突している．直線的に動くことに加えて，気体の分子は振動，回転しており，その方向はやはりランダムである．固体では，原子どうしが結合しており，ランダムな運動は制限されている．原子は振動するのみで，ある位置で固定されて，その平均的な位置の周りでのみランダムに振動している．液体の状態は，気体と固体の中間であるが，分子は振動，運動および回転の自由度をもっている．

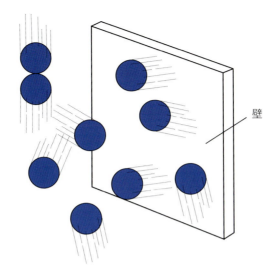

図 9.1 気体における衝突

　物質内の動く粒子は，運動しているので運動エネルギーをもつ．物質内の運動のエネルギーを，**内部エネルギー**（internal energy）と呼び，運動自体は**熱運動**（thermal motion）と呼ぶ．これまで定性的に物体の熱さといってきたものは，内部エネルギーの尺度である．すなわち，熱い物体では，原子や分子のランダムな運動が，冷たい物体より速い．それゆえ，物体が熱ければ熱いほど，内部エネルギーが大きい．熱さの身体的な感覚とは，原子や分子のランダム運動が感覚器に与えた影響である．**温度**（temperature）は，熱さの定量的な尺度であり，物体の内部エネルギーは，その温度に比例する．

　これらの概念を使って，物質の振る舞いを温度の関数として記述する方程式を導出することが可能である．気体だと，解析が最も簡単である．理論では，気体を連続的かつランダムな運動をする小さな粒子（原子または分子）からできているとみなす．それぞれの粒子は，他の粒子や容器の壁に衝突するまで直線的に移動する．衝突の後，粒子の方向と速度は，ランダムに変化する．このように運動エネルギーが，粒子どうしの間で交換される．

　衝突する粒子は，粒子どうしばかりでなく，容器の壁ともエネルギーを交換している（図 9.1）．たとえば，最初に容器の壁が気体よりも熱い場合，平均すると，壁に衝突する粒子は壁の振動する分子からエネルギーをもらう．壁との衝突の結果，気体は壁と同等の熱さになるまで加熱される．その後，壁と気体との間では正味のエネルギー交換がなくなる．これが平衡状態である．このとき，平均する

と，気体粒子がもらうエネルギーと壁へ供給されるエネルギーは等しくなる．

気体中の個々の粒子の速度と対応する運動エネルギーは，広い範囲に分布する．それでも，容器中の個々の粒子の運動エネルギーを合計し，粒子の総数で除することにより，粒子の平均運動エネルギーを計算することが可能である（詳しくは [11–7] を参照）．気体の性質の多くは，それぞれの粒子が同じ平均エネルギーを有していると仮定すれば，簡単に導出できる．

理想気体の内部エネルギーは運動エネルギーの形態をとり[1]，したがって，平均運動エネルギー $[(\frac{1}{2}mv^2)_{av}]$ は温度に比例する．温度を適当な内部エネルギーに関連づける定数を温度 T に乗じれば，この比例関係を等式で表すことができる．その定数は，**ボルツマン定数**（Boltzmann constant）k で表す．歴史的な理由により，ボルツマン定数は，$\frac{3}{2}$ を乗じれば，分子の平均運動エネルギーを温度に対応させることができるように定義されている．すなわち，

$$\left(\frac{1}{2}mv^2\right)_{av} = \frac{3}{2}kT \tag{9.1}$$

となる．この方程式における温度は，Kelvin で表される絶対温度である．温度スケールの分割の幅は，絶対温度と摂氏の温度とで同じである．しかし，絶対温度は 0 ℃ = 273.15 K と変換される．本書での計算の有効数字は三桁なので，0 ℃ = 273 K を使う．ボルツマン定数の値は，

$$k = 1.38 \times 10^{-23} \text{ J/molecule K}$$

である．式 9.1 で定義される速度は，**熱速度**（thermal veolocity）と呼ばれる．

分子が，壁に衝突するたびに，運動量が壁に伝えられる．単位時間における運動量の変化は，力である．気体から容器の壁に加えられる圧力は，たくさんの気体分子の衝突によるものである．圧力，容積と温度の間の次の関係は，多くの基礎的な物理のテキストで導出されている．

$$PV = NkT \tag{9.2}$$

ここで，N は容積 V の容器内の気体分子の総数，温度は絶対温度である．

閉じた容器では，粒子の総数は一定である．したがって，温度が一定に保たれていれば，圧力と体積の積は一定となる．これは**ボイルの法則**（Boyle's law）として知られている（練習問題 9.1, 9.2 参照）．

---

[1] この単純化された理論では，分子の振動と回転エネルギーを無視している．

9.3 定義

9.3.1 熱の単位

補遺 A で述べているように，熱の量を表す単位は**カロリー**（calorie）である．1 カロリー（cal）は，1 g の水の温度を 1 ℃だけ上昇させるに必要な熱量である[2]．実際には，この値は，水の初期温度に多少依存するので，ここで定義されるカロリーは，1 g の水を 14.5 ℃から 15.5 ℃に上昇させるために必要な熱量と定義される．1 カロリーは，4.184 J と同じである．生命科学では，熱は，通常キロカロリー単位で計測されるので，Cal と省略表現される．1 Cal は，1000 cal と等しい．

9.3.2 比熱

比熱は，1 g の物質の温度を 1 度上昇させるために必要な熱量である．いくつかの物質の比熱を**表 9.1** に示す．

人体は，水，タンパク質，脂肪，ミネラルで構成されている．人体の比熱は，人体の組成を反映する．水 75％，タンパク質 25％では，人体の比熱は，

$$比熱 = 0.75 \times 1 + 0.25 \times 0.4 = 0.85$$

となる．平均的な人体の比熱は，0.83 に近い．これは，この計算では，脂肪とミネラルを考慮していないためである．

9.3.3 潜熱

温度一定で，固体を液体に変換させるため，または液体を気体に変換させるためには，熱エネルギーを物体に加えなくてはならない．このエネルギーを**潜熱**（latent heat）という．融解のための潜熱は，1 g の固体を液体に変えるのに必要なエネ

表 9.1　物質の比熱

物質	比熱 (cal/g ℃)
水	1
氷	0.48
平均的な人体	0.83
土	0.2～0.8, 含水量によって異なる
アルミニウム	0.214
タンパク質	0.4

---

[2] 記号℃は，degree Celsius と読み，記号 C° は Celsius degree と読む．

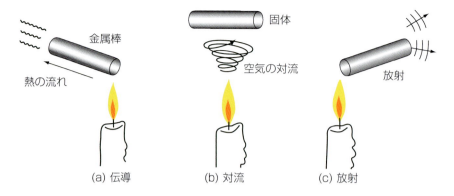

図 9.2 熱が 1 つの場所から別の場所へ (a) 熱伝導, (b) 対流, (c) 放射によって移動する.

ルギー量である．蒸発のための潜熱は，1 g の液体を気体にするために必要な熱量である．

9.4 熱の移動

熱は，1 つの領域から別の領域に，伝導，対流，放射の 3 つの方法で伝わる（図 9.2）．

9.4.1 熱伝導

固体の棒の一端を火などの熱源の近くに置くと，時間経過の後に，棒の他端が熱くなっている．このように，火から棒を通して熱が熱伝導によって伝わる．熱伝導のプロセスには，物質の内部エネルギーの増加が関わっている．熱が棒の一端に進入し，熱源近くの原子の内部エネルギーを高める．固体の物質の内部エネルギーは，束縛されている原子の振動や（一部の物質にある）自由電子のランダムな運動による．加熱は，原子のランダムな振動と電子の速度を増加させる．上昇した振動は，隣の原子との衝突を通じ，棒内を伝わる．しかしながら，固体内の原子は，強固に束縛されているので，それらの運動には限界がある．したがって，原子の振動を介しての熱の移動は遅い．

物質によっては，原子内の電子がその原子核から遊離するのに十分なエネルギーを有しており，物質内を自由に動いている．電子は物質内を迅速に動くので，エネルギーを獲得すると，素早く近くの電子や原子にエネルギーを伝える．このように，自由電子により，内部エネルギーの増加が棒を伝わる．自由電子を有する

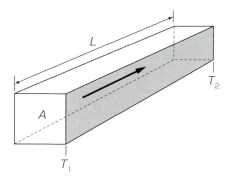

図 9.3　ブロック状の物体を通る熱

金属のような物質は，良好な熱伝導体である．木のような物質は自由電子をもたないために，断熱剤となる．

1 秒内にブロック状の物体を伝導する熱量 H_c（図 9.3）は

$$H_c = \frac{K_c A}{L}(T_1 - T_2) \tag{9.3}$$

で与えられる．ここで，A は，熱流束に直角方向のブロックの断面積，L は長さ，$T_1 - T_2$ は，両端間の温度差であり，定数 K_c は，**熱伝導率**（coefficient of thermal conductivity）である．物理学の教科書では，K_c は通常，cal cm/sec-cm²-C° の単位で与えられる．しかしながら，生体が関わる問題では，その係数 K_c は，より簡便な Cal cm/m²-hr-C° という単位で表される．これは，厚みが 1 cm，面積が 1 m²，温度差が 1C° の平板を 1 時間あたりに通る熱量（Cal 単位）である．いくつかの物質の熱伝導率を，**表 9.2** に示す．

9.4.2　対流

固体では，熱は**伝導**（conduction）によって伝わるが，**流体**（気体，液体）では，主として対流（convection）によって伝わる．液体または気体が加熱される

表 9.2　物質の熱伝導率

物質	熱伝導率，K_c (Cal cm/m²-hr-C°)
銀	3.6×10^4
コルク	3.6
組織（灌流なし）	18
フェルトとダウン	0.36
アルミニウム	1.76×10^4

と，熱源付近の分子はエネルギーを獲得して，熱源から遠ざかるように動こうとする．したがって，熱源付近の流体は，密でなくなる．密な領域の流体は，疎な領域に流れ込み，対流の流れが生じる原因となる．このような流れが，熱源からエネルギーを奪う．加熱によって対流している高いエネルギーを有する分子は，固体物質と接触し，そのエネルギーを固体の原子に伝え，固体の内部エネルギーを増加させる．このようにして熱が固体に伝わる．単位時間内に対流によって伝わる熱量 H_c' は，

$$H_c' = K_c' A (T_1 - T_2) \tag{9.4}$$

よって与えられる．ここで A は，対流にさらされる面積，$T_1 - T_2$ は，表面と対流する流体との温度差，K_c' は**対流係数**（coefficient of convection）である．対流係数は，通常，対流している流体の速度の関数となる．

9.4.3 放射

荷電粒子が振動すると，電磁波が放出され，熱源から光の速度で伝播する．電磁波は，それ自身エネルギーである（これは**電磁エネルギー**［electromagnetic energy］と呼ばれる）．移動する電荷の場合には，このエネルギーは荷電粒子の運動エネルギーから得られる．

内部エネルギーがあるため，物質内の粒子は常にランダムな運動をしている．正に荷電した核と負に荷電した電子も振動し，電磁放射が起こる．このように内部エネルギーが放射に変換される現象を**熱放射**（thermal radiation）と呼ぶ．内部エネルギーの損失により，物質は冷却する．荷電粒子の振動により放出された放射の量は，振動の速度に比例する．したがって，熱い物体では，冷たい物体よりもより多くの放射が起こる．電子は核よりもずっと軽いため，より速く動き，核よりも大きな放射エネルギーを放出する．

物体が比較的冷たい場合，それからの放射は，眼が感じない長波長領域となる．物体の温度（つまり内部エネルギー）が上がったとき，放射の波長は短くなる．高温では，電磁的放射のある部分は，可視領域となり，物体は赤熱して見える．

電磁的放射が物体に当たると，物体内の荷電粒子（電子）は運動を始め，運動エネルギーを獲得する．したがって，電磁的放射は，内部エネルギーに変換される．物質によって吸収される放射量は，物質の組成に依存する．カーボンブラック（黒色顔料）のような物質は，入射した放射をほとんど吸収する．これらの物質は，放射によって容易に加熱される．石英やガラス類などの物質は，放射をほとんど吸収せずに，透過させてしまう．金属の表面も，放射をほとんど吸収せず

反射する．このように反射や透過する物質は，放射によっては効果的に加熱することはできない．温度 T における物体の単位面積あたりの放射エネルギーの放出の速さ H_r は，

$$H_r = e\sigma T^4 \tag{9.5}$$

である．ここで，σ は，**ステファン・ボルツマン定数**（Stefan-Boltzmann constant）で，5.67×10^{-8} W/m^2-K^4 または 5.67×10^{-5} erg/cm^2-K^4-sec である．温度は，絶対温度で，e は表面の**放射率**（emissivity）で，温度と表面の性状によって決まる．放射率の値は，0 から 1 までとなる．放射と吸収は，関連する現象である．高効率で吸収する表面は，高効率で放射し，放射率は 1 に近い．反対に，吸収しない表面は，放射もしないので，放射率は低い．

環境温度 T_2 の状態で，物体の温度が T_1 であると，放射と吸収の両方が起きる．単位面積あたりの放射するエネルギーの割合は，$e\sigma T_1^4$ で，吸収するエネルギーの割合は，$e\sigma T_2^4$ となる．e と σ の値は，吸収と放射とで同じである．

もし温度 T_1 の物体が，それよりも低い温度 T_2 の環境に置かれていると，物体からの熱損失は，

$$H_r = e\sigma \left(T_1^4 - T_2^4\right) \tag{9.6}$$

となる．もし物体の温度は，環境温度よりも低いと，物体は同じ割合でエネルギーを獲得する．

9.4.4 拡散

静止した液体に，色素の溶液の液滴を垂らすと，色素が次第にその液体全体に拡がっていく様子が観察される．色の分子が，高濃度の場所（最初に液滴として垂らした場所）から低濃度の場所に拡がる．この過程は**拡散**（diffusion）と呼ばれる．

拡散は，酸素や栄養物が細胞に供給され，不要な廃棄物が排除される主要なメカニズムである．大きなスケールでは，拡散運動はやや遅い（数 cm の距離を色素が拡散するのに数時間かかる）．しかし，組織中の細胞での微小スケールでは，拡散運動は，細胞の生命活動に必要なものを供給するのに十分の速さがある．

拡散は，分子のランダムな熱運動の直接的な結果である．拡散の詳細な説明は，本書の目的を超えるが，拡散運動のいくつかの特徴は，簡単な分子運動論から導くことができる．

液体または気体の分子が，出発点 0 から遠ざかっている状況を考えてみよう．その分子は，熱的速度 v で，分子どうしで衝突する間に平均で距離 L を移動する

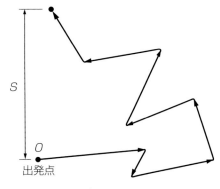

図 9.4 ランダムウォーキング（酔歩）

（図 9.4）．衝突の結果，分子運動の方向がランダムに変化する．その道筋は，わずかに曲がるだけのことも，著しく変化することもある．しかし，平均的には，ある数の衝突後，分子は，出発点から距離 S の場所に移っている．このような運動の統計的な解析によると，出発点から，N 回の衝突後の移動距離は，平均としては，

$$S = L\sqrt{N} \tag{9.7}$$

となる．衝突間の平均移動距離 L を**平均自由行程**（mean free path）といい，このような拡散運動を，**ランダムウォーク**（random walk，酔歩）と呼ぶ．

ランダムウォークの説明によく使われる例えでは，街路柱から酔っぱらいが歩いて行く位置に注目する．酔っぱらいは，ある方向に歩きだすものの，1 歩ごとにランダムに方向を変える．1 歩の幅が 1 m だとすると，100 歩進んだときに，酔っぱらいは合計 100 m 歩いているが，街路柱から 10 m しか離れていない．10000 歩進んで，10 km 歩いたときにも，出発点からまだ（平均）100 m しか移動していない．

ここで，出発点からの距離 S を分子が拡散するに必要な時間を計算してみよう．式 9.7 から，距離 S を拡散するときの歩数または衝突の数は，

$$N = \frac{S^2}{L^2} \tag{9.8}$$

である．移動する合計距離は，歩数と 1 歩の幅の積となる．

$$合計距離 = NL = \frac{S^2}{L} \tag{9.9}$$

粒子の平均速度を v とすると，距離 S を拡散するのに必要な時間 t は

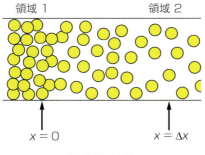

図 9.5 拡散

$$t = \frac{\text{合計距離}}{v} = \frac{S^2}{Lv} \quad (9.10)$$

となる．

　ここでの拡散の取り扱いは単純化されてはいるが，式 9.10 は拡散時間をうまく予測できる．水のような液体では，分子間の距離は小さいので，平均自由行程は短く，約 10^{-8} cm である（これは液体の原子間距離に近い）．分子の速度は，温度と質量に依存する．室温では，軽い分子の速度は，約 10^4 cm/sec である．式 9.10 から，1 cm の距離を分子が拡散するに必要な時間は，

$$t = \frac{S^2}{Lv} = \frac{(1)^2}{10^{-8} \times 10^4} = 10^4 \text{sec} = 2.8 \text{ hr}$$

となる．しかし，組織の細胞の大きさに相当する 10^{-3} cm の距離を拡散する時間は，たった 10^{-2} 秒である（練習問題 9.3a 参照）．

　気体では，液体よりも分子が密でないために，平均自由行程が長く，拡散時間は短い．1 気圧の気体では，平均自由行程は，10^{-5} cm のオーダーとなる．厳密な値は，気体の種類によって異なるが，1 cm を拡散するのに必要な時間は，約 10 秒である．10^{-3} cm を拡散するために必要な時間は，たったの 10^{-5} 秒である（練習問題 9-3b 参照）．

9.5 　拡散による分子の移動

　拡散によって，ある場所から別の場所に移動する分子の数を計算してみよう．拡散分子または微小な粒子が不均一に分布している円筒を考えよう（図 9.5）．位置 $x = 0$ では，拡散分子の密度を C_1 とする．この位置からわずかに離れた位置 Δx では，濃度は C_2 である．位置 $x = 0$ から $x = \Delta x$ までの拡散の平均速度を拡散速度 V_D として定義する．この速度は，単に距離 Δx を拡散の平均時間 t で

除したもので，
$$V_D = \frac{\Delta x}{t}$$
となる．ここで，式9.10から$t = (\Delta x)^2/Lv$を置き換えると，
$$V_D = \frac{\Delta x}{(\Delta x)^2/Lv} = \frac{Lv}{\Delta x} \tag{9.11}$$
となる（ここでvは，熱運動速度であることに留意されたい）．密度がC_1である場所1から場所2に単位秒あたり，単位面積あたりに辿り着く分子の数Jは（練習問題9.4参照），
$$J_1 = \frac{V_D C_1}{2} \tag{9.12}$$
である．ここで分母の2は，場所2から離れるのと近寄るのとの両方で分子が拡散する状況を考慮している．Jは，**流束**（flux）と呼ばれる，その単位は，$\mathrm{cm}^{-2}\mathrm{s}^{-1}$である．

同時に，分子は濃度がC_2である場所2から場所1にも拡散しており，この流束J_2は，
$$J_2 = \frac{V_D C_2}{2}$$
場所2への正味の流束は，到着する流束と去って行く流束との差となるので，
$$J = J_1 - J_2 = \frac{V_D(C_1 - C_2)}{2}$$
となる．$V_D = Lv/\Delta x$を代入すると，
$$J = \frac{Lv(C_1 - C_2)}{2\Delta x} \tag{9.13}$$
となる．この導出では，2つの場所における速度が同じであることを仮定している．拡散問題のこの解は正確ではないが，拡散プロセスの様子をよく物語っている（より厳密な取り扱いは，たとえば[11–7]を参照）．拡散による1つの場所から別の場所への正味の流束は，2ヵ所の拡散分子の密度差に依存している．流束は，熱速度vによって増加し，2ヵ所間の距離に応じて減少する．

式9.13は，通常
$$J = \frac{D}{\Delta x}(C_1 - C_2) \tag{9.14}$$
のように書ける．ここで，Dは**拡散係数**（diffusion coefficient）である．ここでは，拡散係数は単に，
$$D = \frac{Lv}{2} \tag{9.15}$$

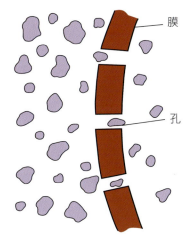

図 9.6 膜を透過しての拡散

である．しかし，一般的には，平均自由行程 L が分子の大きさや拡散媒体の粘度に依存するので，拡散係数は，より複雑な関数になる．前述の流体中の拡散（$L = 10^{-8}$ cm, $v = 10^4$ cm/sec）の例では，式 9.15 より計算した拡散係数は，5×10^{-5} cm^2/sec である．比較として，水中での塩（NaCl）の拡散係数は，たとえば 1.09×10^{-5} cm^2/sec である．すなわち，ここでの簡単な計算でも，拡散係数の妥当な見積もりが可能である．もちろん，大きな分子では，拡散係数が小さい．生物学的に重要な分子の拡散係数は，10^{-7} から 10^{-6} cm^2/sec の範囲にある．

9.6 膜を透過しての拡散

これまで流体中の自由拡散のみを扱ってきた．しかし，生体システムを構成する細胞は，膜によって囲まれ，その膜は，自由拡散を妨げる．酸素，栄養物，老廃物は，生命活動を維持するために膜を通らなくてはならい．最も簡単なモデルでは，生物膜は，多孔と見なすことができ，その孔の大きさや密度が膜の透過を介した拡散を決める要因となる．もし拡散分子が，孔の大きさよりも小さい場合には，膜の影響は，有効拡散面積を減少させるだけとなり，拡散速度は低下する．もし拡散分子が，孔の大きさよりも大きい場合には，膜を通る分子の流れは，妨げられる（図 9.6）（膜内に溶け込んで膜を通過する分子もある）．

膜を通過する分子の正味の流束 J は，膜の透過率 P によって与えられる．

$$J = P(C_1 - C_2) \tag{9.16}$$

この式は，式9.14に似ている．ただ，D が P に置き換わっているだけであるが，P は，拡散係数と膜の有効厚み Δx を含んだ形になっている．もちろん，透過率は，拡散分子の種類や膜の種類に依存する．透過率は，ほとんどゼロ（分子が膜を通過できない場合）から 10^{-4} cm/sec という高い値まで，さまざまな値をとりえる．

透過率は拡散する物質の種類に依存しているため，細胞内の物質の組成を細胞外とは異なるように維持することが可能となっている．多くの膜では，たとえば，水が透過しやすく，水中に溶解している物質は透過できない．その結果，水は細胞内に流入できるが，細胞の成分は細胞外に出ることができない．このような水の一方通行を**浸透**（osmosis）という．

これまで説明してきた拡散運動のタイプでは，分子の動きは，その熱運動エネルギーによるものである．しかしながら，膜内外の電荷の差によって生じる電場によって膜を通過する分子もある．このような輸送については第13章で説明する．

数 mm より長い距離の拡散は遅いプロセスであることは，すでに示した．したがって，大きな生物では，細胞へ送る酸素，栄養物や細胞からの老廃物を輸送する循環システムが必須となる．動物における呼吸システムの進化は，長い距離では拡散輸送が不十分であることの直接的な結果であろう．

9.7 呼吸システム

これから続く2つの章で示すように，動物は活動するためにエネルギーが必要となる．このエネルギーは食物によって供給され，食物は身体で酸化される．体内で食物を酸化し，1 Cal のエネルギーを生み出すためには，760 torr で酸素 0.207 リットルが必要となる．安静時では，70 kg の平均的な成人では，1時間に約 70 Cal が必要である．それは，1時間に 14.5 リットルの酸素を意味し，1秒に 10^{20} 個の酸素分子に対応する（練習問題 9.5 参照）．

必要な酸素を取り込む最も簡単な方法は，皮膚を通した拡散である．しかしながら，これでは大きな動物での需要を満たすことができない．安静時でのヒトでは消費する酸素の 2% しか皮膚を介した拡散で得られないことがわかっている．それ以外の酸素は，肺から得ている．

肺は，胸腔内に吊された弾性のある袋と見なすことができる（図9.7参照）．横隔膜が下がると，肺の容積が増加し，肺内の気体の圧力が下がる．その結果，気

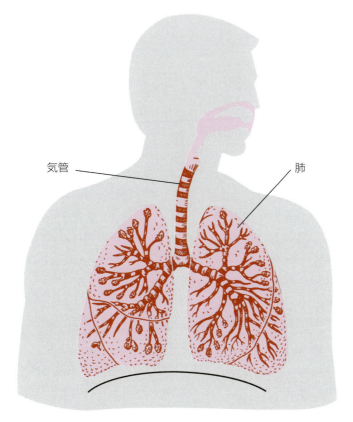

図 9.7 肺

管を通して空気が肺内に流入する．気管は，どんどん細い管に分岐して，最終的に**肺胞**（alveolus）と呼ばれる小さな空洞になる．この肺胞こそが，拡散に基づいた，血液と肺中空気の間でのガス交換が行われる場所である．成人の肺では，直径が 0.1 から 0.3 mm 程度の肺胞が，約 3 億個含まれている．肺胞の全面積は，約 100 m^2 であり，これは皮膚の全面積の 50 倍に相当する．肺胞の空気と血液との間の境界は，きわめて薄く，約 4×10^{-5} cm である．したがって，酸素と炭酸ガスの交換はきわめて迅速である．

肺は，呼吸するたびに完全に空になったり，満杯になったりするわけではない．事実，肺の全容積は約 6 リットルで，安静時では約 1/2 リットルが毎回の呼吸で交換されている．吸気と呼気の組成を，**表 9.3** に示す．

表 9.3 での実験値を使って，安静時で 1 分間に約 10.5 回の呼吸により，酸素需要が満たされることがわかる（練習問題 9.6 参照）．もちろん，酸素需要は，身

表 9.3 安静時のヒトにおける吸気と呼気中の窒素（N_2），酸素（O_2），炭酸ガス（CO_2）の組成

	N_2	O_2	CO_2
吸気	79.02	20.94	0.04
呼気	79.2	16.3	4.5

体の活動によって増加し，呼吸が速く深くなる．深い呼吸の間，1回の呼吸で肺の70%の空気が交換される．

皮膚を通しての拡散が，大きな動物では必要な酸素量のわずかな分しか供給できないが，小さな動物の酸素需要は，皮膚からの拡散で十分である場合もある．このことは，以下の考察によって導き出せる．エネルギー消費，すなわち動物の酸素需要は，ほぼ質量に比例する[3]．一方，質量は動物の体積に比例する．皮膚からの拡散による酸素量は，皮膚の面積に比例する．ここで，もし R を動物の固有の長さとすると，体積は，R^3 に比例し，皮膚の表面積は，R^2 に比例する．表面積と体積の比は，以下のようになる．

$$\frac{\text{表面積}}{\text{体積}} = \frac{R^2}{R^3} = \frac{1}{R} \tag{9.17}$$

それゆえ，動物の大きさ R が小さくなると，その表面積と体積との比は増加し，すなわち，単位体積あたりでは，小さな動物は，大きな動物よりも広い表面積をもつことになる．

皮膚からの拡散のみで酸素を得る動物の最大サイズを見積もることが可能である．練習問題 9.7 で概説しているようなきわめて簡単な計算で，そのような動物のサイズは，最大 0.5 cm となる．したがって，昆虫のような小さな動物だけが，酸素の供給を拡散のみに依存することが可能である．しかしながら，冬眠中の動物のように，酸素需要がきわめて低くなると，カエルのような動物では，皮膚からの拡散のみで必要な酸素のすべてを得ることができる．実際，ある種のカエルは，水温が一定の 4 ℃ である冬季の湖底で一冬冬眠する．カエルの身体に必要な酸素は，溶存酸素を含む周囲の水からの拡散で体内に流入する．

9.8 界面活性剤と呼吸

前節の説明では，肺呼吸の重要な特性を省略した．それは肺胞の大きさである．肺胞の直径は，0.1 から 0.3 cm であることはすでに述べた（半径 R は，0.05 から

---

[3] これは近似である．詳細は，11-10 の説明を参照

0.15 mm である）．肺胞の内側の壁は，組織を護る水の薄い層によって覆われている．この水の層の表面張力は，表面が最小になるように働くので，肺胞の内腔が収縮させる．横隔膜が下がると，流入した空気は肺胞に到達し，肺胞を最大に拡張しようとする．肺胞が湿った媒体に埋まっているので，肺胞の拡張は，液体内の気泡と相似に考えることができる．7.7 節で説明したように，表面張力 T の液体中で半径 R の気泡を生じるためには，式 7.21 で与えられるように周りの液体の圧力よりも ΔP だけ高い圧力で，液体中に気体を注入しなくてはならない．練習問題 9-8 で示されるように，半径 0.05 mm の肺胞を完全に膨張させるに必要な ΔP は，2.9 気圧である．これは，単なる水で覆われた肺胞で，0.05 mm 半径の肺胞を拡げるに必要な最小圧力である．明らかに，1 気圧の流入空気では，小さな肺胞を拡げることはできず，大きな肺胞をやっと少しだけ拡げるだけである．

呼吸を可能にしているのは，肺胞の水の層を覆い表面張力を大幅に低下させる界面活性剤の存在である．これらの界面活性剤分子群は，肺胞の特定な細胞で作られている脂質とタンパク質を含む複雑な混合物である．界面活性剤は，表面張力を 70 分の 1（約 1 dyne/cm）にまで低下させることができる．

未熟児の肺は，しばしば呼吸に必要なだけの界面活性剤を産生できないことがある．このような命にかかわる症状は，小児型呼吸窮迫症候群と呼ばれ，今や，1980 年代に開発された人工界面活性剤によって治療が可能となっている．たいていの場合，幼児の肺に投与された人工界面活性剤は，肺胞が自分自身で界面活性剤を作り始めるまで，呼吸を安定化させる．

カエル，蛇，トカゲのような冷血動物では，呼吸に界面活性剤は不要である．これらの動物は，体温を上げるためにエネルギーを使うことはない．その結果，同じような大きさの温血動物に比べて酸素は 10 分の 1 で足りる．したがって，冷血動物は，それに対応するぐらい小さな肺の面積で活動できる．これらの動物の肺胞の半径は，温血動物よりも 10 倍大きい（練習問題 9.9 参照）．大きな半径の肺胞は，それに対応する小さな圧力で表面張力を凌ぐことができるので，界面活性剤を必要としないのである．

9.9 拡散とコンタクトレンズ

ヒトの身体の多くの部分では，循環している血液から必要とする酸素を受け取っている．しかし，目の透明な表面層である**角膜**（cornea）は，血管をもっていない（だから透明になる）．角膜の細胞は，溶存した酸素を含む涙の界面層から拡散によって酸素を受け取っている．この事実によって，なぜコンタクトレンズを睡

眠中に装着してはいけないかがわかる．コンタクトレンズは，瞬きがレンズをわずかに揺さぶる程度に貼り付いている．この揺さぶり運動が，酸素を十分に含んだ新鮮な涙をレンズの内側に送り込む．もちろん，ヒトは就眠中に瞬かないので，コンタクトレンズ下の角膜は，酸素不足になる．これが原因で，角膜の透明性が低下することがある．

練習問題

9–1. 浮力を制御するための浮き袋を使う魚は，有孔性の骨を使う魚よりも安定しない．この現象を気体方程式 (式 9.2) を使って，説明せよ (ヒント：魚が深く潜ると，浮き袋はどうなるか).

9–2. スキューバダイバーが，タンクから空気を吸っている．タンクは，吸入空気圧を環境の圧力に自動的に調節するレギュレーターが装着されている．もしダイバーが深い湖の表面から 40 m の位置で，肺の全容積の 6 リットルを空気で満たして，湖の表面に急速に上がったとすると，肺の容積はどこまで膨張するか．そのような急速な上昇を勧めるべきだろうか．

9–3. (a) 分子が液体中で 10^{-3} cm の距離を拡散するに必要な時間を計算せよ．分子の平均速度を 10^4 cm/sec とし，平均自由行程を 10^{-8} cm とせよ．

(b) 1 気圧の気体中の拡散の場合について計算せよ．その場合の平均自由行程は，10^{-5} cm である．

9–4. 速度 V_D で移動する粒子ビームを考える．ビームの面積が A，ビーム中の粒子密度を C とすると，毎秒あたり，ある位置を通過する粒子の数が $V_D \times C \times A$ であることを示せ．

9–5. 1 時間あたり 14.5 リットルの酸素消費は，1 秒あたりどの位の分子数に対応するか (0 ℃，760 torr における 1 cm^3 中の分子数は，2.69×10^{19} である)．

9–6. 本文中と表 9.3 のデータを用いて，安静時に必要な酸素を取り込むための 1 分間あたりの呼吸の回数を計算せよ．

9–7. (a) 70 kg 成人で，安静時における酸素消費量は，14.5 liter/h で，この 2％が皮膚を通した拡散で取り込まれると本文中で述べた．ヒトの皮膚の面積が 1.7 m^2 と仮定して，皮膚からの酸素の拡散量 (liter/h-cm^2) を計算せよ．

(b) 安静時に必要な酸素を皮膚からの拡散で供給できる動物の最大サイ

ズはいくらか？

以下の仮定を用いて計算せよ．

(i) 動物組織の密度は，1 g/cm^3
(ii) 単位体積あたり，すべての動物は同じ酸素量を必要とする．
(iii) 動物は球状の形をしている．

9–8. 半径 0.05 mm の肺胞が，完全に膨張するのに必要な ΔP を計算せよ．

9–9. 動物の酸素需要が 10 分の 1 に減少したとすると，同じ肺の容積では，肺胞の半径が 10 倍でもよいことを示せ．

第10章 熱力学

　熱力学は，熱と仕事，およびそれに伴うエネルギーの流れの関係を明らかにする学問である．熱現象に関する何十年もの経験を経て，科学者は熱力学の基礎となる2つの基本法則を見出した．熱力学の第1法則の意味するところは，熱などのエネルギーが保存される，ということである．1つのエネルギーの形態は別の形態に変換できるが，エネルギー自体は，創られることもないし，消滅することもない．この法則は，宇宙の全エネルギーが一定であることをほのめかしている[1]．第2法則は，第1法則よりも複雑であり，何通りのもの表現の仕方がある．それらは見かけ上異なるが，同等な内容である．たぶん，最も簡単な第2法則の表現は，「自然界では秩序ある状態から秩序の無い状態に自発的に推移する」，という表現である．

10.1　熱力学の第1法則

　エネルギー保存の法則を最初に提唱した学者の1人が，ドイツの物理学者であるロベルト・マイヤー（Robert Mayer，1814-1878）である．1840年に，マイヤーは東インドに向かうスクーナー（2～3本のマストの帆船）の医者であった．乗船中に，フランスの科学者ローラン・ラヴォアジエ（Laurent Lavoisier）の論文を読んでいた．この論文では，ラヴォアジエが動物が産生する熱は，体内での食物のゆっくりとした燃焼によると提唱していた．さらにラヴォアジエは，冷環境よりも温環境のほうが，食物が燃焼しにくいことに言及している．

　船が熱帯に達したとき，船員の多くが熱病に罹った．熱に対する通常の手当をして，マイヤーは患者の血を抜いた．そのとき，彼は，静脈血は，通常赤黒いが，

---

[1] 保存法則にはエネルギーに変換できる物質を含まなくてはならないということが，相対性理論で示されている．

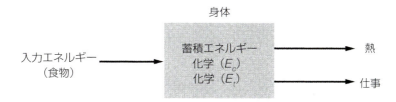

図 10.1　身体のエネルギー関係

動脈血のような赤色をしていることに気が付いた．彼は，この発見はラヴォアジエの説の証明になると考えた．赤道では，体内で燃える燃料は少ないから，静脈血の酸素含有量は高く，鮮やかな赤い色をしている．マイヤーは，ラヴォアジエの説の一歩先に行き，体内では，エネルギー（彼は力と呼んだ）が厳密につり合っていると提唱した．食物から放出されたエネルギーは，身体から失われた熱と身体によってなされた仕事の合計とつり合っている．マイヤーは，1842 年に出版された論文で，「一度存在した力（エネルギー）は，消滅しない，単に形態を変えるだけである」と述べている．

エネルギーの保存が法則として受け入れられるには，多くの証拠が必要であったが，そのような基本的な物理学の法則が，最初に人体生理学的な観測から示唆されたことは興味深い．

エネルギーの保存は，生体内のエネルギーバランスのすべての算出の基となっている．たとえば，動物の活動のためのエネルギー論（図 10.1）を考えてみよう．動物の体内に，質量と比熱の積となる内部エネルギー E_t，組織中に含まれる化学エネルギー E_c が存在する．エネルギーに関しては，動物の活動は，摂食，仕事，冷却機能による放散熱（放射や対流など）から構成される．詳細な計算をしなくても，第 1 法則から動物のエネルギー論の結論が得られる．たとえば，内部温度と動物の体重が一定だとする（すなわち，E_c, E_t が一定）と，ある一定時間内では，エネルギーの流入量は，なされた仕事と身体からの放熱量に厳密に等しい．エネルギーの流入とエネルギーの流出の差は，$E_c + E_t$ の合計の変化を意味する．熱力学の第 1 法則は，第 11 章のすべての計算の基になっている．

10.2　熱力学の第 2 法則

第 1 法則に反しないが，実際には起こらない想像上の事象が多くある．たとえば，物体が机の上から床に落ちるとき，位置エネルギーが運動エネルギーに変換され，床に落ちてからは，運動エネルギーが熱に変換される．第 1 法則は，逆の

プロセスを禁じていない．すなわち，床からの熱が物体に入り，運動エネルギーに変換され，物体が机の上に飛び戻るかもしれない．しかしこのようなことは実際には起こらない．経験的に，ある種の事象は不可逆であることが示されている．壊れた物体は自らは修復されず，こぼれた水は容器に自分で戻ることはない．これらのような事象の不可逆性は，多数の構成要素からなるシステムの確率的な振る舞いに深く関係している．

お盆に表を上にして置かれた3つのコインを考えてみる．これを「秩序だった配置」であると考えることにするそれぞれのコインの表と裏が上を向く確率が同じになるようにお盆を揺らす．コインの可能な向きは，表 10.1 に示されるようになる．ここで，3つのコインを投げた際に，8通りの組み合わせが可能である．これらの中で，ただ1通りが，3つとも表が向いている最初の並べ方である．表 10.1 のコインの組み合わせのどれをとるかという確率は同じなので，お盆を揺らして，3つとも表を向く確率は，1/8 または 0.125 である．このことから，3つとも表が上を向くまでにはコインを平均 8 回投げなくてはならないとわかる[訳注1]．

実験におけるコインの数が増えてくると，すべてが表になるというという秩序だった配置が起こる確率は減少する．お盆の上に 10 個のコインがあると，お盆を揺らしてから，すべてが表を向く確率は 0.001 となる．1000 個のコインでは，すべてが同じ面を向く確率はさらに低下して，ほとんど無視できる程になってしまう．秩序だった配置を見ることなく，お盆を何年も揺らすことになるかもしれない．要するに，この例えから次のようなことがいえる．可能なコインの並び方の場合の数は大きく，その中のたった1つが秩序だった配置である．そのため，秩序だった配置を含む，コインの並べ方の確率はどれも同じではあるものの，秩序

表 10.1　3 つのコインの配置

コイン 1	コイン 2	コイン 3
H	H	H
H	H	T
H	T	H
T	H	H
H	T	T
T	H	T
T	T	H
T	T	T

H: 表，T: 裏

[訳注1] 正確には，少なくとも1回，3つとも表を向く確率は8回投げると $1 - (7/8)^8 = 0.66$ である．

だった配置に戻る確率は，小さい．この集合のコインの数が増えると，秩序だった配置の確率は減少する．いい換えると，秩序だった配置を乱すと，それは無秩序になる傾向がある．このような振る舞いが，多くの要素の集合的な振る舞いからなる現象すべての特徴である．

熱力学の第2法則は，コインの実験で示されるような確率的な振る舞いについて述べている．第2法則の1つの表現は，「あるシステムの自発的変化は，小さな確率の配置から大きな確率の配置に向かう」である．すなわち，秩序から無秩序へ向かう，ということだ．この表現は，当たり前すぎて些細のことのように見えるかもしれないが，第2法則が普遍的に適用できることを考えると，その意義は絶大である．第2法則から，情報の伝達の限界，時系列の意味，宇宙の運命などを導出することができる．しかしながら，これらのことは，ここでの議論の範囲を超えている．

第2法則の意味する重要な点の1つは，熱と内部エネルギーを仕事に変換する効率には限界があるということである．この制約は，熱と他のエネルギー形態の違いを調べることによって理解できる．

10.3　熱と他のエネルギーとの違い

熱は，温かい物体から冷たい物体に移動するエネルギーと定義した．しかし，このエネルギーの移動の詳細を調べると，それは，運動エネルギー，振動エネルギー，電磁エネルギー，あるいはこれらの組み合わせ，といった個別のエネルギーの移動で生じていることがわかった（第9章参照）．このことからすると，なぜ熱の概念が必要になるのかは明白ではないように見える．確かに，熱の概念を明示的には使用せずに，熱力学の理論を展開することが可能である．しかしその場合は，それぞれのタイプのエネルギーの輸送を別々に取り扱う必要があり，実際には難しく面倒である．多くの場合，エネルギーは，物体へ，あるいは物体から，さまざまな手段で移動するが，それらを個別に追跡することはしばしば不可能であるし，また通常はその必要もない．エネルギーがどのような手段で物体に流入しても，その効果は同じであり，物体の内部エネルギーを増加させることに変わりはない．したがって，熱エネルギーの概念は大変便利なのである．

熱と他の型のエネルギーとを区別するおもな点は，その発現のランダムな性質である．たとえば，熱が物体の一端から伝導にて他端に流れるとき，その流れは，物体に沿って内部エネルギー順次増加することで実現されている．この内部エネルギーは，原子のランダムでカオス的な運動で特徴付けられる型のエネルギーで

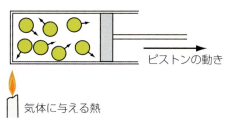

図 10.2　ピストンの運動

ある．同様に，熱が放射によって移るとき，伝播する波動は，ランダムな方向に向かっている．放射は，広い波長の範囲で放出され，波動の先頭の位相はランダムである．比較すると，他のエネルギー形態は，もっと整然としている．たとえば化学エネルギーは，分子内のある原子のある特定な配列によって生まれている．位置エネルギーは，物体の決まった位置や配置によって決まる．

　1つ1つのエネルギー形態を別の形態に変換することはできるが，熱エネルギーは，ランダムな性質をもっているため，他の形態に完全に変換することはできない．ここからは，論点をわかりやすくするために，気体の振る舞いを例に取り上げて考えることにしよう．まず，熱が熱機関内（たとえば，蒸気機関）でどのように仕事に変換されるかを考えよう．ピストンが装着されている円筒内の気体を考える（図10.2）．熱は気体に流入し，気体分子の運動エネルギーを高める．したがって，気体の内部エネルギーが高くなる．ピストンの方向に動いている分子は，ピストンに衝突して，ピストンに対して力を与える．この力の影響によって，ピストンが動く．このように熱は内部エネルギーを介して仕事に変換される．

　気体に加えられた熱は，円筒内の気体分子がランダムな方向に動く原因となるが，ピストンの方向に動いている分子のみが力の発生源となる．そのため，ピストンに向かう分子の運動エネルギーのみが，仕事に変換されている．与えた熱が完全に仕事に変換されるためには，すべての気体分子は，ピストンの運動と同じ方向に運動しなくてはならない．分子数の大きな集合で，このようなことは，まず起こりえない．

　1calの熱が完全に仕事に変換される見込みは，ランダムにタイプを打つサルの集団が，偶然，シェークスピアの作品を完璧に打ち出す程度である．1 calの熱を完全に仕事に変換する確率は，サルがシェークスピアの作品を1.5京（1.5×10^{16}）回連続して打つ確率と同じである（この例は，[11–2]から得た）．

　仕事と熱の区別は，以下のようである．仕事では，エネルギーは，秩序ある運動である．熱では，エネルギーはランダムな運動である．ランダムな熱運動の一

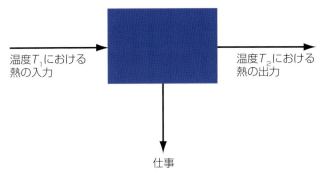

図 10.3　熱から仕事への変換

部は秩序ある運動戻ることはあっても，すべての熱運動が秩序あるものになることはあり得ない．熱から仕事への完全変換の確率は，とてつもなく小さい．熱力学の第 2 法則は，これが不可能であると断定している．

熱は，高い温度 T_1 の場所から低い温度 T_2 の場所に流れるときに，部分的に仕事に変換することができる（図 10.3）．熱力学の定量的扱いでは（たとえば，[11–5] 参照），仕事と流入する熱との比の最大値は

$$\frac{仕事}{流入する熱} = 1 - \frac{T_2}{T_1} \tag{10.1}$$

となる．ここで，温度は絶対温度である．

この関係から，熱は，絶対温度ゼロの熱浴に注がれたときにのみ完全に仕事に変換されることがわかる．物体を限りなく絶対零度に近い状態まで冷却することはできるが，絶対零度には到達できない．したがって，熱を完全に仕事に変換することはできない．

10.4　生体システムの熱力学

生きていくためには，食物が必要であることは明らかである．しかしその理由はそれほどは明らかでない．動物はエネルギーを消費するからエネルギーが必要，という考えは，厳密には正しくない．熱力学の第 1 法則から，エネルギーは保存されることがわかっている．身体はエネルギーを消費しているのではなく，エネルギーの形態を変えているだけである．事実，第 1 法則からは，動物が外部のエネルギー源なしに活動できるという誤った結論を導くことができる．身体は，食物分子の化学的結合にあるエネルギーを摂取し，それを熱に変換している．身体の重量と温度が一定で，身体が外部仕事をしていないとすると，身体に入るエネ

ギーは，身体から放出される熱エネルギーと厳密に等しくなる．もし熱の放出を良好な断熱剤などで阻害すれば，身体は食物無しで生きられるのではないか，と考えられる．しかし，これは明らかに間違いである．エネルギーの必要性は，熱力学の第2法則を踏まえて身体の活動を調べることで明らかになる．

身体はきわめて秩序立ったシステムである．身体のタンパク質分子1つをとってみても，ある順序で結合された多数の原子から構成されている．細胞はより複雑である．身体内での細胞の特化された機能は，その特殊な構造や存在場所に依存している．熱力学の第2法則から，そのような高度に秩序立ったシステムは，放置すると無秩序の方向に変化していき，いったん無秩序になると，その機能は停止する．ばらばらにならないように，継続してシステムに仕事がなされている必要がある．たとえば，静脈や動脈の血液循環は，摩擦を伴っており，それは，運動エネルギーを熱に変えて，血液の流れに抵抗を与えている．血液に圧力を与えなければ，数秒でその流れは止まってしまうだろう．細胞内ではミネラルの濃度は，細胞外の濃度とは異なっており，秩序ある配置となっている．自然の流れに従うと，細胞外の状態に等しくなるように変化していく．細胞から内容物が漏洩するのを回避するためには，仕事がなされなくてはならない．死んだ細胞は置き換えなければならないし，もし動物が成長しているなら，新しい組織を作らなければならない．このような置き換えと成長のためには，より小さな，よりランダムな要素から，新しいタンパク質や他の細胞の成分を組み立てなければならない．すなわち，生命のプロセスとは，秩序ある構造を創り，維持することから成り立っているといえる．無秩序へ向かう自然の傾向に直面しているので，この活動には仕事が必要である．この状況は，小さく滑りやすい不均一なブロックからなる柱に例えられる．ブロックは柱から滑り出す傾向があり，ブロックを継続的に押し戻さないと，柱は立っていることはできない．

必要な仕事は，食物に含まれる化学的エネルギーから得られる．筋肉による外部への仕事で使われるエネルギーを除けば，食物で供給されたエネルギーは，体内では最終的には摩擦や散逸プロセスなどにより熱に変換される．一度体温が適温になると，体内で生産されたすべての熱は，さまざまな冷却機構によって除かれなければならない（第11章参照）．熱は放散されなくてはならない．なぜなら，熱機関（タービンや蒸気機関）と違って，身体は熱エネルギーから仕事を取り出すメカニズムを持っていないからである．身体は，化学的エネルギーのみから仕事を取り出すことができる．たとえ，身体が熱を使って仕事をする機構をもっていたとしても，そこで得られる仕事量はわずかであろう．繰り返しになるが，第2法則が限界を決めている．体内外の温度差は，7℃以下と小さい．体内温度 T_1

が，310 K（37℃）で，外部温度 T_2 が 303 K のとき，熱を仕事に変換する効率はたった 2% である（式 10.1）．

　身体は，さまざまなエネルギーの形態の中でも，食物を構成する分子の化学結合エネルギーのみを利用できる．身体は，他の形態のエネルギーを仕事に変える機構をもっていない．ヒトは太陽の下でいつまでも日光浴して，膨大な量の放射エネルギーを受け取ることはできるが，それでも餓死してしまう．一方，植物は，放射エネルギーを利用できる．動物が化学的エネルギーを使うのと同じように，生命に必要な秩序を生み出すプロセスにエネルギーを供給するために，植物は太陽放射を利用しているのである．

　植物のライフサイクルにおいて作られる有機物は，草食性の動物の食物エネルギーとなる．その一方で，草食動物は，肉食動物の食物となる．太陽は，このようにして地球上生命の根本的なエネルギー源となっている．

　生体システムは，無秩序から秩序を創っているので（たとえば，ランダムに配置されたサブユニットから大きく複雑な分子を合成することで），一見，それらは熱力学の第 2 法則に反しているように見えるが，そういうわけではない．第 2 法則が成立していることを確認するためには，生命のプロセス全体を調べなくてはならない．そのプロセスには，生体要素のみならず，そこで消費されるエネルギー，排泄された不用物も含まれる．最初に，動物によって消費される食物は，かなりの秩序を有している．食物分子の原子は，ランダムに配置されている訳ではなく，ある特定なパターンで配置されている．食物における分子結合の化学エネルギーが放出されると，秩序ある構造が崩壊する．排泄された老廃物は，摂食された食物よりかなり無秩序になっている．秩序ある化学エネルギーは，体内で無秩序な熱エネルギーに変換される．

　内の無秩序の量は，**エントロピー**（entropy）と呼ばれる概念によって定量的に表現できる．定量的な計算によれば，あらゆる場合において，生体システムによって生じた環境中のエントロピーの増加（無秩序）は，生体システム自身が獲得したエントロピーの減少（秩序）よりも必ず大きい．すなわち，生命の全体のプロセスは，第 2 法則に従っている．したがって，生体システムは，無秩序の方向への流れに生じた乱れ，といえよう．生体システムは，環境を消費することで，少しの間だけ自分の秩序を保っている．これは，自然界でみられる最も複雑なメカニズムを使用することで可能な難しい仕事である．これらのメカニズムが作動しなくなったとき，いずれは必ずそうなるのであるが，秩序は崩壊して，生物に死が訪れる．

10.5 情報と第2法則

　生命の高度に秩序立った局所的安定状態を創り，維持するためには仕事がなされなくてならない．ここで次のような質問を考えてみよう．そのような局所的秩序を作るには，他に何が必要だろうか？　たぶん，簡単な日常的な経験からこの問題に対するヒントを見つけることができるだろう．時間経過とともに，われわれのアパートは無秩序になる．本棚にアルファベット順にきちんと置かれていた本は，今では机の上に散らばり，ある本はベッドの下にもぐりこむといった惨状である．食器棚にきれいにきちんと整理されていた皿は，食べ残しで汚れ，居間のテーブルに置きっぱなしである．きれいにしようと決めると，15分後くらいには，アパートの部屋に秩序が戻る．本はきれいに本棚に並び，皿も洗ってキッチンに積み重ねられ，アパートはきれいになる．

　このプロセスが起こるには，2つの要因が必要である．第1に，すでに見てきたように，本を集めて並べ，皿を洗って重ねる仕事にはエネルギーが必要である．第2に，同じくらい重要なことであるが，仕事を適切な方向に向かわせるためには，情報が必要である．どこに本を置くか，皿を洗ってどこに重ねるかを知っている必要がある．この場面では，情報という概念が最も重要なのである．

　1940年代に，クロード・シャノン（Claude Shannon）は，任意のシステムで利用可能な情報量に関する定量的な式を導出した．情報量に関するシャノンの公式は，マイナス符号がついていることを除けば，無秩序の尺度であるエントロピーの公式とまったく同等であることが示されている．この数学的な洞察を形式にたどると，エネルギーと情報があれば，秩序を得るプロセスで用いることができる情報の量だけ，局所的なエントロピーを減少させることができる．いい換えると，散らかった居間の例のように，適切な情報に従った仕事を行えば，無秩序のシステムに秩序を創り出すことができる．第2法則は，もちろん成り立っており，「宇宙の全体のエントロピーは増加する」．秩序を達成するに必要な仕事は，システムに創られた秩序より大きい無秩序を，環境に生み出す結果となる．生体システムがその構造を複製，成長，維持することが可能となるのは，情報とエネルギーが利用可能だからである．

　生命の連鎖は，植物から始まる．植物は，太陽からのエネルギーを用いて，おもに水，二酸化炭素，各種のミネラルのような単純な分子から，いかにして高度に秩序ある複雑な構造を作るかという遺伝子情報を有している．このプロセスは，本質的にはヒトや他の動物でも類似している．生物の機能に必要なすべての情報

は，DNA の複雑な構造に格納されている．ヒトの DNA は，整然と並んだ 10 億個の分子ユニットから構成されている．生物によって消費された食物から獲得したエネルギーを活用しつつ，DNA 情報は，生物の機能に必要なさまざまなタンパク質や酵素の組み立て作業を統率している．

練習問題

10–1. 熱力学の第 2 法則が，どのようにして熱から仕事への変換に限界を与えているかを説明せよ．

10–2. あなた自身の経験から，熱力学の第 2 法則の例を示せ．

10–3. 情報，熱力学の第 2 法則，生体システムの関係を記述せよ．

第11章

熱と生命

　熱さの程度または温度は，生命体が機能していく中でもっとも重要な環境因子の1つである．生命に必要な代謝過程の速度，たとえば細胞分裂や酵素反応などは，温度に依存している．一般的に反応速度は温度とともに上昇する．10℃の温度変化は反応速度を2倍変化させることもある．

　われわれが知っているように液体状の水は生命体にとって必須の要素なので，代謝過程は約2℃から120℃というかなり狭い温度範囲でしか機能できない．もっとも単純な生物のみがこの範囲の両端の温度で機能できる[1]．大きな生物が機能できるのはもっと狭い温度範囲に限定される．

　植物であれ，動物であれ，ほとんどの生物の機能は温度の季節変動に厳しく制限されている．たとえば爬虫類の生命過程は，寒冷な気候ではほとんど機能停止してしまうほど減速する．逆に，天気の良い暑い日には，爬虫類は体温を下げるために日陰を探さなければならない．

　それぞれの動物には，普通，いろいろな代謝過程にとって最適な反応速度がある．温血動物（哺乳類と鳥類）は，内部体温をほぼ一定のレベルに保つ方法を進化させた．その結果，温血動物は広範な外気温にわたって至適なレベルで機能することができる．この体温調節は追加のエネルギー消費を必要とするが，それと引き替えに獲得された適応性はこの消費に十分見合うものである．

　この章では，動物におけるエネルギー消費，熱の流れと体温調節について考察する．ここで示すほとんどの例はヒトに限られるが，その原理はすべての動物に一般的に適用できる．

---

[1] 深海では圧力が高く，したがって水の沸点も高い．ここではある種の**好熱性**（thermophilic）細菌が熱水噴出孔の近くで著しく高い温度で生存することができる．

11.1 ヒトのエネルギー必要量

すべての生物は，機能するためにエネルギーを必要とする．動物ではこのエネルギーは血液を循環させ，酸素を取り入れ，細胞を修復するなどのために使われる．その結果，快適な環境で完全に安静にしている状態でも，体はその命を維持するためにエネルギーを必要とする．たとえば，目が覚めた状態で静かに横たわっている体重 70 kg の男性は，約 70 Cal/h（1 cal = 4.18 J; 1000 cal = 1 Cal; 1 Cal/h = 1.16 W）を消費する．もちろんエネルギー消費は活動とともに増大する．

1 人のヒトが消費するエネルギー量はそのヒトの体重と身長による．しかし，ある活動で消費するエネルギーを体表面積で除したものは，ほとんどのヒトについておおよそ同じであることがわかっている．したがって，いろいろな活動によって消費されるエネルギーは通常 Cal/m²-hr で示される．これは**代謝率**（metabolic rate）といわれる．いくつかの人体活動の代謝率は**表 11.1** に示してある．1 時間あたりの総エネルギー消費量を求めるためには，代謝率にその人の体表面積をかけて求める．体表面積は次の経験式によってかなり良い見積もりが得られる．

$$体表面積 (\text{m}^2) = 0.202 \times M^{0.425} \times H^{0.725} \tag{11.1}$$

ここで M はキログラムで表した体重で，H はメートルで表した身長である．

身長 1.55 m で 70 kg のヒトの体表面積は約 1.70 m² である．したがって，このヒトの安静時の代謝率は $(40 \text{ Cal/m}^2\text{-hr}) \times 1.70 \text{ m}^2 = 68 \text{ Cal/hr}$ であり，本節のはじめの例で述べたように約 70 Cal/hr である．この安静時の代謝率は**基礎代謝率**（basal metabolic rate）と呼ばれる．

11.1.1 基礎代謝率と体の大きさ

大きな動物は多くの細胞をもっており，維持するのにより大きなエネルギーを

表 11.1 選ばれたいくつかの活動の代謝量

活動	代謝量（Cal/m²-hr）
睡眠	35
目覚めたまま横臥している	40
坐っている	50
起立状態	60
歩行（時速 4.8 km）	140
中等度の身体作業	150
自転車走行	250
走る	600
ふるえ	250

必要とする．したがって，代謝率は動物のサイズとともに増大すると予測される．この予測は数学的に表現できるだろうか？ 1883年に生物学者のルブナー（Max Rubner）は安静時の動物が消費する基礎代謝は最終的に熱になる，したがって基礎代謝は動物が除去できる熱の量によって限界に達するだろう，と提案した．非常に単純化したモデルを使い，動物の体重を M として，代謝率は $M^{2/3}$ に比例すると提案した．この式は，動物は球形であるという仮定に基づいている．重さは体積に比例するので，仮定した球の半径 R は $M^{1/3}$ に比例する．このモデルで基礎代謝を規定する表面積は R^2，すなわち $M^{2/3}$ に比例する．

この単純なモデルは良い出発点ではあったが，その後の実験での測定値とはあまり良く一致しなかった．1932年にクライバー（Max Kleiber）が広範囲の種において，代謝率の測定値は $M^{3/4}$ に比例することを示した．この関係は**図11.1**に示すようなプロットから得られた．ここではマウス（0.05 kg）からゾウ（5000 kg）のサイズにわたる，つまり体重で 10^5 倍にわたる，動物について代謝率を体重に対してプロットしたグラフから得られた．両対数軸でプロットすると，傾き0.75の直線でもっとも良く近似された．つまり代謝率は，$M^{3/4}$ に比例する，というクライバーの「法則」が得られる（練習問題11–1参照）．この関係は1930代以来多くの研究によって確認されている．

ルブナー（Rubner）によって導かれたより明確ではあるが実際にはあまり当てはまらない $M^{2/3}$ 関係とは異なり，クライバー（Kleiber）のスケーリング則を簡単に導きうる原理はない．3/4のベキ（冪）を生じるさまざまな複雑さをもついくつかのモデルが提案されてきたが，そのどれもが広く受け入れられほど十分に説得力のあるものではない．クライバーのスケーリング則は現在でも研究が行われており，2005年の *Journal of Experimental Biology* 誌の208巻全部がこの研究分野に費やされている．

大きな動物が小さな動物より長生きするということは一般に知られており，たとえば，マウスの寿命が1から3年である一方，ゾウの寿命は約70年である．半定量的にではあるが，この寿命の問題をベキ乗則によって説明することは可能であり，単位体重あたりのエネルギー消費量である**比代謝率**（specific metabolic rate）に基づくとうまく処理することができる．比代謝率というパラメータは，基礎代謝率を体重で割ることにより求めることができる．したがって，比代謝率は $M^{3/4}/M = M^{-1/4}$ に比例することになる．ここで，生きている間は動物の単位体重あたりの総エネルギー消費量は一定であると仮定する．すなわち，(比代謝率)×(寿命) = 一定，とする．この仮定の下では，**寿命**（lifetime）は比代謝率に反比例する（すなわち，= $M^{1/4}$ となる）．ゾウの体重はマウスよりも 10^5 倍

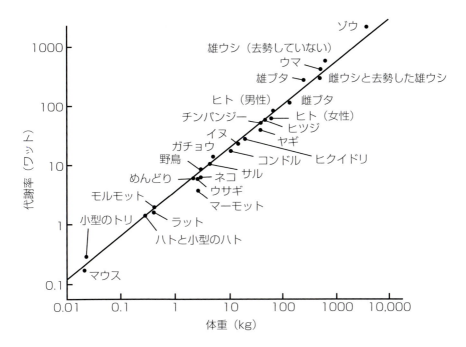

図 11.1 対数目盛上に体重の関数としてプロットした哺乳類や鳥類の代謝率．ベネディクト (Benedict・1938) より改変

重たいので，ゾウの寿命は $(10^5)^{1/4} = 18$ 倍長く，18 から 54 年だとわかる．この推定値は正確とはいえないが，おおむね正しい範囲に入っている．

11.2 食物からのエネルギー

動物が使う化学エネルギーは食物分子の酸化から得られる．たとえばブドウ糖分子は次のように酸化される．

$$C_6H_{12}O_6 + 6O_2 \rightarrow 6CO_2 + 6H_2O + エネルギー \tag{11.2}$$

体によって摂取されたブドウ糖 1 グラムごとに 3.81 Cal のエネルギーが放出され，代謝に使われる．

単位重量あたりのカロリー値は食物によって異なる．測定結果では，炭水化物（砂糖，デンプン）やタンパク質は平均で約 4 Cal/g を，脂質（脂肪）は 9 Cal/g を，アルコールの酸化は 7 Cal/g を生み出す[2]．

エネルギーを生み出す食物の酸化は，通常の環境温度では自発的に起こるわけではない．体温で酸化が進むためには，触媒が反応を促進しなければならない．

表 11.2　1 日の代謝エネルギー消費

活動	エネルギー消費（Cal/m^2）
8 時間の睡眠（35 Cal/m^2-hr）	280
8 時間の中等度の作業（150 Cal/m^2-hr）	1200
4 時間の読書，執筆，テレビ鑑賞（60 Cal/m^2-hr）	240
1 時間のきつい運動（300 Cal/m^2-hr）	300
3 時間の着換え，食事（100 Cal/m^2-hr）	300
総消費量	2320

生体系では，酵素と呼ばれる複雑な分子がこの働きをしている．

食物からエネルギーを取り出す過程では，酸素が常に消費される．使われる食物の種類によらず 1 リットルの酸素が使われるごとに 4.83 Cal のエネルギーが産生されることが明らかにされている．この関係を知っていると，いろいろな活動の代謝率をわりと簡単な方法で測定することができる（練習問題 11–3 を参照）．

1 人の男性または女性の，1 日あたりの食物必要量はそのヒトの活動量による．1 日のスケジュールの例とそれにかかわる体表面積 1 m^2 あたりの代謝エネルギー消費量を表 11.2 に示した．活動量を表 11.2 に示した人物の体表面積は前例と同じように 1.7 m^2 だと仮定すると，その人の総エネルギー消費量は 3940 Cal/日となる．もし，そのヒトが半日眠っており，半日ベッドで安静にしていたとすると，1 日あたりのエネルギー消費量はたったの 1530 Cal である．

ほとんどのヒトにおいては，エネルギー消費量は食物の摂取量と釣り合っている．たとえば，表 11.2 に活動量を示したヒトの場合（体表面積 1.7 m^2）のエネルギー必要量は，400 g の炭水化物，200 g のタンパク質，171 g の脂肪で釣り合う．

数種類の普通の食物の成分とエネルギー含有量を表 11.3 に示す．タンパク質，炭水化物と脂肪の総重量は食物の総重量よりも小さいことに注意してほしい．差は主として食物の水分含有量による．表に示したエネルギー値は，いろいろのタンパク質，炭水化物，脂肪のカロリー含量が本文中に述べられている平均的な値から少しずれているためである．

あるもの，たとえば水とか塩を過剰に摂取しても，体はそれを除去することができる．しかし，体はとりすぎたカロリーを除去する機構をもっていない．過剰

---

[2] アルコールに多量のカロリーがあることは，大量に飲酒するヒトにとって大きな問題である．体はアルコールの酸化によってできたエネルギーを完全に利用する．したがって，代謝エネルギーのかなりの割合をアルコールから摂取する人は，通常の食物の摂取を減らす．しかし，他の食物と違い，アルコールはビタミン類，ミネラル類，体の正常な機能に必要な他の物質などを含んでいない．その結果，慢性アルコール中毒の人は，栄養失調によって起こる病気に罹患することがよくある．

表 11.3　一般的な食物の構成とエネルギー含有量

食物	総重量 (g)	タンパク質 重さ (g)	炭水化物 重さ (g)	脂質 重さ (g)	総エネルギー (Cal)
全乳 0.946 L	976	32	48	40	660
卵 1 個	50	6	0	12	75
ハンバーガー 1 個	85	21	0	17	245
ニンジン 1 カップ	150	1	10	0	45
ジャガイモ (中サイズ 1 個, 焼いたもの)	100	2	22	0	100
リンゴ	130	0	18	0	70
ライ麦のパン 1 枚	23	2	12	0	55
ドーナツ	33	2	17	7	135

のエネルギーはしばらくの間，余分な組織を作るのに使われる．過剰な食物摂取が強い運動とともに行われると，エネルギーは筋の重量を増加させるのに使われる．しかし，多くの場合，過剰なエネルギーは体が作る脂肪組織に貯蔵される．逆に，エネルギー摂取量が必要量よりも低いと，体は不足分を補うためにそれ自身の組織を消費する．貯蔵脂肪がある間は体はまずその脂肪を使う．9 Cal のエネルギー不足ごとに約 1 g の脂肪が使われる．重篤な飢餓の場合，脂肪が使い果たされると，体は自身のタンパク質を消費し始める．タンパク質 1 g の消費ごとに約 4 Cal が産生される．体タンパク質の消費は，当然体の機能の低下をおこす．割と単純な計算（練習問題 11-6 参照）をすれば，平均的な健康なヒトは食物なしでも適切な水の補給があれば約 50 日間までは生存できることがわかる．過体重の人はもちろんもっと長く耐えられる．「世界記録のギネスブック」にはスコットランドのバルビエーリ（Angus Barbieri）は，紅茶，コーヒーと水だけを摂取して，1965 年の 6 月から 1966 年の 7 月まで絶食したと記載されている．この間に，彼の体重は 214 kg から 81 kg に減少した．

　女性のエネルギー必要量は，妊娠中には胎児の成長と代謝のために増大する．以下の計算が示すごとく，胎児の成長のために必要なエネルギーは実際には思ったより小さい．270 日の妊娠期間の胎児の体重増は一定だと仮定しよう[3]．出生時に胎児は 3 kg だとすると，毎日 11 g ずつ体重が増えることになる．組織の 75 % は水と無機のミネラルであるので，毎日たった 2.75 g の体重増が，おもにタンパク質である有機物質によるものである．したがって，胎児の成長のために必要とされる 1 日あたりのカロリーは

---

[3] 体重増加は均一ではないので，これは単純化である．体重増加は妊娠の末期に向けてもっとも大きくなる．

$$必要カロリー = \frac{2.75 \text{ g のタンパク質}}{日} \times \frac{4 \text{ Cal}}{タンパク質 1 \text{ g}} = 11 \text{ Cal/日}$$

となる.

この値に,胎児の基礎代謝を加えなければならない.出生時に胎児の体表面積は約 0.13 m^2(式 11.1 より)である.したがって,胎児の 1 日あたりの基礎代謝は,最大でも $0.13 \times 40 \times 24 = 125 \text{ Cal}$ であり,妊娠中の女性のエネルギー必要量の総増加量はたったの $(125 + 11) \text{ Cal/日} = 136 \text{ Cal/日}$ となる.実際には胎児のエネルギー必要量は,妊娠中の身体活動の低下によって均衡されており,妊娠中の女性は食物摂取量を増加させる必要さえないかもしれない.代謝エネルギーバランスの他のさまざまな側面は,練習問題 11–4 から 11-7 で検討される.

11.3 体温調節

ヒトや他の温血動物は体温をほぼ一定に保たなければならない.たとえば,ヒトの正常の内部体温は約 37 ℃である.1,2 度体温がどちらかの方向に変動するということは,何か異常が起こったことの信号である.もし体温を調節する機構がうまく働かず体温が 44 ℃にも 45 ℃にも上昇すると,タンパク質の構造が不可逆的な傷害を受ける.体温が約 28 ℃以下に低下すると心臓は拍動停止に陥る.

体温は脳の特化した神経中枢と体表面に存在する感覚受容器によって感知される.さまざまな冷却または加熱のメカニズムが温度のいかんによって働く.筋が外に対してできる仕事の効率は良くても 20 ％である.つまり,身体活動の実行のために消費されるエネルギーの少なくとも 80 ％は体の内部の熱へと変換される.さらに,基礎的代謝過程の維持に使われるエネルギーは最終的にはすべて熱に変換される.もしこの熱が取り除かれなければ,体温は急速に危険な領域にまで上昇する.たとえば,中程度の運動中には,70 kg の男性は 260 Cal/hr を消費する.この消費カロリーのうち,少なくとも 208 Cal は熱に変換される.この熱が体にとどまると仮定すると,体温は 1 時間あたり 3 ℃上昇し,その活動が 2 時間続くと,完全な虚脱状態に陥るだろう.幸いにも,体は熱の外向きの流れを調節できる非常に効率の良いいろいろな方法をもっており,それによって一定の内部体温を保つことができる.

体が産生する熱の大半は,表面から離れた深部で産生される.この熱が除去されるためには,熱はまず皮膚まで伝達されなければならない.ある場所から他へ熱が流れるには,2 点の間に温度差がなければならない.したがって,皮膚の温度は体内の温度より低くなければならない.暖かい環境では,ヒトの皮膚の温度

は約 35 ℃ である．寒冷な環境では，皮膚の部位によっては 27 ℃ にも下がることがある．

血流がないと，体の組織は良い伝導体ではない．組織の熱伝導率はコルクのそれに匹敵する（表 9.2）（血流のない組織の K_c は 18 Cal-cm/m²-hr-℃）．組織を通した単純な熱伝導では，体によって産生された余分な熱を除去するのに不十分である．このことは次のような計算からわかる．仮に，体の内外を隔てる組織の厚さ L が 3 cm で，伝導が起こりうる面積 A は平均で 1.5 m² だとしよう．体の内部と皮膚の間の温度差 T が 2 ℃ だとすると，1 時間あたりの熱流 H は，式 9.3 から

$$H = \frac{K_c A \Delta T}{L} = \frac{18 \times 1.5 \times 2}{3} = 18 \text{ Cal/hr} \tag{11.3}$$

となる．

伝導性の熱流を中等度の，たとえば 150 Cal/hr に増やすためには，体の内部と皮膚の間の温度差をおよそ 17 ℃ にまで上げなければならない．

幸いなことに，体は熱を移動させる別の方法をもっている．大半の熱は，循環系の血液によって体の内部から運ばれる．熱は内部の細胞からの伝導により血液に入る．この場合には，毛細血管と熱を産生する細胞の間の距離は小さいので，伝導による熱の移動はかなり速い．循環系は温められた血液を皮膚表面まで運ぶ．熱はそれから伝導により外表面に移動する．循環系は，熱を体の内部から輸送することに加えて，体の断熱層の厚さを調節する．体から出て行く熱流が多すぎるときには，皮膚表面に近い毛細血管は収縮し，表面への血流は大幅に削減される訳注 1．血流のない組織は熱の不良伝導体なので，この方法は体芯の周りに断熱層を作る．

11.4 皮膚温の調節

すでに述べたように，熱が体から出て行くためには，皮膚の温度は内部の温度より低くなければならない．この条件が保たれるためには，皮膚から熱が十分な速度で取り除かれなければならない．空気の熱伝導率は大変低いので（202 Cal-cm/m²-hr-℃），もし皮膚の周りの空気が，たとえば衣服によって閉じ込められているとすると，伝導によって除去される熱の量は小さい．皮膚の表面は主として対流と放射と蒸発によって冷却される．しかし，もし皮膚が金属のような良い熱伝導体に接触していると，かなりの量の熱を伝導により取り除くことができる

訳注 1 正確には，毛細血管は収縮できない．その手前の細小動脈が収縮して毛細血管への血流を減らす．

(練習問題 11-8 参照).

11.5 対流

皮膚が外気や他の液体にさらされていると,熱は対流により取り除かれる.取り除かれる熱の量は露出されている皮膚の面積と,皮膚と周りの外気の間の温度差に比例する.対流による熱の伝達率 H_c'(式 9.4 参照)は,次の式で与えられる.

$$H_c' = K_c' A_c (T_s - T_a) \tag{11.4}$$

ここに A_c は外気にさらされている皮膚の面積,T_s と T_a はそれぞれ皮膚と空気の温度である.K_c' は対流係数で,おもに優勢となっている風の速度に依存する.空気の速度の関数としての K_c' の値を図 11.2 に示す.グラフが示すように,対流係数は,はじめ風速につれて急速に増大するが,その後上昇は緩やかになる

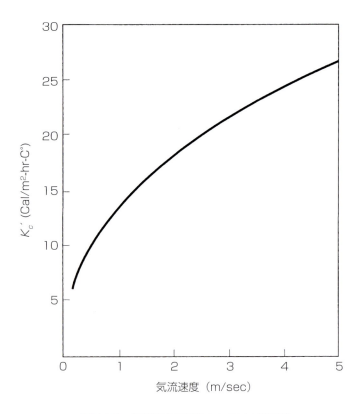

図 11.2 気流速度の関数としての対流係数

(練習問題 11–9 参照).

　露出された面積 A_c は身体の全体表面積よりは通常小さい．両足をそろえて，両腕を体につけて立っている裸のヒトでは，体表面積の約 80 ％が対流する空気の流れにさらされている（露出面積はうずくまることによって減らすことができる）．

　皮膚から環境へ熱が流れるのは，空気の温度が皮膚よりも低いときだけであることに注意せよ．もし逆であると，皮膚は対流する空気の流れによって実際には暖められることになる．

　対流によって皮膚から取り除かれる熱を計算してみよう．総体表面積が 1.7 m^2 の裸のヒトについて考えてみる．直立していると，露出している面積は約 1.36 m^2 である．空気の温度が 25 ℃で，平均皮膚温が 33 ℃だとすると，取り除かれる熱は

$$H_c' = 1.36 K_c' \times 8 = 10.9 K_c' \text{ Cal/hr}$$

ほとんど風のない条件では，K_c' は約 6 Cal/m^2-hr-℃であり（図 **11.2**），対流による熱損失は 65.4 Cal/hr である．中等度の仕事をしているとき，この程度の体格のヒトのエネルギー消費は約 170 Cal/hr である．風のない環境では，対流では十分な冷却が得られないことは明らかである．170 Cal/hr の冷却を得るには，風速を 1.5 m/秒に上げなければならない．

11.6　放射

　式 9.6 は放射 H_r による熱の交換は温度の 4 乗がかかわっていることを示している．すなわち，

$$H_r = e\sigma(T_1^4 - T_2^4)$$

しかし，生物が遭遇する環境では絶対温度が 15 ％以上変化することはめったにないので，あまり大きな誤差を伴わずに放射熱交換に線形表現を当てはめることができる（練習問題 11–10a および b 参照）．つまり，

$$H_r = K_r A_r e(T_s - T_r) \tag{11.5}$$

となる．ここで，T_s, T_r はそれぞれ皮膚表面温度とそのそばの放射表面の温度，A_r は放射にかかわる体表面積，e は表面の放射率，K_r は放射係数である．かなりの広い温度範囲にわたって，K_r は平均で約 6.0 Cal/m^2-hr-℃である（練習問題 11–10c 参照）．

　環境中の放射表面と皮膚の温度は，その熱放射の波長が主としてスペクトルの

赤外領域の温度である．この波長領域の皮膚の放射率は 1 に近く，皮膚の色に無関係である．A_r が 1.5 m^2，$T_r = 25\,°\mathrm{C}$，$T_s = 32\,°\mathrm{C}$ のヒトは，放射による熱喪失は 63 Cal/hr である．

放射表面が皮膚表面よりも暖かいとき，皮膚は放射で暖められる．もし露出した皮膚と放射環境の温度の差が約 6 ℃以上になると，ヒトは放射を不快に感じ始める．極端な例では，もし皮膚が太陽やまたは何か他の炎のような非常に熱い物体によって照り付けられると，皮膚は強く加熱される．この場合は熱源の温度は皮膚の温度よりもずっと高いので，単純化された式 11.5 はもはや当てはまらない．

11.7 太陽による放射加熱

大気最上部での太陽エネルギーの強さは約 1150 Cal/m^2-hr である．このすべてのエネルギーが地表に到達するわけではない．その一部は空中の塵や水蒸気によって反射される．厚い雲に覆われていると太陽の放射の 75 ％もが反射される．地球の自転軸が傾いていることで，地表での太陽放射の強さはさらに減衰する．しかし，乾燥した赤道周辺の砂漠では，ほとんどすべての太陽放射が地表に達することもある．

太陽からの放射は一方向のみだけから来るので，多くても体表の半分が太陽光の放射にさらされるにすぎない．それに加えるに，太陽光の入射に垂直な領域は入射角のコサインに従って減弱される（図 11.3 参照）．太陽が地平線に近づくと，放射を遮蔽する有効面積が増えると同時に，厚い空気層を通過するために放射の強さが減弱する．それでも，皮膚を暖める太陽光の量は大変大きいことがある．太陽放射の全エネルギーが地表に到達すると仮定すると，ヒトの体が太陽放射から受ける熱の量 H_r は，

$$H_r = 1150/2 \times e \times A \cos\theta \ \mathrm{Cal/hr} \tag{11.6}$$

ここに A はそのヒトの体表面積，θ は太陽光の入射角，e は皮膚の放射率である．太陽光の波長領域のヒトの放射率は体色によって変化する．暗い皮膚は約 80 ％の放射を吸収するが，明るい皮膚の吸収は約 60 ％である．式 11.6 から，体表面積 1.7 m^2 の明るい皮膚のヒトは，入射角 60 度の強い太陽放射を受けると，294 Cal/hr の熱を受ける．放射加熱は，もしヒトが明るい色の衣類を身につけていると約 40 ％減少する．放射加熱は，太陽に対する体の向きを変えることによっても減少する．ラクダが影のない砂漠で休んでいるときには，太陽に顔を向けている．これは太陽放射にさらされる体表面積を最小にしているのである．

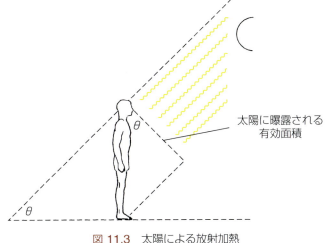

図 11.3　太陽による放射加熱

11.8　蒸発

　暑い気候では，中等度の身体活動をしている場合でも対流や放射はヒトを十分に冷却することはできない．冷却の大きな部分は，皮膚表面からの汗の蒸発によってもたらされる．通常の皮膚温では，水の蒸発の潜熱は 0.580 Cal/g である．したがって，皮膚から蒸発する汗の 1 L あたり 580 Cal の熱が取り除かれる．体にはエクリン腺とアポクリン腺の 2 種類の汗腺がある．エクリン腺は体の全表面に分布しており，体温調節系によって作られる神経インパルスに主として反応する．体への温熱負荷が増大すると，それに比例してこれらの腺によって分泌される汗の量は増える．これには例外があり，感情的なストレスなどにより血中アドレナリンレベルが上昇すると，掌と足の裏のエクリン腺（eccrine gland）が刺激される[訳注2]．

　大半が陰部にあるアポクリン腺（apocrine sweat gland）は，体温調節には関係していない．血中のアドレナリン[訳注3]によって刺激され，有機物の多い汗を分泌する．これらの物質の分解産物が体臭のもととなる．

　ヒトの体が汗を分泌する能力には驚くべきものがある．短時間であれば，ヒトは 4 L/hr もの汗をかくことができる．しかし，このような高速度の発汗は長く続けることはできない．熱い環境での重労働では，6 時間にも及ぶより長い時間，

[訳注2] 正確には，掌，足の裏の汗腺も交感神経支配であり，血中アドレナリンにはほとんど反応しない．

[訳注3] 正確には，陰部にあるアポクリン汗腺が反応するのはノルアドレナリンに対してである．

1時間あたり1Lの汗をかくということもよく見られることである．

　大量の発汗が長く続いている状態では，十分な量の水分を摂取しなければならない．そうでなければ，体は脱水に陥る．脱水の結果，体重が10％減少するような場合には，ヒトの活動は激しく制限される．ある種の砂漠の動物はヒトよりも激しい脱水に耐えることができる．たとえばラクダは，体重の30％の水を失っても重篤な結果にならない．

　蒸発する汗だけが皮膚を冷却するのに役立つ．流れ落ちる汗やふき取られた汗は，冷却に役立たない．そうではあるが，汗を過剰にかくことにより皮膚を確実に完全にぬらすことができるのである．皮膚から蒸発する汗の量は，環境温，湿度と気流速度による．蒸発による冷却は，暑く，乾燥していて，風のある環境でもっとも有効である．

　蒸発による熱喪失には別の経路がある．呼吸である．肺を出る空気は呼吸系の湿潤な内壁からの水蒸気によって飽和されている．通常のヒトの呼吸数では，この経路によって取り除かれる熱の量は小さく，9 Cal/hr 以下である（練習問題 11–11 参照）；しかし，毛皮で覆われた発汗しない動物では，この熱除去の方法は大変重要である．これらの動物は，過剰の酸素を肺にはもたらさないが，上気道からの水分をとりだす短い浅い呼吸（パンティング）をすることによって熱喪失を増やすことができる．

　ヒトは，大変暑くて日射のある環境でも，中等度の活動によって産生される熱を蒸発による冷却で克服することができる．これを例証するために，環境温度47℃（116.6 °F）である日向の中を裸で時速4.8 kmで歩くヒトが必要とする発汗速度を計算しよう．

　皮膚面積 1.7 m² で，歩行に使うエネルギーは約 240 Cal/hr である．このエネルギーのほとんどすべては熱に変換され，皮膚に伝えられる．さらに，皮膚は環境と太陽からの対流と放射によって加熱される．対流によってもたらされる熱は，

$$H'_c = K'_c A_c (T_s - T_a)$$

1 m/sec の風があると，K'_c は 13 Cal/m²-hr-℃ である．露出されている体表面積 A_c は約 1.5 m² である．皮膚温が 36℃ であるとすると，

$$H'_c = 13 \times 1.50 \times (47 - 36) = 215 \text{ Cal/hr}$$

前に計算したように，太陽の放射による加熱は約 294 Cal/hr である．環境からの放射による加熱は，

$$H'_c = K_r A_r e (T_r - T_s) = 6 \times 1.5 \times (47 - 36) = 99 \text{ Cal/hr}$$

となる．

この例では，体を冷やすために使えるメカニズムは汗の蒸発だけである．除去されなければならない熱の総量は，$(240+215+294+99)$ Cal/hr $=848$ Cal/hr である．1.5 L/hr の汗が蒸発すれば必要な冷却が得られる．もちろん，もしヒトが軽い衣服で保護されていれば，熱負荷は有意に軽減される．ヒトの体は熱に耐えられるように大変良くできている．管理された実験では，ヒトはステーキを焼くのに十分な時間だけ 125 ℃の温度を生き抜くことができている．

11.9 寒冷に対する抵抗

温度が快適な環境では，体は最小のエネルギー消費で機能できる．環境温度がある温度より下がると，体温を適切なレベルに保つために基礎代謝が上昇する．この温度を**臨界温度**（critical temperature）と呼ぶ．この温度はある動物が寒冷に耐える能力の 1 つの評価尺度である．

ヒトは基本的に熱帯性の動物である．保護されない条件では，ヒトは寒冷よりも暑熱にずっとよく対処できる．ヒトの臨界温度は約 30 ℃である．これに対し，厚い毛皮で覆われた北極ギツネでは臨界温度は -40 ℃である．

寒冷によって起こる不快感は，主として皮膚からの熱の流出速度の増大による．この速度は，温度ばかりでなく風速や湿度にも依存する．たとえば，30 cm/sec で動いている 20 ℃の空気は，静止している 15 ℃の空気よりもより多くの熱を取り除く．この場合，30 cm/sec の弱い風は，5 ℃以上の温度低下と同等である．

体は寒冷に対し，熱流出を減らし，熱産生を増大させて自身を守る．体温が低下し始めると，皮膚へ行く毛細血管は収縮し[訳注1]，皮膚への血流を減らす．これは体の断熱層を厚くする．裸のヒトでは，このメカニズムの利用は，環境温度が約 19 ℃に下がったときに最大になる．自然に備わった断熱作用は，これ以上増大されることはできない．

体温を保つために必要とされる熱は，代謝を増大することによって追加できる．これを達成する 1 つの不随意な反応は，震えである．**表 11.1** に示したように，震えは代謝を約 250 Cal/m^2-hr に増大させる．これらの防御がうまくいかないで，皮膚とその下の組織の温度が約 5 ℃以下に下がると，凍傷と，最終的にはより重篤な凍結が起こる．

寒冷に対するもっとも効果的な防護は，厚い毛皮，羽毛または適切な衣服によってもたらされる．-40 ℃で断熱がないと，熱喪失は主として対流と放射による．中等度に空気が動いている状態では，対流だけで皮膚表面 1 m^2 あたりの熱喪失

は約 660 Cal/m²-hr である (練習問題 11–12 参照). 厚い毛皮の層または同等の断熱があると, 皮膚は対流から遮蔽され, 熱は環境へ伝導だけによって伝えられる. 毛皮や羽毛などのような断熱材の熱伝導性は, $K_c = 0.36$ Cal cm/m²-hr ℃ である. したがって, 1 cm の断熱層を介して 30 ℃の皮膚から −40 ℃の環境への熱伝達は, 式 9.3 から, 25.2 Cal/m²-hr である. これは多くの動物の基礎代謝率よりも低い. 体熱は放射と蒸発によっても失われるが, 着衣のヒトも含めてよく断熱された動物は, 寒冷な環境でも生存できることをわれわれの計算は示している.

前にも述べたように, 中等度の温度では通常の呼吸速度で取り除かれる熱は少ない. しかし, 非常に寒冷な温度では, この経路で取り除かれる熱量は相当に大きい. 肺からの水分の蒸発によって奪われる熱はおおよそ一定であるが, 吸気を体温にまで暖めるのに必要な熱の量は環境の気温が下がるにつれて増大する. −40 ℃にいるヒトにとって, 呼吸の過程で体から奪われる熱の量は, 約 14.4 Cal/hr である (練習問題 11–13 参照). 断熱の良い動物ではこの熱喪失が, その動物が寒冷に耐えられる能力の最終的な限界となる.

11.10　熱と土壌

生物の一生の大半は直接的, 間接的に土の表面近くの生物活動に依存している, 植物に加えて, その生存が土に結び付けられている蠕虫や昆虫がいる (1 エーカー [約 4047 m²] の土に 500 kg のミミズがいることもある). 土には細菌やダニやキノコなどその代謝活動が土の肥沃さに不可欠な小さな生物がたくさんいる. これらすべての生命にとって, 土壌の温度は絶対的に重要である.

表層土は主として太陽の放射によって暖められる. 溶解状態にある地核から地表に伝導されてくる熱もあるが, この量は太陽による加熱と比べると無視しうるほどである. 地球は対流と放射と土の水分の蒸発によって冷却されている. 1 年を通した平均では, 加熱と冷却は均衡している. したがって, この時間の中では土の平均温度はほとんど変化しない. しかし, 夜から昼とか, 冬から夏とかといったもっと短い時間でみると, 土の最表面の温度はかなり変化する. これらの変動は土の中の生活環を支配している.

土の温度の変動は太陽放射の強さや, 土の構成や水分含有量や植生の覆いや, 雲や風や空中の粒子などの大気の条件によって決まる (練習問題 11–14 と 11–15 参照). とはいえ, 普遍的なパターンというものがある. 太陽が照っている日中は, いろいろな冷却機構によって取り除かれる熱よりも多くの熱が土にもたらされる.

したがって，土表面の温度は日中に上昇する．乾いた土では，表面温度は1時間に3または4℃上昇することもある．表面の加熱は，乾燥した日陰のない砂漠で特に強力である．このような地域で生息している昆虫の中には，熱い表面から体を離すのに役立つ長い脚を進化させたものもいる．

地表に入った熱は土深く伝導していくが，それには少し時間がかかる．表面の温度変化が土内部に伝わる速度は 2 cm/hr であると測定されている．夜間には熱喪失が主となり，土表面は冷える．昼間に土に蓄えられた熱は，今度は表面に伝わり，土から出て行く．熱が土を伝わるには時間がかかるので，表面より数センチメートル下の温度は表面がすでに冷却されているのにまだ上昇しつつあることもある．ある種の動物は，土の表面と内部の温度のこの時差をうまく利用して，より大きな表面の温度変化を避けるために地下にもぐっている．

通常の温度では，土壌が放出する熱放射はスペクトルの赤外領域にあり，それは水蒸気と雲により強く反射される．その結果，曇った日には土壌が放出する熱放射は反射によって戻され，土からの熱の正味の放出は減少する．これは**温室効果**（greenhouse effect）といわれる（**図11.4**）．同様な効果が大気中の主として二酸化炭素（CO_2）やメタン（CH_4）やオゾン（O_3）などの「温室効果ガス」によってももたらされる．これらのガスは赤外放射を吸収し，それを地球の表面に対して放出し返し，地球の温度を上昇させる．

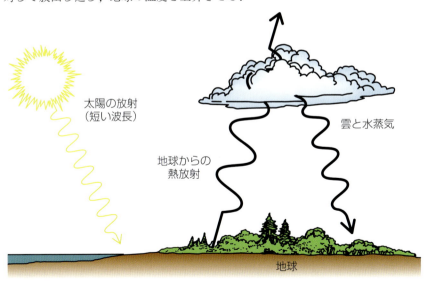

図11.4　温室効果

練習問題

11–1. 両対数の軸にクライバーの法則をプロットすると，傾きが 0.75 の直線になることを示せ．

11–2. 文献を検索して，クライバーの法則の研究とモデル化の現状について討論せよ．

11–3. 傾き $20°$ の坂を，5 km/hr で徒歩で上ったときの代謝率を測定する実験をデザインせよ．

11–4. 体積 27 m^3 の密閉された部屋で 1 人のヒトがどのくらい長く生存できるか？ そのヒトの体表面積は 1.70 m^2 であると仮定し，本文中で与えたデータを使用せよ．

11–5. ある潜水艇は 100 気圧で酸素を蓄えられる酸素タンクを装備している．50 人に 10 日間，十分な酸素を供給するためにはタンクの体積はいくらでなければならないか．毎日のエネルギー消費量は**表 11.2** の値を用い，各人の体表面積は平均 1.70 m^2 であると仮定せよ．

11–6. 1 人のヒトが食物無しで必要な水分のみ供給された場合に生存できる日数を，以下の仮定の元で計算せよ．(a) 最初の体重と体表面積はそれぞれ 70 kg と 1.70 m^2 である．(b) 体重の半分を失ったら生存限界に達するとする．(c) はじめに体には 5 kg の脂肪組織があったとする．(d) 絶食期間中，その人は 1 日 8 時間眠り，残りの時間を静かに休んでいるとする．(e) 体重が減るにつれて体表面積は減少する（式 11.1 参照）が，ここでは体表面積は変わらないと仮定する．

11–7. 体重 60 kg で身長 1.4 m の女性が，睡眠を毎日 1 時間削り，その時間を座位での読書にあてたとする．食物摂取量が変わらないとしたら，1 年後には彼女はどれくらい体重を失うだろうか．

11–8. 1 人のヒトがアルミの椅子に裸で，400 cm^2 の皮膚をアルミに接触させた状態で座っていると仮定する．皮膚温が 38 ℃ で，アルミの温度が 25 ℃ に保たれている場合に単位時間に皮膚から椅子に移動する熱の量を計算せよ．アルミに接した体は 0.5 cm の厚さの，血流のない脂肪組織（K_c = 19 Cal cm/m^2-hr-℃）で断熱され，アルミの熱伝導度は非常に高いと仮定せよ．この熱移動は，代謝の熱消費に対して意味があるほど大きいか？

11–9. K_c' の空気速度依存性の関数形について定性的に説明せよ（図 11.2 参照）．

11–10. (a) $(T_s^4 - T_r^4) = (T_s^3 + T_s^2 T_r + T_s T_r^2 + T_r^3)(T_s - T_r)$ である

ことを示せ．(b) 環境の放射温度が 0 から 40 ℃に変化するときに，$(T_s^3 + T_s^2 T_r + T_s T_r^2 + T_r^3)$ の変化率をパーセントで計算せよ（計算するときに温度は絶対温度で表示しなければならないことに注意せよ．しかし，もし式に含まれるのが 2 つの温度の差だけなら，絶対温度でも摂氏表示でもどちらでも良い）．(c) 式 11.5 の K_r の値を，本文中で述べたような条件の下で計算せよ．ただし，$T_r = 25$ ℃ (298 K), $T_s = 32$ ℃ (305 K), $H_r = 63$ Cal/hr とする．

11–11. あるヒトは 1 回の呼吸に 0.5 L を吸い 1 分間あたり 20 呼吸する．吸い込む空気は乾燥していて，吐く息は水蒸気で飽和しているとしたら，1 時間あたりどのくらいの熱が呼気の水分によって取り除かれるか．飽和した呼気の水蒸気圧は 24 torr だと仮定せよ．11.8 節のデータを用いよ．

11–12. -40 ℃で中等度の風がある（約 0.5 m/sec で，$K_c' = 10$ Cal/m²-hr-℃）状態で，皮膚面積 1 m² あたりどのくらいの熱喪失があるか計算せよ．皮膚温は 26 ℃であると仮定せよ．

11–13. 吸い込んだ -40 ℃の空気を 37 ℃の体温にまで暖めるのに 1 時間あたりどのくらいの熱が必要か計算せよ．呼吸量を 1 時間あたり空気 600 リットルと仮定せよ（これは練習問題 11–11 で規定した呼吸量である）．1 気圧で 1 モルの空気（22.4 リットル）の温度を 1 ℃上昇させるために必要な熱は 29.2 J (6.98×10^{-3} Cal) である．

11–14. 土中の 1 日の温度の変動は，(a) なぜ乾燥した土より湿った土のほうが小さいか，(b) なぜ露出した土よりも草が茂った土のほうが小さいか，(c) なぜ空気の湿度が高いとき小さいか説明せよ．

11–15. なぜ砂漠では夜に急速に温度が下がるのか，説明せよ．

11–16. 古代から熱の治療的な効果が知られている．たとえば，局所加熱は筋肉の痛みを和らげ，関節炎を軽減する．熱の治療的効果を説明できる熱の組織に対する作用について考察せよ．

Chapter 12 第**12**章

波と音

　われわれは，聴覚と視覚によりわれわれを取り囲んでいる物理的環境に関する情報を入手する．聴覚，視覚いずれの場合にも対象物に直接触れることなくその情報を手に入れる．情報は聴覚の場合は音で，視覚の場合には光でわれわれにもたらされる．音と光は非常に異なった現象ではあるが，両者とも波である．波は質量の移動を伴わずにある場所から他の場所へエネルギーを伝える乱れと定義できる．波によって運ばれてきたエネルギーがわれわれの感覚器を刺激する．

　この章では，まず音の性質について手短に説明し，次に音と光に適用できる一般的な特性について述べる．この特性を理解した後，聴覚の情報処理機構と音の生物学的な面について説明する．光については第 15 章で述べる．

12.1　音の特性

　音は物体が振動することにより作り出される力学的な波である．たとえば，音叉や声帯が振動すると，周りの空気の分子が掻き乱され振動体と同じように振動する．分子の振動が隣の分子に伝えられ，それが次々と繰り替えされ，音源から振動が伝播していく．空気の振動が耳に到達すると，鼓膜が振動する．この振動が聴神経の興奮を引き起こし，脳で処理される．

　すべての物質が大なり小なり音を伝えるが，音源から受信側へ音を伝えるためには媒質を必要とする．これはよく知られている瓶の中の鈴の実験で説明できる．鈴を鳴らすと，その音ははっきりと聞こえる．しかし瓶の中を徐々に真空にしていくと，音は小さくなり最後にはまったく聞こえなくなる．

　まずは音源で媒質の密な部分と疎な部分が交互に作られ，それが音を伝える媒質内で伝播する．媒質が密になる（加圧），また疎になる（減圧）ということは，媒質の密度が平均値より高くなったり，低くなったりすることを意味する．気体

中では，密度の変化は圧力の変化に等しい．

　音は**強さ**（intensity）と**周波数**（frequency）で特徴づけられる．前者は音を伝える媒質中の加圧と減圧の大きさであり，後者は加圧と減圧がどの程度の頻度で生じるかで決まる．周波数は 1 秒間に何回生じるかで定義され，科学者ハインリッヒ・ヘルツ（Heinrich Hertz）に因み hertz の単位で表記され，記号は Hz である（1 Hz は 1 秒間に 1 回）．

　一般に，音を発する物体の振動は非常に複雑な場合がある（図 12.1）．その結果，音の波形も複雑となる．しかし，複雑な波形を，音叉から発せられるような（図 12.2）単純な正弦波に置き換えて解析することができる．図 12.2 に示した単純な音を**純音**（pure tone）という．空気中を純音が伝播していく場合には，媒体の加圧と減圧によって引き起こされる圧力変動も正弦波となる．

　ある瞬間に，音をスナップ写真風にとらえると，空間上で圧変動を可視化できる．この変動もやはり正弦波となっている（実際に，このような画像は特殊な技法により取得することができる）．音波の画像で，同じ圧力の隣接する 2 点間の距離を**波長**（wavelength）λ と定義している．

　音波の速さ v は，それが伝わる媒質によって異なる．20 ℃の空気中では音速は約 3.3×10^4 cm/sec であり，水中では約 1.4×10^5 cm/sec である．一般に，周波数，波長，そして音速の関係は次式で表記できる．

$$v = \lambda f \tag{12.1}$$

上記の関係式は音波だけではなく光波などすべての波動で成立する．

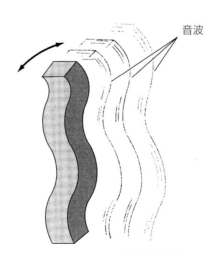

図 12.1　複雑な振動様式

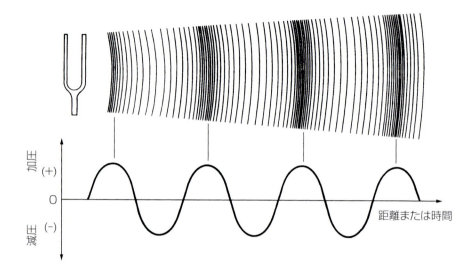

図 12.2 音叉から発せられる正弦波の音波

音が伝播する時に生じる圧力変動は大気圧に重ね合わせられている．したがって，正弦波の音波の全圧力は次式で表すことができる．

$$P = P_a + P_o \sin 2\pi ft \tag{12.2}$$

ここに P_a は大気圧（海抜 0 メートル，0 ℃で 1.01×10^5 Pa $= 1.01 \times 10^6$ dyn/cm^2），P_o は音波の最大圧力変化，f は音波の周波数である．音が伝播するとエネルギーが伝達される．正弦波形の音波によってエネルギーが伝達されるときには，音が伝播する方向に対して垂直面での単位時間，単位面積あたりのエネルギーは**強さ**（intensity）I と表記され，次式で与えられる．

$$I = \frac{P_o^2}{2\rho v} \tag{12.3}$$

ここに ρ は媒質の密度，v は音速である．

12.2 波の特性

音波，光波を含むすべての波で反射，屈折，干渉そして回折の現象を観察することができる．聴覚と視覚どちらにおいても重要な役割を果たしているこれらの現象については，物理の教科書でていねいに記述されていることが多い（文献12-8）．

ここでは，それらについて手短に説明する．

12.2.1 反射と屈折

波がある媒質から他の媒質に入射する場合，一部は境界面で反射し，一部は他の媒質に入っていく．もし境界面の荒さが波長よりも小さければ（滑らかであれば），鏡面反射が起こり，荒さが波長よりも大きければ，反射光は拡散する．紙で反射する光が拡散するのは，このためである．

波が境界面で斜めに入射する場合，次の媒質を透過した波の角度は入射波のそれとは異なる（図 12.3）．この現象を**屈折**（refraction）という．反射波の角度は入射波のそれと必ず同じであるのに対して，屈折波の角度は 2 つの媒質の特性により決まる．ある媒質から他の媒質へ透過するエネルギーの割合も，両媒質の特性と入射波の角度により決まる．音波が境界面で垂直に入射する場合，入射波の強さに対する透過波のそれの比 I_t/I_i は次式で表わされる．

$$\frac{I_t}{I_i} = \frac{4\rho_1 v_1 \rho_2 v_2}{(\rho_1 v_1 + \rho_2 v_2)^2} \tag{12.4}$$

ここで ρ, v はそれぞれ媒質の密度と速度であり，下付き文字は入射波と透過波の媒質を示している．音波が空気中から水へ垂直に入っていく場合，式 (12.4) から 0.1 ％のエネルギーが水の中に入っていき，99.9 ％のエネルギーが反射されることが分かる．音波が境界面で斜めに入っていく場合には，水の中に入っていくエ

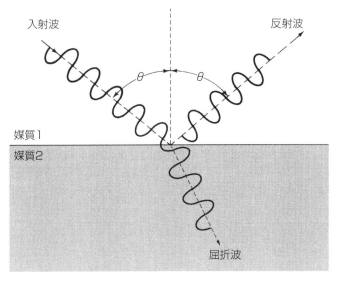

図 12.3 反射と屈折（θ は入射角）

ネルギーはさらに小さくなる．したがって，水は音に対して遮音壁といえる．

12.2.2 干渉

2つ以上の音が同一媒質内を同時に伝播する場合，媒質内の波の変動はそれぞれの音波による変動をベクトル的に加え合せたものとなる．この現象を**干渉**（in-

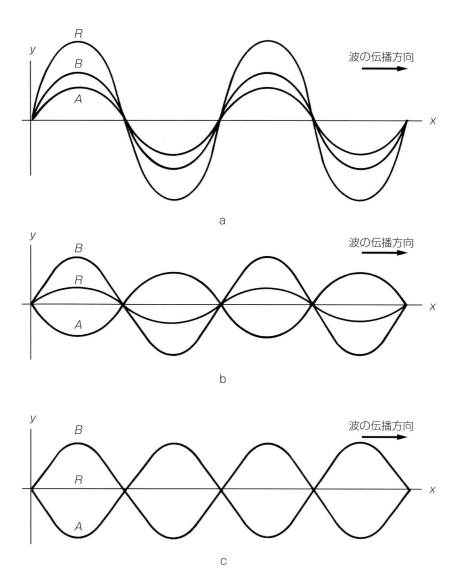

図 12.4 (a) 正の干渉．(b, c) 負の干渉．R は波 A と B の干渉により生じた波

terference）という．2つの音波が同位相の場合には，両者の変動を足し合わせればよく，波の変動は大きくなる．これを**正の干渉**（constructive interference）という（図 **12.4a**）．一方，2つの音波が逆位相の場合には，波の変動は小さくなる．これを**負の干渉**（destructive interference）といっている（図 **12.4b**）．2つの音波が逆位相であり，かつそれらの波の変動の大きさが同じであれば，足し合せられた波の変動は完全に打ち消され0となる．

周波数と振幅が同じであるが，進行方向が逆の2つの音波が干渉すると，空間を移動することなく，進まない波が形成される．これを**定在波**（standing wave）と呼ぶ．このような定在波はフルートのような空洞の筒で発生する．形が決まると，定在波はある特定の周波数でのみ振動し，この周波数を**共振周波数**（resonant frequency）と呼ぶ．2つ以上の音波が正の干渉または負の干渉をするためには，ある音波に対する他の音波の位相は時間軸でも空間軸でも一定の関係をもたなくてはならない．言い換えると，干渉によって作り出された波の位相間では時間軸と空間軸で一定の関係を有していなければならない．このような関係を示す波を**コヒーレント**（coherent）な波と呼ぶ．

12.2.3　回折

波は媒質の中を伝播していくときに広がっていく．この結果，壁などの障害物があると，波は障害物の陰にも回り込んでいく．この現象を**回折**（diffraction）という．回折の量は波長によって決まる．波長が長いほど，波の広がり方は大きい．障害物の大きさが波長より小さい場合のみ，障害物の陰に波が回り込んでいく．たとえば，コンサートホールで柱の陰に座っている人でも音楽を楽しむことができる．これは，波長の長い音波が柱の陰に回り込んでいくためである．しかし，柱の陰に座っている人は演奏者を見ることはできない．なぜなら，光の波長は柱の直径よりはるかに短く，光は柱の陰に回り込むような回折はしないからである．

対象物の大きさが波長より小さい場合，反射も起こりにくい．これもまた回折のためである．小さな棒の周りを水が流れるように，小さな障害物の周りでは波は回折しかしない．

光波も音波も湾曲した反射鏡とレンズにより焦点に集めることができる．しかし焦点の大きさには限界がある．焦点部分の直径は$\lambda/2$よりは小さくならない．この特性が聴覚や視覚の情報処理機能に影響を及ぼしている．

12.3 聴覚と耳

音は，音波の圧力変動に対する聴神経の応答によって知覚されている．聴神経だけが圧力に応答しているのではなく，皮膚にも圧力センサーが存在している．しかし，耳は体の他の部位よりもはるかに圧力変動に対して敏感である．

図 12.5 にヒトの耳の構造を示す（陸地に生息している脊椎動物の耳の構造は似かよっている）．耳は外耳，中耳，内耳に分けて記述されることが多い．圧力変動を神経インパルスに変換する感覚細胞は，リンパ液で満たされている内耳にある．外耳と中耳は，おもに圧力変動を内耳に伝える役割を担っている．

外耳は，体外に出ているひらひらした**耳介**（pinna）と**鼓膜**（tympanic membrane）までの外耳道で構成されている．大方の哺乳類では耳介は大きく，音源の方向にそれを動かすことができる．これにより，音源の位置の同定がしやすくなっている．しかし，ヒトでは耳介は小さく，また動かすこともできず，聴覚へ

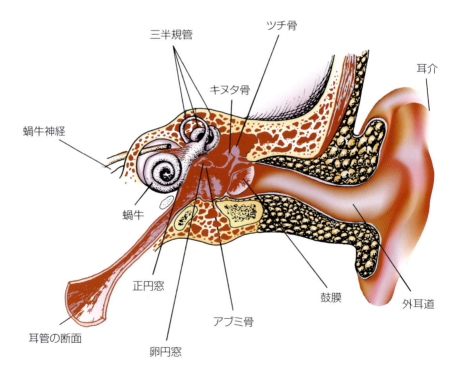

図 12.5　耳の半模式図．各構造の位置関係を分かりやすくするために，一部は単純化したり断面図にしてある．中耳筋は省略されている．

の寄与は大きくないようだ．

　成人の外耳道は直径が約 0.75 cm，長さが約 2.5 cm であり，この中で音波は約 3,000 Hz で共振する．そのため，ヒトの聴覚感度はこの周波数領域でよくなっている．

　動物にとって音を知覚するためには，音は空気中からリンパ液で満たされている内耳にある感覚細胞まで伝わっていかなければならない．しかし上記のように，音のエネルギーはほとんど液体境界面で反射してしまうため，空気中の音波は液体へは低い効率でしか伝わっていかない．空気から内耳の液体へ効率よく音を伝えることを可能にしているのが中耳である．中耳は空洞で，その中に鼓膜と内耳をつなぐ**耳小骨**（ossicle）と呼ばれる小さな 3 つの骨が存在している．3 つの骨は**ツチ骨**（hammer），**キヌタ骨**（anvil），**アブミ骨**（stirrup）と呼ばれている．ツチ骨は鼓膜面に接触しており，アブミ骨は卵円窓という膜が張られた内耳への開口部につながっている．

　音波が鼓膜を振動させると，その振動が耳小骨を介して卵円窓に伝えられる．すると，内耳のリンパ液中に圧力変動が生じる．耳小骨は内耳の壁と筋肉でつながっており，その筋肉は体積調節も行っている．そして，過剰に大きな音が入ってきたときには，この筋肉と鼓膜を取り囲む筋肉が収縮し，内耳への音の伝わりを減少させている．

　中耳にはもう 1 つの機能がある．それは，頭の動き，噛む動きや自分の声などの振動を内耳に伝えない働きである．確かに，声帯の振動は骨を介して内耳に伝えられるが，その振動は大きく減衰し，われわれは自分の声をおもに外から鼓膜に達する音として聞いている．耳栓をすると自分の声が小さく聞こえるのは，そのためである．

　中耳と咽頭を繋いでいるのが**耳管**（Eustachian tube）である．耳管は通常閉じているが，嚥下のときに開き，空気が咽頭から耳管を通して中耳に入り，中耳の圧力を外気圧と同等に保っている．飛行機の離着時には外気圧の急激な変化によって鼓膜の外耳道側と中耳側の間に圧力の不均衡が生じる．そのために耳に痛みを感じるが，この痛みは耳管が開き圧力の不均衡が解消されると消滅する．耳管が炎症を起こしたり腫れたりして閉じたままだと，その痛みは特に強くなり，長引くことになる．

　音波の神経内パルスへの変換は，内耳にある**蝸牛**（cochlea）で行われる．蝸牛はかたつむりの殻のような形で $2\,3/4$ 回転している．卵円窓や正円窓のある蝸牛入口の断面積は約 4 mm^2 で，蝸牛を引き伸ばすと長さは約 35 mm となる．

　図 **12.6** に示すように，蝸牛は 3 つの平行な管で構成されており，これらの管は

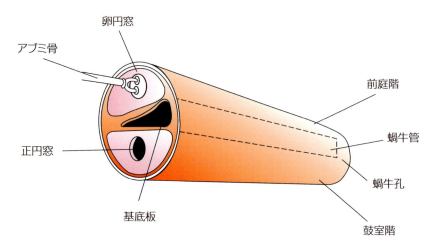

図 12.6　渦巻きを解いて直線状に表示した蝸牛の外観

すべてリンパ液で満たされている．前庭階と鼓室階は頂部で**蝸牛孔**（helicotrema）を通してつながっている．蝸牛管は 2 つの膜により前庭階と鼓室階から分離されており，**基底板**（basilar membrane）と呼ばれる膜の 1 つが聴神経を支持している．

　卵円窓の振動は，リンパ液で満たされた前庭階内に圧力変動波（音波）を誘発する．この圧力変動波は前庭階内を蝸牛孔まで進行し，その後鼓室階内で正円窓に向かって逆方向に進行する．その結果，基底板が振動して，聴神経を刺激して電気パルスを発生させ，この信号が脳に送られる（第 13 章を参照）．圧力変動波の過大なエネルギーは，鼓室階の端にある正円窓の振動により消散される．

　内耳は平衡感覚を掌る器官でもある．**耳石**（otoconia）と呼ばれる炭酸カルシウムよりなる小粒子が透明なコロイド様物質からなる耳石膜に埋め込まれており，その動きによって平衡感覚はコントロールされている．重力方向の変化によって耳石が少しだけ動くと，その動きが感覚細胞に伝わり，感覚細胞は体の方向感覚の情報を掌る神経回路に信号を送る．空間的感覚は，視覚的な信号と，胴体に対する手足の位置によって発せられる信号とで増大される．

　耳石とその周辺組織の生合成は胎生期の段階で始まる．その生成と維持は生涯行われるが，そのメカニズムはよくわかっていない．めまいなどの症状は，耳石とその周辺部が正常に機能しないために起こると考えられている．

12.3.1 耳の性能

神経インパルスが脳内に到達すると,われわれは音を知覚することになる.聞こえる音を'**大きさ**'(loudness),'**高さ**'(pitch),'**音色**'(quality)を用いて表現している.これらの主観的なものと音圧や周波数などの物理量をいかに関連づけるかは,生理学者にとって意欲をかき立てられる問題である.これらの問題の中で,あるものはすでに十分解明されているが,まだ研究途上のものもある.

たいていの場合,楽器や声帯で作り出される音の波形は非常に複雑であり,みな固有の形をしている.それぞれの音の波形に対するわれわれの聴覚システムの応答を調べているだけでは,聴覚システムに及ぼす音の波形の影響を普遍的に理解することはできない.幸いにも,150年前にフランスの数学者フーリエが,複雑な波形を周波数の異なる簡単な正弦波に分解できることを示してくれた.言い換えると,複雑な波形は,適当な周波数と振幅をもった正弦波の足しあわせで表現できる.したがって,広い周波数域に渡る正弦波に対するわれわれの聴覚の応答がわかれば,どのような複雑な音であっても,それに対する聴覚の応答を評価することができる.

図 12.7 に波形を正弦波の波形に分解して解析する方法を示す.波形の最も低

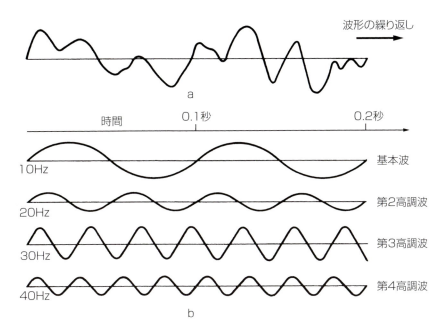

図 12.7 複雑な波形 (a) を正弦波成分 (b) に分解する手法.基本周波数の正弦波と高調波の正弦波を時間軸で足し合せていくと (a) に示すような複雑な波形となる.

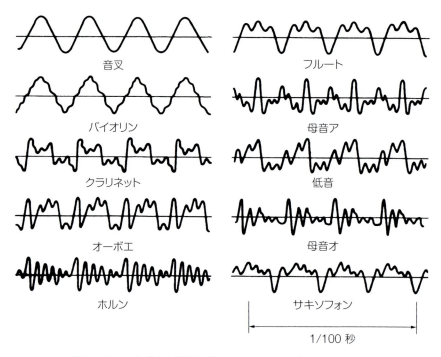

図 12.8 さまざまな楽器で作り出される同じ高さの音の波形

い周波数を**基本周波数**(fundamental)といい,高い周波数の波を**高調波**(harmonics)(倍音ともいう)と呼ぶ.図 12.8 にいろいろな楽器で奏でられた同じ音符の音の波形を示す.基本周波数は同じであるが,高周波成分が楽器により異なっていることがわかる.すなわち,音色は高調波成分によって決められる.

12.3.2 周波数と音の高さ

ヒトは 20 Hz から 20 kHz までの音を聞くことができる.しかし,この周波数領域で耳の感度は一定ではない.感度がよい周波数領域は 200 Hz から 4 kHz までで,これより低音また高音になるに従い感度は徐々に低下する.可聴周波数領域には個人差が大きい.8 kHz 以上の音を聞くことができない人もいるが,20 kHz 以上の音でも聞くことができる人も少しはいる.たいていの場合,加齢とともに聴力は低下する.

われわれが知覚する音の高さは音の周波数と関連している.周波数の増加とともに音の高さも増す.真ん中のド(1 点ハ音)の周波数は 256 Hz であり,ラのそれは 440 Hz である.しかし,音の高さと周波数の関係を簡単な数式で表現す

ることはできない．

12.3.3 音の強さと知覚される音の大きさ

われわれは非常に小さな音から大きな音まで広範囲の音を聞くことができる．3 kHz で聞くことができる最小の音の強さは 10^{-16} W/cm^2 であり，最大のそれは 10^{-4} W/cm^2 である．この両端の音の強さをそれぞれ**最小可聴値**（threshold of hearing）（聴覚域値ともいう），**最大可聴値**（threshold of pain）といっている．最大可聴値以上の音は，中耳や内耳に恒久的な傷害をひき起こす場合がある．

われわれが感じる音の大きさは音の強さに比例していない．すなわち，ある音の百万倍強い音が耳に入ってきても，百万倍音を大きく感じない．音の強さに対するわれわれの音の大きさの感じ方は，線形的ではなく，対数関数的である．

われわれが感じる音の大きさは非線形的であり，また音の強さの可聴領域が広範囲であるため，音の強さを指数関数で表現すると都合がよい．基準値 10^{-16} W/cm^2（ほぼ最小可聴値に相当する）に対する，音の強さのレベルを，デシベル（dB）を単位として，次式で表記する．

$$音の強さのレベル = 10 \log \frac{音の強さ\,(\mathrm{W/cm}^2)}{10^{-16}\,\mathrm{W/cm}^2} \tag{12.5}$$

たとえば，10^{-12} W/cm^2 のパワーを有する音の強さのレベルは以下のようになる．

$$音の強さのレベル = 10 \log \frac{10^{-12}}{10^{-16}} = 40 \text{ dB}$$

一般的な音のレベルを表 12.1 に示す．

一時，われわれの耳は音の強さに対して対数関数的に応答すると考えられていた．表 12.1 を参照すると，繁華街の騒音の強さは木の葉が擦れて出す音（サラサ

表 12.1 さまざまな音源が発する音の強さ（代表的な値）

音源	音の強さ (dB)	音の強さ (W/cm^2)
最大可聴値	120	10^{-4}
リベットを打ち込む音	90	10^{-7}
繁華街	70	10^{-9}
通常の会話	60	10^{-10}
静かな車	50	10^{-11}
小さめのラジオの音	40	10^{-12}
ささやき声	20	10^{-14}
木の葉が擦れて出す音	10	10^{-15}
最小可聴値	0	10^{-16}

ラ，カサカサという音）の強さの100万倍であるが，われわれが感じる繁華街の音の大きさはサラサラやカサカサ音の大きさの6倍でしかない．われわれの耳の音の強さに対する応答は指数関数で表現できるということは，正確にいうと正しくないということが示されてはいるが，さまざまな強さの音がどれぐらいの大きさの音として聞こえるかという目安としては便利である（練習問題12–1と12–2）．

われわれの聴覚の感度は驚異的である．周波数 2〜3 kHz の間の最小可聴値では，強さ 10^{-16} W/m^2 の音を聞くことができる．この強さは音波の圧力変動に換算すると 2.9×10^{-4} dyn/cm^2 に相当する（練習問題12–3）．ちなみに，大気圧は 1.013×10^6 dyn/cm^2 である．分子の熱運動により誘発される空気中の不規則な圧力変動が約 0.5×10^{-4} dyn/cm^2 であることを鑑みれば，いかにわれわれの聴覚の感度がよいかがわかる．われわれの聴覚の感度は空気の揺らぎ雑音を捕らえるレベルに近い．最小可聴値での分子の変位は分子の大きさよりも小さい．

われわれの聴覚の感度がよいのは，音圧を増大する機械的構造が耳の中にあるためである．音圧の増大はおもに中耳で行われる．鼓膜の面積は卵円窓のそれの約30倍である．したがって，卵円窓で面積と同じ比率で圧力が増大する（練習問題12–4）．また，耳小骨連鎖では圧力が2倍増大する．さらに，約3 kHz の周波数領域では，外耳道の共振により鼓膜面でてこの原理により圧力が2倍増大される．したがって，約3 kHz の周波数領域では，全体として圧力は $2 \times 30 \times 2 = 120$ 倍増大される．音の強さは音圧の2乗に比例するので（式12.3），卵円窓で音の強さは14,400倍増大されることになる．

情報処理機能を，耳の構造に由来する機械的な働きだけでは説明できない．脳も音を知覚する際に重要な働きをしている．脳は効率よく周囲の雑音を取り除き，比較的うるさい騒音の中から意味のある音を抽出している．そのため，うるさいパーティ会場で個人的な会話ができる．脳はまた，意味のない音を完璧に消し去ることができる．そのため，中耳で振動が起きても，われわれはその音に気が付かないことがある．しかし，脳と聴覚器官との相互作用については十分に解明されていない．

12.4　コウモリと反射音

われわれヒトの聴覚器官は非常に進化している．しかし，われわれ以上に感度のよい聴覚を有している動物がいる．その代表がコウモリである．彼らは高周波の音を出し，周囲の物体からのその反射音（エコー）を捉えている．コウモリの聴覚の精度は非常に高く，われわれヒトが視覚で捉えることができる情報と同じ

程度の微細な情報を聴覚で捉えている．多様な種のコウモリがさまざまな方法で反射音を利用している．Vespertilionidae（ヒナコウモリ科）のコウモリは飛んでいるときに 70 msec 間隔で 3 msec の短いチャープ波を出している．チャープ波の周波数は初めは 100 kHz であり，終わるときには 30 kHz まで落ちている（もちろん，コウモリの耳はこれらの高周波の音を知覚している）．チャープ波とチャープ波の間は音が出ていないので，その時間内ではチャープ波との干渉なしで弱い反射波を捉えることができる．たぶん，チャープ波と反射音との時間差により物体との距離を把握していると思われる．チャープ波と反射音の周波数成分の違いから物体の大きさも捉えることができる（練習問題 12–5）．70 msec 間隔のチャープ波の場合，11.5 m 離れた物体からの反射音を，次のチャープ波を出す前に捉えることができる（練習問題 12–6）．コウモリが物体（障害物や虫など）に近づくにつれて，チャープ波の発信持続時間とその発信間隔が短くなり，物体の位置をより精確に把握することができるようになる．物体に接近する最終段階では，チャープ波の発信持続時間は約 0.3 msec，その間隔は約 5 msec となる．

実験によると，コウモリは直径約 0.1 mm の針金をエコーロケーションにより避けることはできたが，より細い針金ではできなかった．この結果は，波の回折原理からの考察結果とも一致する（練習問題 12–7）．イルカ，クジラやある種の鳥も物体の位置を特定するために反射音を利用しているが，コウモリほど精度はよくない．

12.5　動物により作り出される音

動物はいろいろな方法によって音を出している．ある昆虫は羽を擦って音を出している．ガラガラヘビは尾を振り特徴的な音を出している．しかし，たいていの動物の発声は呼吸機構に関係している．ヒトでは**声帯**（vocal cord）の振動が声の発生源である．唇のような形をした 2 枚の声帯が気管の上部にある．通常の呼吸をしているときには声帯は大きく開いているが，発声の際には声帯の端どうしがくっついて閉じたようになる．肺からの空気が声帯を押し広げるようにしてそこを通過し，その際に声帯が振動する．声の周波数は声帯にかかる張力の大きさによって決まる．男性の基本周波数は約 140 Hz であり，女性のそれは約 230 Hz である．声帯の振動によって作り出された声は，口やのどを通過する際に大きく変化する．舌も重要な働きをする．声帯以外で作られる音もたくさんある（たとえば，子音 s）．ひそひそ話をするときの声も声帯以外で作られている．

12.6 音響的な罠

　動物や虫の音声を真似た音を電気的に合成し，それを動物や虫を誘き寄せるためのおとりとして使用することが多くなってきている．今では，魚を捕らえるための電気的なおとりが市販されている．一例として，サバが苦しんでいるときに発する音と似たような音を出す装置がある．この音にメカジキや大きな魚が誘き寄せられ釣り針に掛かる．

　コウモリの繁殖数に関する基礎データを得るために，コウモリを捕らえて調べなければならないことがしばしばある．ある研究では，英国の南東部で森に生息している珍しい Bechstein's コウモリの社会性地鳴きを電気的に合成し，コウモリを網に誘き寄せるために使用している（コウモリは調査後，解き放たれる）．

　一般に medfly と呼ばれているチチュウカイミバエは有害な虫で，くだものなどの作物にまん延している．その被害額は世界で 10 億ドルにも及ぶ．現在，それを駆除するために，殺虫剤の散布が一般的に行われている．長年にわたってより環境に優しい駆除方法が検討されてきた．現在開発中の音響を利用する駆除方法は実現しそうである．オスの medfly は羽を動かすことにより，基本周波数約 350 Hz と複雑な高調波成分からなる音を出している．メスの medfly をこの求愛の音に誘き寄せ，罠に掛けることが可能である．

12.7 音の臨床応用

　臨床現場で最も利用されている音は，聴診器で聞く体の中の音であろう．聴診器には中空の曲がりやすい筒の先にベル型をした空洞がある．ベル型をした空洞を体内の音源（心臓や肺など）の上の皮膚に当てる．すると，音は中空の筒を通して，器官の状態を診断しようとしている医師などの耳に送られる．聴診器の発展版にはベル型をした空洞が 2 個付いており，それぞれを体の別の部位に当てる．一方のベル型をした空洞で捉えられた音は片側の耳に送られ，他方のそれは対側の耳に送られる．そして，両音を聞き比べる．この方法により，妊娠中の母親と胎児の心臓の音を同時に聞くことができる．

12.8 超音波

　水晶などに電圧を加えると，数 MHz にも及ぶ高周波の機械的な波が発生する．これらの波（性質は音と同じ，ただ周波数だけが高い）は **超音波**（ultrasonic wave）

と呼ばれている．超音波は波長が短いため，狭い範囲に集中させることができ，可視光と同じように画像化することができる（練習問題 12–8）．

超音波は生体組織に侵入し，その中で，一部は散乱し一部は吸収される．**超音波画像化**（ultrasonic imaging）により，超音波の反射や吸収の可視化ができる．したがって，X 線同様，超音波で生きたままで器官の構造を診ることができる．超音波は X 線よりも安全であり，時には X 線と同じぐらい多くの情報が得られる．胎児や心臓を調べるとき，その動きも診ることができて，とても有用である．

観測者に聞こえる音の周波数は音源と観測者の相対的な動きにより変化する．この現象を**ドップラー効果**（Doppler effect）と呼ぶ．観測者が静止し，音源が動く場合，観測者に聞こえる音の周波数 f' は

$$f' = f \frac{v}{v \pm v_s} \tag{12.6}$$

ここで，f は音源が静止しているときの周波数，v は音速，v_s は音源の移動速度である（練習問題 12–9）．音源が観測者に近づいてくる場合には式 (12.6) の分母中の符号は − となり，遠ざかる場合には + となる．

ドップラー効果を利用し，体内の動きを計測することができる．**超音波流量計**（ultrasonic flow meter）と呼ばれる診断装置では，血管の中を流れている血液中の血球からの反射波を捉えている．反射波の周波数はドップラー効果により変化する．血流の速度は入力音周波数と反射波のそれとを比較することにより求められる．

生体組織内では超音波の機械的エネルギーが熱に変換される．十分な超音波のエネルギーを与えると，ランプで温めるよりはるかに効率よく均一に患者の疾患部位を温めることができる．この治療法は**ジアテルミー療法**（diathermy）といわれ，損傷した部位の痛みを和らげ，回復を促進する．非常に強い超音波により生体組織を破壊することもできる．今では腎結石や胆石を砕くのに超音波が日常的に利用されている．

練習問題

12–1. 音の強さは点音源からの距離の 2 乗に比例して小さくなっていく．リベットを打ち込む際に発生する音を音源とし，**表 12.1** に記載されている強さの音が音源から 1 m 離れた場所で計測されたものとする．リベットの音が聞こえる最大の距離を求めよ．ただし，音が空気中を伝わる際，減衰はないものとする．

12–2. 表 12.1 から，繁華街の騒音が小さなラジオの音よりどれだけ大きいかを求めよ．

12–3. 強さ 10^{-16} W/cm^2 の音に相当する圧力変動を求めよ．ただし，1 atm，0 ℃の空気の密度を 1.29×10^{-3} g/cm^3，音速を 3.3×10^4 cm/sec とする．

12–4. 鼓膜と卵円窓の面積の違いにより，内耳で圧力が増大するが，そのメカニズムについて説明せよ．

12–5. コウモリはチャープ波と反射音の周波数成分の違いから物体の大きさを識別しているものと思われる．そのメカニズムについて説明せよ．

12–6. 70 msec 間隔のチャープ波を用いたとき，コウモリが把握できる物体までの最大距離を求めよ．

12–7. コウモリが識別できる物体の最小の大きさを，回折理論を用いて検討せよ．

12–8. 2×10^6 Hz の超音波を用いたとき，識別できる物体の最小の大きさを求めよ．

12–9. 物理の教科書を参考にし，ドップラー効果を説明し，また式 (12.6) を導出せよ．

Chapter 13　第13章

電気

　われわれは，電気といえば，まずアンプやテレビ，あるいはコンピュータなどの機器を連想する．そのため，「電気」という言葉は，しばしば「人工的な技術」というイメージを呼び起こす．たしかに，この技術は，生命過程を研究するうえで重要な手段を提供してきたので，それがわれわれの生体システムの理解に重要な役割を果たしてきたことは間違いない．しかしながら，多くの生命過程そのものも電気現象を内包しているのである．たとえば，動物の神経系と筋肉運動の制御は，どちらも電気的な相互作用で支配されている．植物ですら，その機能の一部は電気的相互作用に頼っている．本章では，生体における電気現象のいくつかを説明し，続く第14章では生物学と医学における電気技術の応用について考察する．補遺Bの電気に関する概説では，本書で使用されている概念，定義や数式などがまとめられている．

13.1　神経系

　生体における電気現象の最も顕著な利用例は，動物の神経系に見ることができる．**神経細胞**（neuron）と呼ばれる特化した細胞が，体中に複雑なネットワーク構造を作り，体のある部位の情報を受け取り，処理して，他の部位に伝える．この神経のネットワーク構造（神経系）の中枢は脳に存在し，情報を蓄え，解析する能力がある．この情報に基づいて，神経系は体のさまざまな部分を制御している．神経系は非常に複雑である．たとえばヒトの神経系ではおよそ 10^{10} 個の神経細胞が相互に結合しあっている．この数を考えると，神経系は100年以上も研究されてきているのに，全体の機能は依然としてほんのわずかにしか理解されていないということは驚くに値しない．情報がどのようにして神経系で蓄えられ処理されるのかはわかっていないし，神経が自分の機能に相応しい構成にどうやっ

て発達するのかもわかっていない．とはいえ，現在では神経系のいくつかの性質は十分に理解されている．特に，この40年で，信号が神経系を伝導する仕組みはきちんと解明されている．神経系におけるメッセージは神経細胞を伝導する電気パルス群が担っている．神経細胞は適切な刺激を受けると，電気パルスを発生し，それはケーブル状の構造に沿って伝播する．刺激の強さによらず，パルスの大きさや幅は一定である．刺激の強さは発生するパルスの数に変換される．パルスが「ケーブル」の端に到達すると，他の神経や筋細胞を活性化する．

13.1.1 神経細胞

　神経系の基本単位である神経細胞は，3つのクラスに分類されている．すなわち，**感覚神経**（sensory neuron），**運動神経**（motor neuron）および**介在神経**（interneuron）である．感覚神経は体の外部や内部の環境を監視する感覚器官から刺激を受け取る．感覚神経は，その特化した機能により，熱，光，圧力，筋張力および臭いなどの因子に関するメッセージを神経系のより高次の中枢に送り，その処理を進める．運動神経は筋細胞を制御するメッセージを運ぶが，このメッセージは感覚神経や脳の中枢神経系から受け取る情報に基づいて作られたものである．介在神経は神経細胞と神経細胞を繋いでその間の情報伝達を担っている．

　個々の神経細胞は，**樹状体**（dendrite）と呼ばれる入力端をもった細胞体と，細胞からの情報を遠くへ伝播する**軸索**（axon）と呼ばれる長い尾部から成り立っている（図13.1）．軸索の最終端は分岐して神経終末になり，小さな間隙を越えて他の神経細胞や筋細胞に情報を伝達する．単純な感覚神経―運動神経回路を図13.2に示す．筋肉からの刺激は脊髄に到達する神経インパルスを発生させる．その信号は脊髄で運動神経に伝達され，運動神経は筋肉を制御するためのインパルスを送る．このような単純な回路の多くは反射行動に結びついているが，ほとんどの神経回路はこれよりもはるかに複雑である．

　神経細胞の延長である軸索は，電気インパルスを細胞体から遠くの場所へ伝達する．ある種の軸索は非常に長く，たとえばヒトでは，脊髄と手や足の指を繋ぐ軸索の長さは1メートル以上である．**ミエリン**（myelin）と呼ばれる脂肪が多く含まれる物質の分節した鞘（さや）で覆われている軸索もある．分節の長さはおよそ2 mmで，**ランヴィエ絞輪**（node of Ranvier）と呼ばれる間隙で隔てられている．ミエリン鞘が軸索を伝わるパルスの伝播速度を速めることについては後述する．

　個々の軸索は自分の信号をそれぞれ独立して伝播するが，たくさんの軸索が体内の通路を共用していることが多い．これらの軸索群は神経束として分類される．

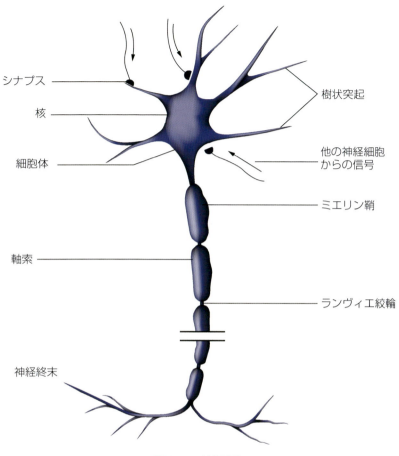

図 13.1　神経細胞

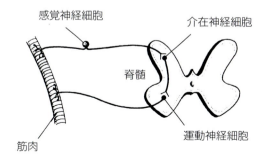

図 13.2　簡単な神経回路

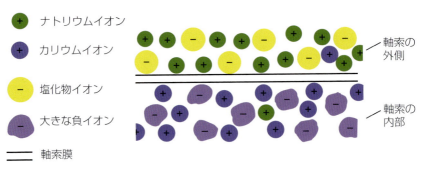

図 13.3　軸索膜とその周辺

　神経細胞がメッセージを伝える能力は，軸索の特別な電気的性質によっている．軸索の電気的および化学的な性質の大部分のデータは，軸索の中に小さな針状のプローブ（探針）を差し込むことにより得られる．そのようなプローブを用いると，軸索の中を流れる電流を測定でき，軸索内の化学成分を採取できる．軸索の直径が非常に小さいため，そのような実験は通常では難しい．ヒトの神経系で一番大きな軸索ですら直径はわずか 20 μm（20×10^{-4} cm）である．しかし，イカは直径およそ 500 μm（0.5 mm）の巨大軸索をもっており，比較的容易にプローブを挿入できる．神経の信号伝達に関する知識の多くは，イカ軸索を用いた実験により得られてきた．

13.1.2　軸索の電気的ポテンシャル（電位）

　体内の親水性環境では，塩やさまざまな分子は正と負のイオンに電離している．それゆえ，体液は電気を比較的良く伝える導電体であるが，金属ほど電気を伝えるわけではない．たとえば，体液の比抵抗は銅のおよそ 1 億倍も大きい．

　軸索の内部は，周りの体液から薄い膜で隔てられ，イオンを含む液体で満たされている（図 13.3）．軸索膜はわずか 50～100 Å の厚さしかなく，比較的良い絶縁体である．しかし，完全な絶縁体ではないので，軸索膜を通して少量の電流が漏れ出る．

　内側と外側の液体の電気抵抗はほぼ同じであるが，その化学組成は大きく異なっている．外側の液体は海水と類似しており，そのイオン性溶質の大部分は正のナトリウムイオンと負の塩化物イオンである．軸索の内部では，正イオンのほとんどはカリウムイオンであり，負イオンは負に荷電した大きな有機分子である．

　軸索外に多量のナトリウムイオンがあり，そして軸索内には多量のカリウムイオンがあるのに，なぜ拡散により濃度が等しくならないのかという疑問をもつか

もしれない．いい換えれば，なぜ，ナトリウムイオンは軸索に漏れ入り，カリウムイオンは軸索から漏れ出ないのかということである．答えは軸索膜の性質にある．

軸索が電気パルスを伝導していない静止状態では，軸索膜はカリウムイオンをよく通し，ナトリウムイオンはわずかしか通さない．膜は大きな有機イオンも通さない．その結果，ナトリウムイオンは簡単には軸索内に漏れ入らない状況であるのに，カリウムイオンは軸索から確実に漏れ出ている．しかし，カリウムイオンは軸索から漏れ出るが，大きな負イオンは一緒に膜を通れないので軸索内に残る．その結果，軸索内には外側に対して負の電位が形成される．この負の電位は，約 70 mV であり，（正の）カリウムイオンが外側に流れるのを押し止めている．このようにして，平衡状態では前述のようなイオン濃度になる．少数のナトリウムイオンは確かに軸索内に漏れ入るが，**ナトリウムポンプ**（sodium pump）と呼ばれる代謝機構で継続的に除去される．このポンプ機構は完全には理解されていないが，ナトリウムイオンを細胞外に輸送し，同量のカリウムイオンを細胞内に取り込む．

13.1.3 活動電位

今まで述べた軸索に関する記述は（神経以外の）他の種類の細胞にも当てはまる．ほとんどの細胞は過剰のカリウムイオンを保有しており，細胞の内部は細胞外環境に対して負の電位になっている．神経細胞に特別な性質は電気インパルスを伝播する能力である．

生理学者たちは，軸索内部にプローブを挿入し，周辺溶液に対する軸索電位の変化を測定することで，神経インパルスの性質を研究してきた．神経インパルスは，神経細胞あるいは軸索そのものに加えたわずかな刺激で誘発される．刺激は化学物質の注入，力学的圧力または電圧の負荷でも良い．たいていの実験では**図 13.4**に示すように，外部から与える電圧が刺激となる．

神経インパルスは刺激が，ある閾値を超えたときに誘発される．刺激が閾値を超えると，刺激点にインパルスが誘発され，軸索に沿って遠方へ伝播していく．そのような伝播するインパルスは**活動電位**（action potential）と呼ばれる．軸索のある点での活動電位の時間経過を**図 13.5**に示す．時間と電圧のスケールは多くの神経細胞で見られる典型的な値を使っている．インパルスの到着は内部電位が静止状態の負の値からプラス約 30 mV への突然の上昇でわかる．その後，電位は急速に -90 mV へと減少したのち，緩やかに最初の静止状態の値に戻る．パルスがある点を完全に通過するのには数ミリ秒かかる．パルス伝播の速度は軸索の種類に依存する．高速型の軸索は最大 100 m/sec の速度でパルスを伝播する．

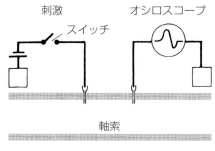

図 13.4 軸索の電気応答の測定

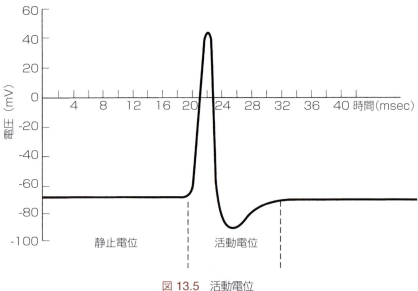

図 13.5 活動電位

活動電位の機構は次節で議論する．

　ある神経が発生したインパルスは，いつも一定の大きさで減衰することなく軸索に沿って伝播する．神経インパルスは刺激の強さに比例した頻度で誘発される．しかしながら，新しいインパルスは，前のインパルスが完了しないと誘発されないので，インパルスの頻度には上限がある．

13.1.4　電気ケーブルとしての軸索

　軸索の電気的解析では，いくつかの電気工学的技術を用いる．この手法は，他の節で用いられるものよりも複雑であるが，神経系の定量的理解にはこの複雑さが必要なのである．

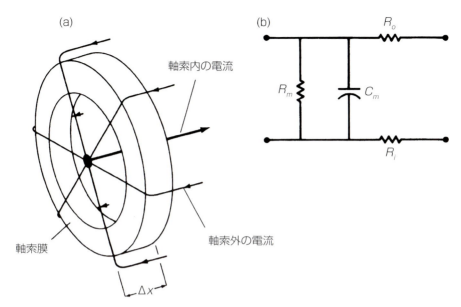

図 13.6　軸索の微小区画を流れる電流．(b) 軸索の微小区画を表す電気回路

　軸索はしばしば電気ケーブルと比較されるが，この2つには根本的な違いがある．にもかかわらず，軸索を導電性の液体に浸された絶縁された電気ケーブルとして解析することで，軸索の機能状態に関するある種の洞察を得ることができる．そのような解析では，軸索内外の溶液の抵抗や軸索膜の電気的性質を考慮しなければならない．膜は漏れの多い絶縁体であるので，電気容量と抵抗で表現できる．したがって，軸索のケーブル特性を電気的に表現するには4つのパラメータが必要となる．

　軸索の電気容量と抵抗はケーブルの長さ方向に連続的に分布している．そのため，全軸索（あるいは他のどのようなケーブルも）を4つの回路素子のみで表すことは不可能である．われわれは軸索を電気回路の微小区画が連続したものと考えなければならない．軸索の内側と外側に電位差が与えられると，これに対応した4つの電流が定義できる．すなわち軸索外の電流，軸索内の電流，膜の抵抗成分を流れる電流と膜の容量成分を流れる電流である（図 13.6）．長さ Δx の軸索区画を表す電気回路が図 13.6 に示されている．この小さな区画では，外側と内側の液体の抵抗はそれぞれ R_o と R_i である．膜の電気容量と抵抗はそれぞれ C_m と R_m で示されている．全軸索はこれらの単位回路が長く直列に繋がったものにすぎず，それは図 13.7 に示す通りである．半径が 5×10^{-6} m の有髄神経線維

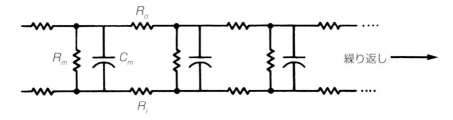

図 13.7　ケーブルモデルで表した軸索

と無髄神経線維の回路定数のサンプル値を**表 13.1**に示すが（これらの値は [13-4] より得た），この値は長さ 1 m の軸索に対するものであることに注意してほしい．軸索膜の電気伝導度に対するモー（mho）という単位は補遺 B で定義する．

このモデル軸索の振る舞いを調べるとすぐに，**図 13.7**の回路では本物の軸索の最も素晴らしい性質のいくつかを説明できないことがわかる．電気信号はモデル回路をほぼ光の速度（3×10^8 m/sec）で伝わるのに，軸索を伝わるパルスはせいぜい 100 m/sec でしか伝わらない．その上，後に示すように，**図 13.7**の回路では電気信号が進むにつれて急速に減衰する．一方，活動電位は減衰することなく軸索に沿って伝播する．したがって，電気信号は，単純な受動的な過程によって軸索を伝播するのではないと結論せざるをえない．

13.1.5　活動電位の伝播

長年の研究の結果，軸索に沿ったインパルス伝播は今では十分に良く理解されている（**図 13.8**参照）．膜の一部を隔てた電圧の大きさが閾値以下に減少すると，ナトリウムイオンに対する軸索膜の透過性が急速に増大する．その結果として，ナトリウムイオンは軸索内に流入し，負電荷を局所的に打ち消し，そして実際に，軸索内の電位を正の値に変化させる．この過程が，活動電位のパルスの初期の急

表 13.1　軸索の実例の性質

性質	無髄神経	有髄神経
軸索半径	5×10^{-6} m	5×10^{-6} m
軸索の内部と外部にある液体の単位長さあたりの抵抗 (r)	6.37×10^9 Ω/m	6.37×10^9 Ω/m
軸索膜の単位長さあたりのコンダクタンス (g_m)	1.25×10^{-4} mho/m	3×10^{-7} mho/m
軸索の単位長さあたりの電気容量 (c)	3×10^{-7} F/m	8×10^{-10} F/m

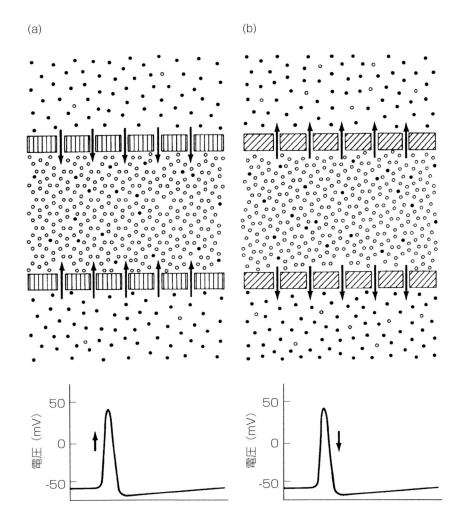

図 13.8 活動電位.(a) 軸索膜のナトリウムイオン（黒丸）の透過性が非常に高まると活動電位が始まり，ナトリウムイオンは軸索内に流入し，軸索内を正の電位に変化させる.(b) ひき続いてナトリウムのゲートが閉じ，カリウムイオン（白丸）が軸索から流出し，軸索内部を再び負の電位に戻す.

激な上昇相を生み出す．軸索の一部分での鋭い正のスパイクは，直ぐ前方部分のナトリウム透過性を増加させ，今度はその部分でスパイクを生み出す．このようにして，炎が導火線を伝播するように，擾乱（インパルス）は連続的に軸索の遠方に向かって伝播する．

　軸索は，導火線と違い，再生する．活動電位の頂点では，軸索膜にあるナトリウムイオンが通るゲートは閉じ，カリウムイオンが通るゲートを大きく開く．今

度はカリウムイオンがこぞって出て行く．その結果として，軸索の電位は静止電位よりわずかに低い負の値まで降下する．数ミリ秒後，軸索の電位は静止状態に戻り，その部分は別のパルスを受け取れる体勢になる．

パルスの間に流入流出するイオンはとても少ないので，軸索の中のイオン濃度はほとんど変わらない．たくさんのパルスの累積効果は代謝的なポンプによって相殺され，イオン濃度は常に適切なレベルに保たれる．補遺 B の式 B.5 を用いて，活動電位の上昇相で軸索に流入するナトリウムイオンの数を見積もることができる．最初のナトリウムイオンの流入により軸索内の電荷の量が変化する．この電荷変化 ΔQ は，膜容量 C を介した電位の変化 ΔV を用いて表すことができ，

$$\Delta Q = C \Delta V \tag{13.1}$$

となる．静止状態では軸索の電位は $-70\,\mathrm{mV}$ である．パルスの間，電圧はおよそ $+30\,\mathrm{mV}$ に変化し，結果として膜内外で $100\,\mathrm{mV}$ の正味の電圧変化が起こる．したがって，式 13.1 では ΔV は $100\,\mathrm{mV}$ である．

練習問題 13–1 での概算によると，表 13.1 で記載した無髄神経線維の場合，各パルスごとに 1.87×10^{11} 個のナトリウムイオンが長さ 1 メートルの軸索に流入する．同じ数のカリウムイオンが活動電位に引き続く相で流出する（実際には，われわれの単純な概算のおよそ 3 倍のイオンの流れが測定されている）．さらに，練習問題によると軸索 1 メートルあたり，ナトリウムイオンの数は静止状態でおよそ 7×10^{14} 個で，カリウムイオンの数は 7×10^{15} 個である．したがって，活動電位の間のイオンの流入と流出は平衡状態での濃度と比較して無視できるほど小さい．

式 B.6 を用いて，もう 1 つの単純な計算を行うと，軸索に沿ってインパルスが伝播するのに必要な最小のエネルギーが算出できる．パルスが 1 つ伝播する間，軸索の全容量が次々に放電し，その後再び充電されなければならない．1 メートルの無髄神経線維を再充電するのに必要なエネルギーは

$$E = \frac{1}{2}C(\Delta V)^2 = \frac{1}{2} \times 3 \times 10^{-7} \times (0.1)^2 = 1.5 \times 10^{-9}\,\mathrm{J/m} \tag{13.2}$$

である．ただし C は軸索 1 メートルあたりの電気容量である．各パルスの持続時間はおよそ 10^{-2} 秒なので，最大でも毎秒 100 パルスを伝播できるから，軸索は，極限の動作時ですら，電気容量を再充電するのにわずか $1.5 \times 10^{-7}\,\mathrm{W/m}$ しか必要としない．

13.1.6 軸索回路の解析

図 13.7 の回路は軸索のパルス伝導機構を含んでいない．伝導機構は，回路に沿って小さな信号発生器を多数接続することで組み込み可能である．しかしながら，そのような複雑な回路の解析は本書の範囲を越えている．図 13.7 の回路でさえ，微積分を用いないと完全には解析できない．軸索膜の電気容量を無視して，この回路を単純化すると，図 13.9a のようになる．この簡略モデルは，電気容量が完全に充電されており，そのため容量性電流がゼロになる場合にのみ使える．このモデルを用いると，一端に定常的な電圧が付加されたときに，その電圧がケーブルに沿って減衰する様子は計算できるが，軸索の時間依存的な振る舞いについて予測はできない．

そこで，解くべき問題は，電圧 V_a を点 x_0 に与えたときの，点 x での電圧 $V(x)$ を計算することになる（図 13.9a）．まずは，線 a と b で切断された，長さ Δx に付け足されているケーブルの区分で起こる電圧降下を計算してみよう（[13–5,13–6] 参照）．ケーブルは長さが無限で，線 b の右側のケーブルの全抵抗は R_T と仮定する．このようにして線 b の右側のケーブルは図 13.9b に示すように R_T で置換

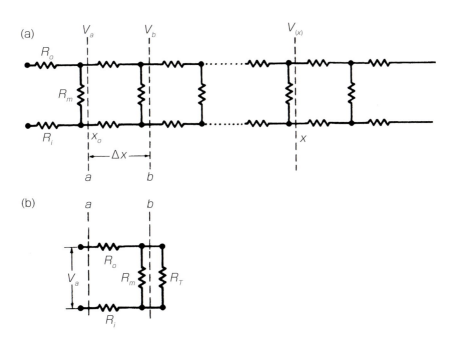

図 13.9 (a) 図 13.7 の回路の簡略図．電気容量は無視した．(b) 等価抵抗 R_T で置き換えた，線 b の右側の抵抗．

えられる．ケーブルは無限長なので，切断線 b と同等などんな垂直の切断線の右側の抵抗もまた R_T である．特に，切断線 a の右側の抵抗もまた R_T であるので，図 **13.9b** の切断線 a の右側の抵抗を R_T と等しいとして，R_T を計算すると，

$$R_T = R_O + R_i + \frac{R_T R_m}{R_T + R_m} \tag{13.3}$$

となる．測定してみると，軸索の中と外の抵抗はほぼ等しい．したがって，$R_i = R_o = R$ で式 13.3 は単純化され，

$$R_T = 2R + \frac{R_T R_m}{R_T + R_m} \tag{13.4}$$

となる．式 13.4 の解は（練習問題 13–2 参照）は

$$R_T = R + [R^2 + 2R \cdot R_m]^{1/2} \tag{13.5}$$

である．簡単な回路解析（練習問題 13–3 参照）により

$$V_b = \frac{V_a}{1 + \left[\frac{(2R)(R_T + R_m)}{R_T R_m}\right]} = \frac{V_a}{1 + \beta} \tag{13.6}$$

が得られる．ただし，β は鉤かっこ内の中身である．

表 13.1 に示す測定値により β を計算することができる．抵抗 R と R_m は長さ Δx の軸索区画の値である．したがって，

$$R = r\Delta x \quad \text{であり，} \quad \frac{1}{R_m} = g_m \Delta x \quad \text{あるいは} \quad R_m = \frac{1}{g_m \Delta x}$$

となる．式 13.5 より Δx が非常に小さい場合，

$$R_T = \left(\frac{2r}{g_m}\right)^{1/2} \tag{13.7}$$

そして

$$\beta = (2r \cdot g_m)^{1/2} \Delta x = \frac{\Delta x}{\lambda} \tag{13.8}$$

となる（練習問題 13–4 参照）．ただし

$$\lambda = \left(\frac{1}{2r \cdot g_m}\right)^{1/2} \tag{13.9}$$

である．式 13.6 に戻ってみると，Δx は限りなく小さいので，β もまた非常に小さい．したがって，$1/(1+\beta)$ は $1-\beta$ にほぼ等しい（練習問題 13–5 参照）．結局，a 点から Δx の距離にある b 点での電圧 V_b は

$$V_b = V_a \left[1 - \frac{\Delta x}{\lambda}\right] \tag{13.10}$$

となる．線 a から距離 x にある位置での電圧を求めるため，この距離 x を増分 Δx で $n\Delta x = x$ となるように分割する．ケーブルに沿って式 13.10 を次々と適用して，x での電圧は次のように求められる（練習問題 13–6 参照）．

$$V(x) = V_a \left[1 - \frac{\Delta x}{\lambda}\right]^n \tag{13.11}$$

Δx が小さく，n が大きいと，式 13.11 は次のように書ける（練習問題 13–7 参照）．

$$V(x) = V_a e^{-x/\lambda} \tag{13.12}$$

式 13.12 は，軸索膜の一点に加えられた一定電圧 V_a は軸索に沿って指数関数的に減少することを示している．表 13.1 から，無髄神経線維の λ はおよそ 0.8 mm である．したがって，印加点より 0.8 mm 離れた所での電圧は，印加点での値の 37% に減少する．

有髄神経線維には外鞘（ミエリン鞘）があるので，ミエリンの無い軸索に比べ，格段に小さな膜コンダクタンスをもっている．その結果，λ はより大きな値となる．表 13.1 に示す値を用いると，有髄神経線維の λ は 16 mm と計算できる．この結果は，有髄神経線維をパルスがより速く伝導することを説明する上で役に立つ．すでに述べたように，ミエリン鞘は長さ 2 mm の分節からなる．活動電位は分節間の結節部分でのみ発生する．パルスは，ミエリンで覆われた分節を通常の速い電気信号のように伝播する．λ は 16 mm なので，1 分節を横切る間に，パルスはわずか 13% しか減少しないので，次の結節に活動電位を発生するのに十分な強さを維持している．

13.1.7 シナプス伝達

ここまでは，軸索を下っていく電気パルスの伝播について考察してきた．今度は，パルスがどのようにして，軸索から他の神経細胞や筋細胞へ伝達されるかを手短に説明する．

軸索は，末端部で神経終末に枝分かれし，活性化されるべき細胞まで延びている．軸索は，この神経終末を通して，通常は数多くの細胞に信号を伝達している．場合によっては，活動電位が神経終末から細胞に電気的伝導により伝達されることもあるが，脊椎動物の神経系では，通常，信号は化学物質を介して伝達される．神経終末は細胞と直接接触しておらず，神経終末と細胞体の間にはおよそ 1 ナノ

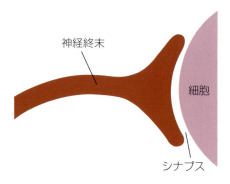

図 13.10　シナプス

メートル（1 nm=10^{-9} m=10^{-7} cm）の間隙がある．神経終末と標的細胞が相互作用する領域は**シナプス**（synapse）と呼ばれる（**図 13.10**）．インパルスがシナプスに到達すると，化学物質が神経終末から放出され，間隙をすみやかに拡散し，隣接する細胞を刺激する．化学物質は一塊の集団として離散的に放出される．

　通常，神経細胞は多くの信号源とシナプス接合をしている．標的細胞に活動電位を誘発するためには，しばしば，数多くのシナプスが同時に活性化されなければならない．神経細胞が発生する活動電位は常に同じ大きさである．神経細胞は全か無の法則で動作する．それは，すなわち，神経細胞は標準の大きさの活動電位を発生するか，あるいはまったく発火しないかのどちらか一方しかないということである．シナプスで放出される化学物質は，細胞を刺激するのではなく，他の道筋で到着したインパルスに対する細胞の反応を押さえ込むという場合もある．おそらく，この種の相互作用により，細胞レベルでの決断機構が可能なのであろう．この過程の詳細はまだ完全には解明されていない．

13.1.8　筋肉の活動電位

　筋線維は神経細胞とほぼ同じ方法で電気インパルスを伝播する．筋線維の活動電位は，運動神経から届いたインパルスにより誘発される．この刺激は線維膜の電位の減少[訳注1]をもたらし，パルス伝播に必要なイオン過程を開始させる．活動電位の形は神経細胞の場合と同じであるが，通常，持続時間はより長い．骨格筋では，活動電位は 20 ミリ秒間持続し，一方，心筋では 4 分の 1 秒も持続することがある．

　活動電位が筋線維全体を伝播した後に，線維は収縮する．第 5 章で，筋収縮の

[訳注1] 負の静止電位がゼロに向って変化するの意味．

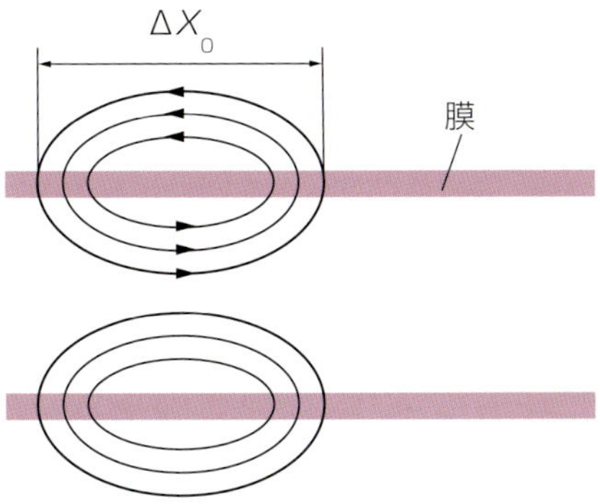

図 13.11 活動電位は軸索の内部と外部に電流を生じる．

いくつかの性質について簡単に議論したが，この過程の詳細はいまだ完全には理解されていない．

骨格筋の中では，**筋紡錘**（muscle spindle）と呼ばれる機械刺激受容器官が，筋収縮の状態に関する情報を連続的に発信している．この情報は，神経により中継され，情報処理や次の活動のため使われる．このようにして，筋肉の運動は常に制御された状態にある．

外部から電流を与えて筋線維を刺激することができる．この効果は，ルイージ・ガルヴァーニ（Luigi Galvani）が 1780 年に初めて観察し，電流が通ると，カエルの脚はピクッとしたと記載している（この効果に関するガルヴァーニの初期の解釈は間違っていた）．神経疾患に由来する筋肉の一過性の麻痺の場合，筋肉の外部刺激は筋緊張を維持するための有用な臨床技術である．

13.1.9 表面電位

神経細胞，筋線維や他の細胞での電気活動に伴う電圧と電流は細胞外へ拡がる．例として，活動電位の軸索沿いの伝播を考えてみよう．軸索上の 1 ヵ所で突然電圧が下がると，この点と隣接領域の間に電位差が作られる．結果として，軸索の内部にも外部にも電流が流れ（図 13.11），軸索外表面の長さ方向に電圧降下が発生する．

実験はたくさんの軸索から構成される神経全体を用いて行われるときもある．図 13.12 に示す様に，神経束に沿って 2 つの電極を配置して，その間の電圧を記録する．この測定された電圧は，個々の軸索により作られた表面電位の総和であり，軸索の集団的な行動についての情報をもたらす．

細胞の活動に伴う電場は全方向に拡がり，動物の体の表面に達する．したがっ

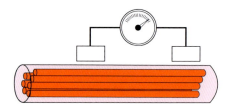

図 13.12　軸索の束に沿った表面電位

て，体内で生じたある事象に伴う細胞集団全体の活動を反映する電気ポテンシャルを，皮膚表面に沿って測定できる．この効果に基づいて，皮膚表面から心臓（**心電計**，electrocardiography）や脳（**脳波計**，electroencephalography）の活動についての情報を得る臨床技術が発展してきた．これらの表面信号の測定については第 14 章で議論する．

表面信号は，目の動き，胃腸器官の収縮や筋肉の動きなどを含む多くの活動と結びついている．**筋電図**（electromyography, EMG）と呼ばれる技術を用いて，筋肉に沿った活動電位やその伝播速度を測定することで，筋肉や神経の異常についての情報を得られる（[13–5] 参照）．以下の節で議論するように，代謝活動に付随した表面電位は，植物や骨でも観察されている．

13.2　植物の電気

神経細胞や筋線維の関連で議論してきたような伝播する電気インパルスの類は，ある種の植物でも知られてきた．活動電位の形はどちらでも同じであるが，植物細胞内の活動電位の持続時間は千倍も長くて，約 10 秒間持続する．また，これらの植物の活動電位の伝播速度も随分遅く，秒速数センチメートルである．植物細胞でも，神経細胞のように，活動電位はさまざまな電気的，化学的あるいは機械刺激で誘導される．しかしながら，植物細胞電位では初期の電位上昇はナトリウムではなく，カルシウムの流入により作られる．

植物での活動電位の役割はまだわかっていない．植物の成長や代謝過程を協調させ，おそらく，ある種の植物が示す長い時間をかけた運動を制御している可能性がある．

13.3　骨の電気

ある種の結晶が機械的に変形されると，その内部の電荷が位置を変え，その結

13.3 骨の電気　189

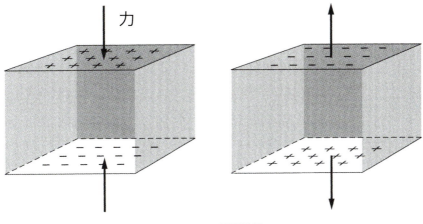

図 13.13　圧電効果

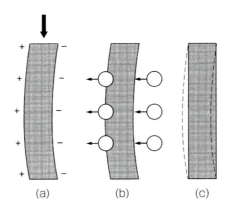

図 13.14　(a) 骨が変形すると，骨の表面に沿って電荷が生じる．(b) 電荷の分布に応じて，骨に物質が加わったり，除かれたりする．(c) 再構築された骨

果，表面に電圧が発生する．この現象は**圧電効果**（piezoelectric effect）と呼ばれる（図 13.13）．骨は圧電効果を示す結晶状の物質で構成されている．この圧電効果は骨の形成や栄養代謝に関与していることが示唆されている．

　体には骨を造ったり壊したりする機構がある．新しい骨は**造骨細胞**（osteoblast）と呼ばれる細胞から造られ，**破骨細胞**（osteoclast）と呼ばれる細胞で溶かされる．生きている骨は長期間の力学的負荷に適応して構造を変えることが良く知られている．たとえば，圧縮力で骨を曲げてしばらくすると，骨は新しい形をとろうとする．新しい形の状態で骨が固くなるように，骨のある部位は構成物質を得，他の部位はそれを失う．変形により発生した圧電電位に導かれ，骨組織が適度に

加わったり除かれたりすると推察されている（図 13.14）．

骨の圧電気はまた別の作用があるらしい．骨を含むすべての組織は液体の形で栄養を与えられなければならない．栄養に富む液体は非常に細い管を通して骨の中に移動する．ポンプ機構がなければ，流体の流れは非常に遅く，必要な栄養を骨に与えられない．体の通常の運動による力で作られる圧電電位は，栄養液体のイオンに作用して，それを骨の内部に取り込んだり，骨の内部から汲み出したりすると示唆されている．

13.4　電気魚

たいていの動物は，外部電場を検出するために特別に設計された感覚器官をもっていないが，サメやエイは例外である．これらの魚は，水中の電場に著しく感受性の良い小器官を皮膚上にもっている．サメは $1\ \mu V/m$ もの小さな電場に反応するが，この電場の強さは動物の皮膚で観察される電場の強さ同程度である（ストロボ用電池の端子を 1500 km 離したときに生じる電場がこの強さと同じである）．サメは，この電気器官を使って砂に埋もれた動物を探し出すのだが，それだけではなく他のサメとの交信にも使っているらしい．サメは船のスクリューに咬みつくことも知られているが，それは，金属の近くに発生する電場に反応するためと思われる．

同じくらいすばらしい電気の利用法を，電気ウナギで見ることができる．電気ウナギは，500 V もの電気パルスを皮膚に発生し，その電流は 80 mA にも達する．ウナギはこの能力を武器として用いている．餌食に遭遇すると，高電圧パルスがその犠牲者をつらぬき，気絶させる．

ウナギの電気器官は電気的に接続した特化した筋線維で構成されている．高電圧は多くの細胞の直列接続で作られ，大電流は直列に繋がったものをさらに並列に繋ぐことで得られる（練習問題 13–8）．他の多くの魚も類似の電気器官をもっている．

練習問題

13–1.　(a) 式 13.1 と表 13.1 のデータを用いて，活動電位発生中に，無髄神経線維 1 メートルあたり，軸索に流入するイオンの数を求めよ（一価イオン 1 個あたりの電荷量は 1.6×10^{-19} クーロンである）．(b) 軸索の静止状態では軸索内部のナトリウムとカリウムの濃度はそれぞれ 15 と 150

millimole/liter である．表 13.1 のデータから，軸索 1 メートルあたりのイオンの数を計算せよ．

$$1\,\text{mol/liter} = 6.02 \times 10^{20} \frac{\text{粒子（イオン，原子など）}}{\text{cm}^3}$$

13–2. 式 13.4 から，R_T に対する解を求めよ（R_T は正でなければならない）．

13–3. 式 13.6 を証明せよ．

13–4. Δx が十分に小さいと R_T は式 13.7 で与えられることを示せ．

13–5. β が小さいと，$1/(1+\beta) \approx 1 - \beta$ となることを示せ（級数展開の表を参照せよ）．

13–6. 式 13.11 を証明せよ．

13–7. 二項定理を用いると，式 13.11 は

$$V(x) = V_a \left[1 - \frac{n\Delta x}{\lambda} + \frac{n(n-1)}{2!}\left(\frac{\Delta x}{\lambda}\right)^2 - \frac{n(n-1)(n-2)}{3!}\left(\frac{\Delta x}{\lambda}\right)^3 + \cdots \right]$$

となる．Δx は限りなく小さいので，n は非常に大きくなければならない．上の式は指数関数を展開した形に近づくことを示せ（級数展開の表を参照せよ）．

13–8. (a) 本文のデータを用いて，電気ウナギの皮膚で 500 V を発生するために，直列に繋がなければならない細胞の数を推定せよ．(b) 観察される電流を発生するために並列に繋がなければならない細胞の数を推定せよ．ただし，細胞の大きさは 10^{-5} m，1 個の細胞が発生するパルスは 0.1 V，パルスの持続時間は 10^{-2} sec と仮定せよ．1 個の細胞に流れ込む電流を推定するためには，本文中のデータと練習問題 13–1 で推定した値を用いよ．

Chapter 14

第14章 電気技術

　電気技術は，物理学の基礎的原理を通信や産業の諸問題に応用する中で発展してきた．この技術は，おもに産業や軍事への応用に向けられていたが，生命科学にも大きな貢献をしてきた．電気技術は，他の方法では決して観察できなかった生物現象を観察できる道具を提供し，医学分野で使われる近代的臨床診断装置の大部分を生み出してきた．電気素子を解析するために発達した技術でさえも，生命系の研究に役に立ってきた．本章では，これらの分野での，いくつかの電気技術の応用について説明する．

14.1　生物学研究における電気技術

　もし生の感覚による観察のみに基づいて物事を理解していたら，世界に対するわれわれの理解はきわめて限られたものであったに違いない．われわれの感覚は良く発達してはいるものの，その応答性は限られている．われわれは 20,000 Hz 以上の音が聞こえない．およそ 400 nm から 700 nm（$1\,\mathrm{nm}=10^{-9}$ m）の範囲の限られた波長領域以外の電磁放射は見ることはできない．この可視領域でも，およそ 20 Hz より速く起こる光の強度変化は検出できない．われわれの体内で起こる生命過程の多くは電気現象であるが，われわれの感覚は弱い電場を直接検出することはできない．電気技術は，さまざまな領域の情報を，われわれが感じることができる領域に翻訳する方法を提供してきた．

　電気技術は膨大なテーマで，この短い章で網羅することは不可能ある．ここでは生命現象の観察に用いられる一般的な技術の概説に留める．さまざまな電気的構成要素については [14–3] と [14–4] を見ていただきたい．

　生物学における典型的な実験装置の概略図を図 14.1 に示す．実験のさまざまな分担要素を，特化した機能を示すブロックとして示してある．観察したいのだ

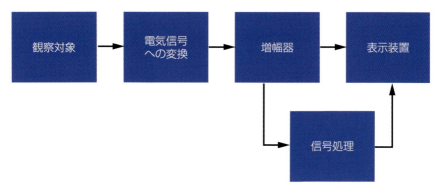

図 14.1　生物学における実験

が，われわれの感覚では検出できない現象が出発点となる．これは，たとえば，コウモリが発する高周波の音，細胞の電気化学的活動，筋肉のわずかな動き，蛍光色素から発せられる光などであろう．これらの現象はまず電気信号に変換され，元の事象の強度や時間変化についての情報を伝える．この仕事を行うのには特別に作られた装置が必要である．これらの装置のいくつかは，われわれが日常的に使うありふれた技術にも見られるが，他のものはやや専門的で難解である．たとえば，音はマイクロホンで電気シグナルに変換され，光は光電子増倍管で電流に変換できる．

　こうした変換装置で作られた電気信号は，通常は弱すぎて観察用の表示装置を駆動できない．そこで，信号の電力や振幅を**増幅器**（amplifier）と呼ばれる素子で増強して表示装置を駆動する．

　表示装置は観察しようとする信号の種類に適していなければならない．ゆっくりと変化する信号は，電流に応じて動く指示針をもつ電圧計で表示できる場合が多い．幾分速い信号は，記録紙上に信号の形を描くペン書き記録装置に表示することが多い．非常に速い信号は**オシロスコープ**（oscilloscope）と呼ばれる装置で記録する．この装置はブラウン管テレビに似ている．装置内で発生した電子ビームが蛍光スクリーンにあたり，衝突点で光を発する．このビームの動きや強さはオシロスコープに与えられた電気信号で制御される．結果としてスクリーンに描かれた図形は信号の情報内容を表している．スピーカーもまた，可聴周波数領域で時間変化する電気信号を音に翻訳できる．

　実験で得られる信号は，大きな雑音を含んでいる場合が多い．欲しい情報に加えて，主現象とは無関係なさまざまな要因に由来する偽物の信号を含んでいるのである．そのような信号を解析し，雑音の中から目的の情報を抽出する技術が発

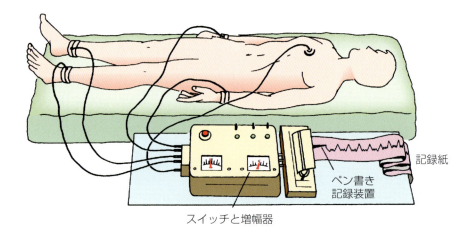

図 14.2　心電図検査

展してきた．最新の実験では，このような処理はコンピュータで行う場合が多い．

14.2　診断装置

　医療での診断装置の多くは，何らかの電気技術を利用している．伝統的な聴診器でさえ，今では感度を増すための電子工学的な改善がなされている．ここでは現代の臨床施設に見られる数多くの診断装置の中から，**心電計**（electrocardiograph）と**脳波計**（electroencephalograph）の2つのみについて説明する．

　細胞の電気活動に伴うイオン電流によって，体の表面に沿った電位差が発生する（第13章参照）．体の表面上の適切な点間の電位差を測定することにより，特別な器官の動作に関する情報を得ることができる．表面電位は通常非常に小さいので，診断用の表示をする前に，その信号を増幅する必要がある．

14.2.1　心電計

　心電計（ECG）は，心臓の電気的活動に伴う表面電位を記録する装置である．体のさまざまな部位に固定された**電極**（electrode）と呼ばれる金属を接触させることにより，表面電位が装置に伝えられる．通常，電極は四肢と心臓の上に装着する（図14.2）．

　図14.3 に2つの電極間で記録された典型的な健常信号を示す．この波形の主たる特徴は文字 P, Q, R, S と T で示される．この波形の特徴は電極の位置で変わる．訓練された観察者だと，正常型からのずれを認識することで病的異常を診

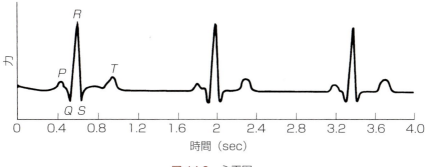

図 14.3 心電図

断することができる．

　図 14.3 の波形を，第 8 章に記載した心臓のポンプ機能に結びつけて説明しよう．心臓の律動的な収縮は右心房の上部近くにある特別な筋細胞群である**ペースメーカー**（pacemaker）で開始される．ペースメーカーが発火するや否や，活動電位は 2 つの心房全体に伝播する．P 波は心房の収縮を起こす電気活動に伴って生じる．QRS 波は，心室の収縮に付随した活動電位で作られる．T 波は，次の収縮サイクルに備えて心室を回復させるために発生する電流を反映したものである．

14.2.2　脳波計

　脳波計（EEG）は頭蓋骨の表面に沿った電位を測定する．ここでも電極は頭蓋骨に沿ったさまざまな点で皮膚に装着する．装置は電極対間の電位差を記録する．脳波計の信号は，心電計で発生する信号に比べて非常に複雑であり，解釈が難しい．脳波は脳内の集団的な神経活動の結果であることは確かであるが，EEG 電位を，特定の脳機能と明確に結びつけることは今のところできていない．しかしながら，図 14.4 に示すように，ある種のパターンが特別な活動に結びついていることは知られている．

　脳波はさまざまな脳の異常を診断するのに役に立ってきた．たとえば，てんかん発作は，明瞭な EEG の異常で特徴付けられる（図 14.5）．EEG 電位を頭蓋の全表面に沿って注意深く調べると，しばしば脳腫瘍の位置を決めることができる．

14.3　電気の生理的効果

　電気がひき起こす痛みを伴う衝撃は，多くの人がよく知るところである．この**衝撃**（shock）は体を通る電流によって生じる．電流は体の組織に 2 つの効果を

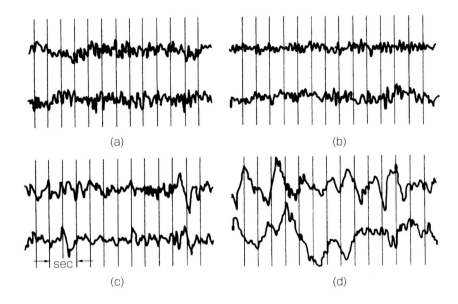

図 14.4 二対の電極間の EEG 電位. (a) 覚醒時, (b) 微睡 (まどろみ) 時, (c) 浅眠時, (d) 熟睡時.

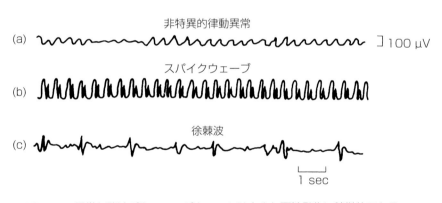

図 14.5 異常な脳波パターン. パターン b は小さな悪性発作に特徴的である.

与える. 電流は神経や筋線維を刺激し, 痛みや筋収縮をひき起こす. また, 電気エネルギーの散逸により, 組織が加熱される. これらの効果は, 十分に強ければ, いずれも重大な損傷や死をもたらす. しかし, 制御された方法で電流が与えられると, 加温と筋刺激のどちらも有益である. たとえば, 高周波の電流で組織を局所的に刺激すると, 超音波を用いるジアテルミー療法と同じように治癒を促進する.

体を流れる電流量は, ホームの法則に支配されるので, 電源の電圧と体の電気

抵抗に依存する．体の組織は比較的良い導電体である．電気抵抗の大部分は皮膚にあるので，接触点で皮膚が濡れていると電気衝撃の危険性は増大する．

電流の大きさがおよそ 500 μA に達すると，たいていのヒトは電流を感じ始める．5 mA の電流は痛みを起こし，およそ 10 mA 以上の電流では，持続的な攣縮を起こす筋肉があらわれる．この状態になると，体内に電流を送り込む原因となっている導体を自力で取り除けないので危険である．

大電流を与えると，脳，呼吸筋や心臓はすべて，深刻な影響を受ける．数百ミリアンペアの電流を頭部に流すと，てんかんに似た痙攣を起こす．この強さの電流は，ある種の精神障害を治療する電気ショック療法に用いられる．

数アンペア程度の電流が心臓周辺に流れると数分で死に至らしめる可能性がある．この意味で，1 A の電流よりも 10 A 程度の大電流のほうが危険でない場合が多い．弱めの電流が心臓を通過すると，心臓の一部分のみが強縮し，その結果，心臓活動の協調性が失われることがある．このような状態は**細動**（fibrillation）と呼ばれ，心臓の動きが不規則になり，血液を送り出す効率が低下する．電流源を取り除いても，通常，細動は止まらない．一方，大電流は心臓全体を強縮させるが，電流を断てば，心臓は通常の律動的な活動を取り戻す場合がある．

心臓発作や心臓外科手術の際にも，しばしば細動が起こる．大電流の強縮効果は心臓を同期させるために用いることができる．この目的のため工夫された臨床機器は**除細動器**（defibrillator）と呼ばれる．この機器の中のコンデンサーは，およそ 6000 V まで充電され，約 200 J のエネルギーを貯蔵する．コンデンサーに繋いだ 2 つの電極を，スイッチを介して胸部に当てる．スイッチを閉じると，コンデンサーは体を通して急速に放電する．電流パルスはおよそ 5 ミリ秒間続き，その間心臓は強縮する（練習問題 14–1 参照）．パルス終了時には，心臓は正常な拍動を取り戻す場合がある．心臓が再び同期するまでに，しばしば複数回の衝撃を与える必要がある．

電流は，筋肉を比較的穏やかに刺激する目的で用いることもできる．麻痺した骨格筋の緊張が保たれるように電気刺激を与えることについてはすでに述べた．同じような方法で，心筋にも筋収縮を誘導することができる．ある種の心臓病では，心臓拍動のタイミングを制御するペースメーカー細胞が正常に機能しなくなっており，電子ペースメーカーが非常に有用である．電子ペースメーカーは基本的にはパルス発生器で，心臓拍動を開始させ，その拍動周波数を制御するために，周期的な短いパルスを発生する．この機器は外科的埋め込み用に十分小さく作ることができるが，残念なことに，エネルギーを供給する電池には寿命があり，ペースメーカーは数年ごとに取り替えなければならない．

198 第 14 章 電気技術

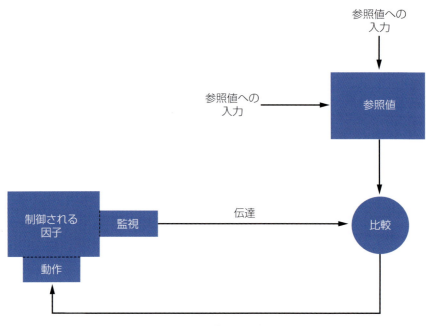

図 14.6 生物過程の制御

14.4 制御システム

　生体系の多くの過程は，生物の要求に合致するように制御されなければならない．われわれは，以前の章で，いくつかの制御プロセスの例を取り上げた．体の温度制御や骨の成長がそのような 2 つの例で，そこでは目標の状態を達成するために，さまざまな過程が制御される必要があった．本節では，そのような制御系を解析するために有効な一般的方法について概説する．

　すべての制御系に共通する性質を図 14.6 に示す．それぞれのブロックは制御系での特定の働きを示している．制御過程は以下の要素から構成される．

1. 制御されるべき因子．これは皮膚の温度，筋肉の動き，心拍数，骨の大きさなどである．
2. その因子を監視し，その状態に関する情報を決定中枢に伝える手段．この仕事は普通，感覚神経により行われる．
3. 制御される因子が満たすべき何らかの参照値．その参照値は，たとえば手の位置をどうするかという決定事項という形で中枢神経系に存在しているかも

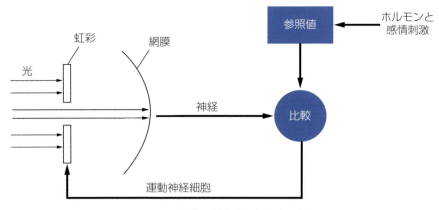

図 14.7　網膜に到達する光強度の制御

しれない．この場合，参照値は変更可能で，その値は中枢神経系で設定される．しかしながら，体の働きの多くの参照値は自律的で，脳からの随意的制御は受けない．

4. 因子の状態を参照値と比較し，2つが一致するように指令する手段．指令は神経インパルスで伝えられるし，場合によっては**ホルモン**（hormone）と呼ばれる化学的伝令物質で伝えられる．ホルモンは体中に広がり，さまざまな代謝機能を制御する．
5. 伝令事項を，制御すべき因子の状態を変える動作に翻訳する機構．たとえば，手の位置を決める場合ならば，それは筋線維群の収縮に相当する．

　この概念を眼の網膜に届く光の強度制御という具体的な例で説明しよう（図14.7）．光は**虹彩**（iris）の中心で黒く開いている部分である**瞳孔**（pupil）を通って目に入る（虹彩は眼球中の帯色した盤状構造である）．光の強さが増すと，開孔は小さくなる．すなわち，虹彩はカメラの自動絞りのように働く．この活動が制御系の支配下にあることは明白である．

　網膜に届いた光は，神経インパルスに変換され，インパルスは光の強度に比例した周波数で発火する．視覚神経系のあるところで，この情報は解釈され，おそらく脳に蓄えられているあらかじめ設定した参照値と比較される．参照値自体も，ホルモンやさまざまな感情的刺激で変わりうる．この比較の結果は，神経インパルスによって虹彩の筋肉に伝えられる．この信号に応じて虹彩の開孔の大きさが調整される．

図 14.8　帰還のない増幅器

14.5　帰還（フィードバック）

　長年の間，技術者たちは生物の制御系の一般的な特性を共有する機械的および電気的システムを研究してきた．電圧制御器，速度制御装置，自動温度調節器はすべて生物の制御系と共通した特徴をもっている．技術者たちは制御系の振る舞いを解析し予測する技術を発展させてきた．これらの技術は生物系の研究にも役に立ってきた．

　そのような系の工学的な解析は，通常，入力と出力に注目して行われてきた．光の強度制御の例では，入力は網膜に到達する光であり，出力は網膜の光に対する反応である．系自体は，入力に応じた出力を作り出すという系である．この例だと，網膜とそれにつながっている神経回路である．この虹彩の制御系の目的は，出力を可能な限り一定に保つことである．

　図14.7に示したような制御系について注目すべき最重要点は，出力が入力そのものに影響を与えることである．そのような系は**帰還系**（feedback system）と呼ばれる（出力の情報が入力に戻されるので）．系の出力が入力の変化を抑える場合は，システムは**負帰還**（negative feedback）をもつといい，入力の変化を増大する場合はシステムは**正帰還**（positive feedback）をもつという．図14.7の光の制御は，光強度の増大は虹彩の開孔を小さくし，網膜に届く光を減少させるので，負帰還である．発汗や震えによる体温の制御は負帰還の別の例であるが，性的興奮は正帰還の例である．一般的に，負帰還は系の反応を比較的一定のレベルに保つ．したがって，たいていの生物の帰還系は事実上，負帰還である．

　電気工学の例を用いて，システム解析の手法を説明しよう．その出力の一部が入力に返されるような，電気工学用語で電圧増幅器といわれるものを解析してみる．最初は帰還のない単純な増幅器を考えよう（図14.8）．増幅器は入力電圧（V_{in}）をA倍に増大する電気素子である．

　出力電圧 V_{out} は

$$V_{\text{out}} = A V_{\text{in}} \tag{14.1}$$

となる．

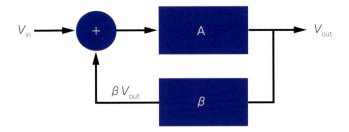

図 14.9　帰還がある増幅器

　増幅度 A は単純に出力と入力の比で決まることは，この方程式から明らかである．すなわち，

$$A = \frac{V_{\text{out}}}{V_{\text{in}}} \tag{14.2}$$

である．

　今度は帰還を導入しよう（図 14.9）．出力の一部（$\beta \times V_{\text{out}}$）を増幅器の入力に加算しながら戻すと入力端子の電圧（V'_{in}）は

$$V'_{\text{in}} = V_{\text{in}} + \beta \times V_{\text{out}} \tag{14.3}$$

となる．ここで V_{in} は外部から与えた電圧である．全体の帰還系の増幅度は

$$A_{\text{feedback}} = \frac{V_{\text{out}}}{V_{\text{in}}} \tag{14.4}$$

である．$V_{\text{out}} = AV'_{\text{in}}$ であることを用いると（練習問題 14–2 参照），

$$A_{\text{feedback}} = \frac{A}{1 - A\beta} \tag{14.5}$$

となる．さて β が負の数であるなら，帰還のある増幅器の増幅度は帰還のない増幅器の増幅度より小さい（すなわち，A_{feedback} は A より小さい）．β が負であるということは，外部からの入力電圧と位相をずらして加えられたということを意味する．これが負帰還である．β が正なら，正帰還となり，増幅度は増大する．

　この種の解析は，系の個々の構成要素の詳細を知らなくとも，系の振る舞いについて知ることができるという長所がある．われわれは入力電圧の周波数，大きさ，そして持続時間を変え，それに対応する出力電圧を測定することができる．そのような測定をすれば，装置を作り上げているトランジスタ，抵抗，コンデンサーや他の要素についてはまったく知らないでも，増幅器や帰還成分についての情報を得ることができる．もちろん，装置に関するこのような情報は，基本部品を考慮した詳細な解析をすれば，さらに多くを知ることができるが，それは非常

に膨大な作業になろう．

複雑な生物機能の研究では，構成しているさまざまな過程の詳細はわからないので，システム解析は非常に役に立つことが多い．たとえば，虹彩の制御系では，視覚信号の処理，この信号を参照情報と比較する機構，参照情報そのものの性質についてほとんどわかっていない．それでも，さまざまな強度や波長あるいは持続時間の光を目に照射し，それに対応する虹彩の開き方の変化を測定すると，系全体の情報やさまざまな部品の重要な情報さえも得ることができる．そこでは，技術者が発展させた技術が，系を解析するために役立っている（練習問題 14–3 と 14–4 参照）．しかしながら，大半の生物システムは，多くの入力と出力および帰還を含み非常に複雑なので，単純化したシステム解析を行ってみても扱いやすい形に定式化することは難しい．

14.6　感覚補助

視覚や聴覚は脳が外界の情報を受け取る 2 つの主たる道筋である．光や音の情報を脳に送る目や耳という 2 つの器官は損傷を受けることが多く，その機能を補う必要がある．眼鏡は 1200 年代に使用され始めた．最初は，この視覚補助具は，物体の単純な拡大像を与えるだけだった．次第に，広範囲の視覚障害を補償する眼鏡を生み出す洗練された技術が発展した（第 15 章参照）．

イヤホンは，さまざまな形で，何千年もの間，聴力を助けるために使用されてきた．これらの装置は，耳介より著しく大きな面から音を収集して聴力を改善している（第 12 章参照）．

電気工学が主導して，聴力を非常に高め，場合によっては，聴力を回復さえする装置が開発されてきた．視覚の回復はもっともっと挑戦的であり，いくつかの可能性は試みられているが，最終ゴールに到達できるのは遠い将来であろう．

14.6.1　聴覚補助具

聴覚補助具の基本的原理は単純である．マイクロホンは音を電気信号に変換する．電気信号は増幅され，スピーカー型の装置を用いて，音に再変換する．その正味の結果は，耳に入る音の増幅である．

1930 年代に，最初の補聴器は商品化され手に入るようになった．それらは，電池で駆動する真空管を用いた，比較的大きくて扱いにくい装置であった．電池は毎日取り替えなければならなかった．

1950 代にもっと小さなトランジスタ製の増幅器が手に入るようになり，補聴器

は正に実用的になった．トランジスタ化された補聴器は今や耳の中に据え付けられるほどに小さくなった．デジタルコンピュータ技術を応用して，利用者固有の聴覚障害を補償できるように，補聴器を個別に誂えるという新たな大改善ももたらされた．最新の補聴器では，さまざまな帰還回路網を用いて，自動的に音量を調整するので，静かな音でも聞き取れる一方で，大きな音は苦痛にならない程度に抑えられる．

14.6.2 人工内耳

人工内耳は補聴器とは別の働きをする．補聴器は単純に入ってくる音を増幅し，耳の弱まった機能を補償する．人工内耳は音を，耳に入る音に応じて内耳で作られる型の電気信号に変換する．電気信号は，内耳に外科的に埋め込んだ電極に無線で伝達される．電極に与えられた信号は聴神経を刺激し，音の感覚を作り出す．このようにして，人工内耳は耳の機能を実際に真似しており，聾のヒトが聴覚を部分的に回復することができる．

人工内耳の概略図を図 14.10 に示す．システムの体外にある部分は耳の後ろに装着できるほど小さく，マイクロホン，信号処理装置と発信器から構成される．体内に埋め込まれた部分は，受信器と蝸牛に挿入された一列の電極アレイで構成される．

マイクロホンは音を電気信号に変換する．マイクロホンで作られる電気信号はそれ自身で聴神経を刺激はするが，そのような刺激で作られた神経信号は，脳で音だと解釈されることはないであろう．正常な耳では，液体に満たされた蝸牛が，入ってくる音のさまざまな周波数成分がそれぞれ基底膜の別々の場所にある神経終末を刺激するように，つまり音を周波数に基づいて，処理している（第 12 章参照）．このような，蝸牛における周波数選択的な神経回路の刺激という方式は，脳が信号を音と解釈するうえで必須の仕組みである．

人工内耳の設計での大きな挑戦の 1 つは，正常な蝸牛管の働きを再現する信号処理技術の開発であった．この分野の多くの仕事は 1950 代と 1960 年代になされた．ヒトの人工内耳を用いた最初の実験は 1960 年代半ばに始まり，1970 年代まで続いた．1984 年に，FDA（米国食品医薬品局）は，人工内耳の大人への埋込を，そしてすぐに後に子供への埋込を許可した．

人工内耳を埋め込まれたヒトは，通常，ただちには音を正しく聞くことはできない．装置の全利点が実感できるには，一定期間の訓練と言語療法が必要である．

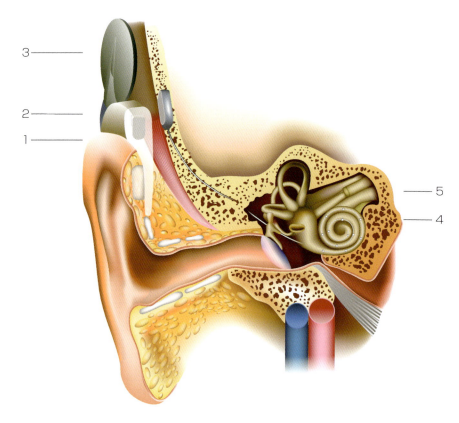

図 14.10 人工内耳．1. 音はマイクロホンで取得される．2. 次いで信号は「コード化」される（電気パルスの特別なパターンに変換される）．3. これらのパルスはコイルに送られ，皮膚を通して人工内耳に送信される．4. 人工内耳は電気パルスのパターンを蝸牛内の電極に送る．5. 聴覚経がこれらの電気パルスを感知した後，信号を脳に送る．脳はこれらの信号を音と認識する．

練習問題

14–1. 本文のデータから除細動器のコンデンサーの電気容量を計算せよ．また，パルス発生中に流れる電流の平均値を計算せよ．

14–2. 式 14.5 を証明せよ．

14–3. 次にあげる制御系のブロック図を描け．(a) ヒトの体温制御．(b) 線を描く場合の手の制御．(c) 痛み刺激から手を引っ込める場合の反射運動の制御．そのとき，この運動に対して脳が実行する型の制御も含めよ．(d) 圧力に反応した骨成長の制御．

14–4. 練習問題 14–3 の各制御系において，どのようにして実験的に系を研究

できるかを議論せよ．

14–5. 人工内耳をめぐる論争について考察せよ．

Chapter 15 第15章

光学

　光は，電磁波の中の 400 nm から 700 nm の波長範囲のものをいう（1 nm = 10^{-9} m）．このように光は電磁スペクトルの中のほんの一部のものであるにもかかわらず，物理学や生物学において数多くの研究がなされてきた．光が多くの注目を浴びてきた理由は，生体にとって重要な役割をもっているからである．太陽から地球表面に降り注ぐ電磁波のほとんどがこのスペクトル範囲であり，生命体はこの光を利用するように進化してきた．植物が二酸化炭素と水から有機物を作り出すという光合成を行う際もこの光を用いており，有機物は生物を構築する物質となる．動物では，周辺の環境情報を取り出す光感覚を進化の中で獲得しており，重要な役割を担っている．バクテリアや昆虫には，化学反応によって自身で光を生み出すものもある．

　光について調べる光学は，物理学で古くから重要な分野の1つであった．顕微鏡や望遠鏡，視覚や色や色素，照明やスペクトル解析，レーザーといったトピックスを含めて，これらは皆，生命科学研究で応用されている．この章では，これらのトピックスの中でも，視覚，望遠鏡，顕微鏡，光ファイバーの4つに関して議論する．この章を理解するために必要な基礎知識は，補遺Cを参照されたい．

15.1　視覚

　ヒトにとって外界の情報を受容するために視覚はもっとも重要な感覚である．ヒトの感覚のおよそ 70 %は，眼からの情報であると推定されている．視覚は3つの部分に分けることができ，それらは外界から到達する光の刺激，その光をイメージに作り上げる眼の光学的装置，視覚のイメージに作り上げる情報処理を行う神経系である．

15.2 光の特性

19世紀に行われたさまざまな実験によって,光は波動としてのすべての性質をもつことが示された.波動に関しては,第12章を参照してほしい.20世紀の初め,光の特性が波動だけでは説明しきれないことが示された.光を含めた電磁波はエネルギーの小さな量子としてふるまう場合があり,これを**光量子**(photon)と呼ぶ.f を光の振動数とすると,1個の光量子のエネルギー E は,

$$E = hf \tag{15.1}$$

で与えられる.ここで,h はプランク定数で,6.63×10^{-27} erg-sec である.視覚を考えるときには,光は波動としても量子としても振る舞うことに注意しなくてはならない.光の光束としての振舞いを理解するためには波動が重要であり,網膜の光受容器が光をどのように受容するかについては光量子の理解が重要である.

15.3 眼の構造

図 15.1 にヒトの眼の構造を示す.眼は,ほぼ球体であり,直径おおよそ 2.4 cm である.脊椎動物の眼は,種によってサイズは異なるものの,基本的構造は似ている.眼球の一部の外側には透明な角膜があり,光はその角膜を通して眼に入射される.網膜は眼の奥を裏打ちしており,入射した光はレンズ系を通して光を受容する網膜に反転した像として焦点が結ばれる.網膜で光は神経インパルスを発生させ,情報は脳へ運ばれるのである.

曲率をもつ角膜と眼の内部にある水晶体が構成するレンズ系によって,外界から入射した光は網膜上に焦点を結ぶ.角膜の形は一定なので屈折力(焦点距離の逆数)を変えることはできないが,内側の水晶体は変形できるためにいろいろな距離からの像を網膜上に結ぶことができる.

水晶体の前には虹彩があり,瞳の口径を変えることによって眼に入る光量をコントロールしている(第14章参照).光の強度によって,瞳の口径は 2 mm から 8 mm の範囲で変化する.眼球の内側は,水とほぼ同じ屈折率の2種類の溶液で満たされている.角膜と水晶体の間を満たす液を**眼房水**(aqueous humor)といい,水晶体と網膜の間を満たす液は,**硝子体液**(vitreous humor)という.

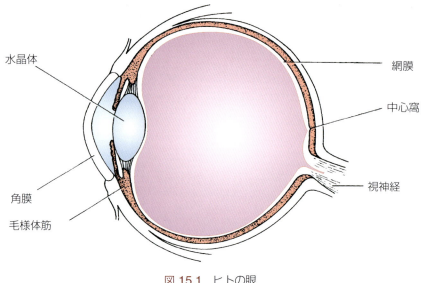

図 15.1 ヒトの眼

15.4 焦点調節

　眼の焦点は，水晶体の厚みと曲率を変えることができる毛様筋で調節され，これを**焦点調節**（accommodation）と呼ぶ．毛様筋が弛緩すると水晶体は扁平になり，屈折力は最小になる．この状態では，平行光が網膜に焦点を結ぶ．遠くの物体からの光はほぼ平行光なので，リラックスした状態の眼では遠く離れたものが見やすい．この遠く離れたという距離は，6 m 以上離れた距離のことである（練習問題 15–1 を見よ）．

　近くを見るときには，より強い屈折力が必要である．近くの物体からの光は眼への入射角が広がるので，網膜に像を結ぶためには光を強く曲げなくてはならない．しかし，水晶体が変えることができる屈折力には限りがある．毛様筋が最も収縮したときでも，青年期の大人が物体に焦点を合わすことのできる距離は，眼から 15 cm 程度である．それ以上近づけると像はぼやける．はっきり像をみることができる最小距離を，**近点**（near point of the eye）という．

　焦点を合わせることのできる範囲は，年齢とともに下がる．10 歳の子供では近点は 7 cm であるが，40 歳になると 22 cm になる．中年期以後，加齢に伴いその悪化のスピードは加速する．60 歳になると，近点はおよそ 100 cm にもなる．この加齢による焦点調節の不具合を**老眼**（presbyopia）という．

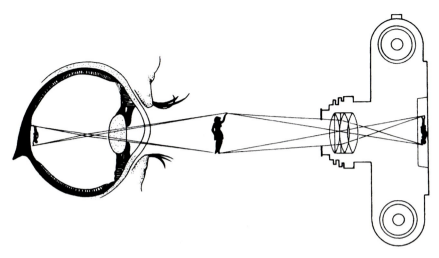

図 15.2　眼とカメラ

15.5　眼とカメラ

　カメラの設計者が意図的に眼を模倣したわけではないが，眼とカメラは多くの類似点をもつ（図 15.2）．眼のレンズ系もカメラのそれも受光部に倒立像を結ぶ．カメラと同じように眼においても，入射光は絞りによって利用に適した光量に調節される．カメラでは，レンズを動かすことでフィルムに焦点を合わせるが，眼においては，レンズ（水晶体）と網膜との位置は一定なので，水晶体の厚みを変えることで焦点を合わせている[訳注1]．

　カメラでも眼でも光の受容は光感受性のある表面で行われ，両方とも微細なレベルでは光感受性の単位が独立しており，そのそれぞれの単位は光照射されることで化学的な変化をする[1]．実際，特別な条件では網膜に照射された像を，フィルムと同じように"現像"することができる．このことは，1870年代に，ドイツ人の生理学者のクーン（W. Kuhne）によって示されている．彼は，格子のある窓を通した光を生きているウサギの眼に照射した．光照射後3分後，ウサギを殺し摘出した網膜を，化学反応を停止させるミョウバン溶液に浸した．窓の格子模様をその網膜にはっきりと見ることができた．数年後，クーンはギロチンで首を切られた死刑囚の頭から網膜を取り出して同様の観察を行った．網膜には，何らか

[訳注1] 著者は，ヒトの眼を意識して述べている．サカナなどの水晶体は変形しない球形でカメラと同じように前後移動を行うことで遠近調整を行う．

[1] デジタルカメラでは，フィルムの化学変化ではなく，受光面における電荷の蓄積を用いる．

の像を見ることができたが，死刑囚が首を切られる前に何を見たかを説明するには至らなかった．

しかし，眼とカメラのアナロジーはすべてにおいて成り立つわけではない．後に述べるように，眼では網膜に投影された像を情報処理する点ではカメラよりはるかに進んでいる．

15.5.1 絞りと被写界深度

虹彩は眼の絞りであり，眼球に入射できる光量によってそのサイズは変化する．必要な光量が得られるのであれば，絞りが小さければ小さい方が像の質がよくなる．これは，眼でもカメラでも同じである．

絞りが小さいほど解像度が良くなるのは，主として2つの理由に基づく．レンズは周辺部になればなるほど不完全になる．絞りを絞ると，光路はレンズの中心部分に制限され，周辺部のゆがみや異常を除くことができる．

眼やカメラで絞りが絞られると，焦点が合っていない像の質も上がることになる．レンズ系からある一定の距離にある対象物のみが，眼の網膜かカメラのフィルム上にシャープな焦点を結ぶことができる．別の言い方をすれば，焦点を結ぶことができない点は，網膜上で円盤状に広がる（図15.3）．この距離に位置しない物体の像は，網膜上ではぼやけてしまう．このぼけの量は絞りの大きさに依存する．図15.3に示したように，絞りを絞ると，ぼけの大きさを減少させることができ，また焦点面からずれた物体の像も比較的明瞭にすることができる．ある焦点

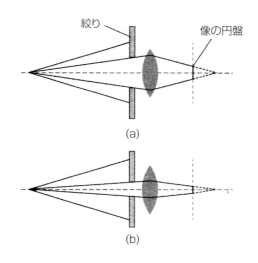

図15.3 像の円盤のサイズ．絞りの口径が (a) 広い場合と (b) 狭い場合

を定めたときに,良好な像が得られる距離の範囲を**被写界深度**(depth of field)と呼ぶ.絞りを絞ることによって被写界深度が増加するのは明らかである.被写界深度は,絞りの直径と反比例するのである(練習問題 15–2 を見よ).

15.6 眼のレンズ系

網膜に逆さまになった実像が結ばれるのは,角膜と水晶体による屈折のためである(図 15.4).角膜と水晶体の屈折力(光学系の屈折の度合い)は,式 C.9(補遺 C)を使って計算できる.表 15.1 に計算に必要なデータを示す.

3 分の 2 に相当する最も大きな屈折は角膜で生じる.水晶体の屈折率は周辺の体液に比べてほんの少ししか高くないので,水晶体の屈折力は小さい.練習問題 15–3 で示したように,角膜の屈折力は 42 ジオプトリーであるが,水晶体のそれは可変で 19 から 24 ジオプトリーである(単位としての**ジオプトリー**(diopter)の説明は,補遺 C を見よ).

角膜の屈折力は,水に直接触れると劇的に小さくなる(練習問題 15–4 を見よ).ヒトの眼では,角膜の屈折力が落ちた分を水晶体が補正仕切れないために,水に潜ると網膜にすっきりとした像を結ぶことができず,ぼけた像を見ることになる.

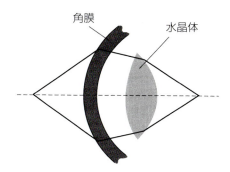

図 15.4 角膜と水晶体による焦点形成(スケールは正確ではない)

表 15.1 眼のパラメータ

	半径(mm)		屈折率
	前方	後方	
角膜	7.8	7.3	1.38
水晶体 最小屈折力	10.00	−6.0	
水晶体 最大屈折力	6.0	−5.5	1.40
水と硝子体			1.33

サカナの眼では，水中で物を見るように進化したために，水晶体が焦点合わせの大部分を行っている．サカナの眼にあるほぼ球状の水晶体は，陸生動物の眼の水晶体に比べて高い屈折力をもっている．

15.7 単純化した眼——省略眼

眼に入った光の軌跡を正確に描くには，4つの表面での屈折を計算しなくてはならない（角膜の2ヵ所，水晶体の2ヵ所である）．図15.5で示した**省略眼**（reduced eye）と呼ばれるモデルを考えることで，この面倒な作業を簡単にすることができる．ここでは，すべての屈折は角膜の前表面で起こるとし，その角膜は半径 5 mm とする．眼全体は均一で，その屈折率は水と同じ 1.333 とするのである．また，網膜は角膜の後方 2 cm のところに位置するとする．交点 n とは角膜の曲率の中心であり，角膜表面の後方 5 mm の位置にある．

このモデルは，眼がもっともリラックスしている状態に近く，平行光が入射して網膜に像を結ぶ状態である．これは式 C.9 を用いて確認することができる．入射した光は省略眼内で結像し，$n_L = n_2$ なので，式の右側の第二項が消去される．そのため，式 C.9 は簡略化され，

$$\frac{n_1}{p} + \frac{n_L}{q} = \frac{n_L - n_1}{R} \tag{15.2}$$

となる．ここで，$n_1 = 1$, $n_L = 1.333$, $R = 0.5$ cm である．入射光は平行光とするので，その光源は無限遠とする（つまり $p = \infty$）．そのために，平行光が像を結ぶ距離 q は次式で示され，

$$\frac{1.333}{q} = \frac{1.333 - 1}{5}$$

すなわち，

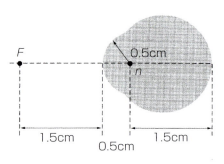

図 15.5　省略眼

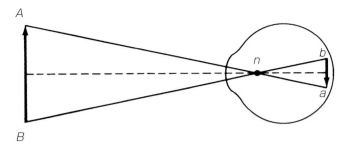

図 15.6　網膜上の像のサイズの求め方

$$q = \frac{1.333 \times 5}{0.333} = 20 \text{ mm}$$

である．

　省略眼における前方の焦点は，角膜の前方 15 mm のところにあり，もしも眼球内部から平行光が出されたとしたときには，この位置に焦点を結ぶことになる（練習問題 15–6 を見よ）．

　省略眼には，焦点を調節するメカニズムはないが，網膜に結像する像のサイズを推定することができる．作図すると図 15.6 のようになる．A と B で示された 2 つの点からの光線は，交点 n を通って網膜に結像する．網膜では，a と b の像になる．この作図では，外部にある A 点は網膜上で a 点に，B 点は b 点にそれぞれ焦点を結ぶと仮定している．この A と B の間にあるそれぞれの点は，a と b の間のそれぞれの点に対応して結像する．三角形 AnB と，anb は相似なので，物体と像の関係は，以下の式で与えられる．

$$\frac{\text{物体の大きさ}}{\text{像の大きさ}} = \frac{\text{交点から物体への距離}}{\text{交点から像への距離}} \tag{15.3}$$

または

$$\frac{AB}{ab} = \frac{An}{an}$$

目の前 2 m のところに身長 180 cm の人が立っているとしてみると，網膜上の像の長さは，以下のようになる．

$$\text{像の長さ} = 180 \times \frac{1.5}{205} = 1.32 \text{ cm}$$

そして顔の像は，1.8 mm 程度になり，鼻はおよそ 0.4 mm である．

15.8　網膜

　網膜は，複雑なネットワークを作っている神経と神経繊維に続いていて，視神経

を経て脳に繋がっている（図 15.7）．視細胞で光が受容されると，神経インパルスが発生し，そのインパルスは神経ネットワークと視神経を経て脳に伝わる[訳注2]．視細胞が神経ネットワークの後ろ側に位置するために，光はこの神経ネットワークを通過して視細胞に到達するのである．

視細胞には 2 種類あり，それぞれ**錐体**（cone）と**桿体**（rod）と呼ばれる．錐体細胞は明るいところでの色弁別に利用され，桿体細胞は薄暗い時に使われる．

網膜の中心付近に，**中心窩**（fovea）と呼ばれる直径 0.3 mm 程度のくぼみがある．そこでは錐体細胞がぎっしりと詰まっている．錐体細胞の直径は，およそ 0.002 mm（2 μm）である．この中心窩に投影された像が最も細かく弁別される．周辺を見回したときに，もっとも興味深い部分が中心窩に投影されるように眼の向きは調整される．

中心窩の周辺では，錐体細胞と桿体細胞が混在する．中心窩から離れるに従って，網膜の構造は疎になってくる．周辺部になるに従って錐体細胞の比率は減少し，桿体細胞だけになる．中心窩に存在する 1 つ 1 つの錐体細胞は，それぞれの視神経に連結する経路をもっている．そのため，中心窩に結像した像は，細かに弁別することができる．中心窩から離れると，1 つの神経経路に数個の視細胞が

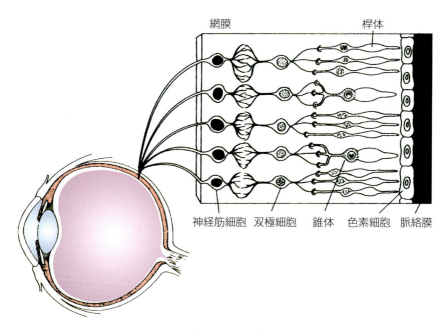

図 15.7　網膜

[訳注2] 神経節細胞に続く視神経で顕著な神経インパルスが観察される．

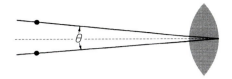

図 15.8　2 点がなす角度が $1.22\lambda/d$ より大きいとき，2 点を弁別できる．

繋がるようになる．そのために解像度は下がるが，そこでは薄暗いところでの視覚および運動視覚は良い．

　網膜の構造から，およそ 2 m 離れた対象物がどう見えるか考えてみると，この距離からだと，直径が 4 cm の対象物しか明瞭に見ることができない．つまり，この大きさの対象物であれば中心窩とほぼ同じ大きさに結像されることになるからである．

　直径およそ 20 cm の対象物になると，見ることはできるが，はっきりと見ることはできなくなる．大きな対象物は周辺部ほどはっきりと見えなくなる．たとえば，2 m 離れたところでヒトの顔を見たとすると，顔をそれなりにはっきりと見ることはできるが，本当に細かく見えるのは口の大きさ程度の範囲だけである．顔を見ながら観察者はヒトの腕や足があることに気づくことができるが，足先の靴に至ってはどんな靴だったかを説明することはできない．

15.9　眼の分解能

　これまでの結像についての考察では，光の回折を無視できる幾何光学を適用してきた．ここでいう幾何光学とは，ある光源からの光は，一点に結像するというものである．しかし，これは常に正しいわけではない．瞳のような穴から抜けてきた光は，光の回折が起こっており，光の波はその穴の縁の周辺に広がる[2]．その結果，像はくっきりした点として焦点を結ぶことができず，円盤とその周囲に徐々に光量が減少するリング状の回折パターンが生じる．

　もし，光を発する 2 点間の距離が近いと，それぞれの点の回折円盤は重なり，2 点を弁別することが不可能になる．光学系は，2 点の回折パターンが重ならなければ，2 点弁別可能になるのである．この基準から，以下のことが予想される．つまり，レンズの中心に入る 2 つの光軸がなす角度が以下の式の基準値の θ に等しいか大きければ，2 点弁別が可能である．

---

[2] もし瞳のような穴が光軸の中になかったら，レンズの直径が穴であると考えればよい．

$$\theta = \frac{1.22\lambda}{d} \tag{15.4}$$

ここで，λ は光の波長，d は絞りの直径である．θ はラジアン（1 ラジアンは，57.3°）．たとえば $\lambda = 500$ nm の緑色が直径 0.5 cm の瞳に入射したとすると，この角度 θ は，1.22×10^{-4} ラジアンとなる．

実際にヒトの視力を測定してみると，眼はこの予想レベルの分解能をもたないことがわかる．ほとんどの人たちは，5×10^{-4} ラジアン以下のものを弁別することはできない．眼の分解能を制限する別の要素があることは明らかである．角膜や水晶体などのレンズシステムの不完全性は分解能を落としているが，それよりも大きな問題点は，網膜の構造により与えられる影響である．

中心窩では，およそ直径 2 μm の錐体細胞が密集して存在している．2 点を弁別するためには，それぞれの点からの光は異なった錐体細胞に焦点を結び，かつそれらの光刺激によって興奮した錐体細胞の間には，少なくとも 1 つの興奮していない錐体細胞が存在していることが必要である．そのため，2 点弁別できるためには，網膜で像は少なくとも 4 μm 離れていなければならない．2 つの興奮した細胞の間に興奮していない錐体細胞が 1 つあると，3×10^{-4} の角度の弁別ができることになる（練習問題 15–7a を見よ）．非常に高い視力をもつヒトは，この角度で 2 点を弁別できるが，ほとんどのヒトは弁別不能である．通常のヒトの眼では，2 点を弁別するためには，2 つの興奮する錐体細胞の間に 3 つの興奮していない細胞が存在しなくてはならない，とするとうまく説明できる．そのとき，2 点を弁別することのできる角度は，先のように 5×10^{-4} ラジアンとなる（練習問題 15–7b を見よ）．

ここでは，矯正していない眼ではどれくらいの視力になるかを考えてみよう．細かく物を見るためには，眼の焦点が合う最短の距離に対象物をもってくる必要がある．対象物が眼から 20 cm 離れているとして，距離 x 離れている 2 点が作る角度は，以下の式で与えられる（図 15.9）．

$$\tan^{-1}\frac{\theta}{2} = \frac{x/2}{20} \tag{15.5}$$

この問題のように θ がとても小さいとき，角度の正接 (tangent) は，角度そのものと一致するので，

$$\theta = \frac{x}{20}$$

となる．

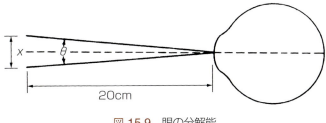

図 15.9　眼の分解能

2点を弁別できる最小の角度が 5×10^{-4} ラジアンなので，見分けることができる対象物の最も短い距離は

$$x = 5 \times 10^{-4} \times 20 = 100 \ \mu m = 0.1 \ mm$$

である．同じ考え方で，ヒトの顔の白目は20mまで離れても区別できることがわかる（練習問題15–8を見よ）．

15.10　視覚の閾値

　光が，光感受性のある桿体細胞や錐体細胞に受容されることで，視覚という感覚が生じる．薄暗いときは，桿体細胞がおもに光受容に用いられる．光が光受容細胞の中で化学反応を引き起こしてしまうと感度は低下する．光受容細胞の状態を最も高い感度にするためには30分以上の暗順応が必要である．

　最適な条件下では，眼は光に対して非常に高感度になる．たとえばヒトの眼では，十分に暗順応していれば，ろうそくの明かりを20 km離れたところから見ることができる．光を受容する閾値は，驚くほど小さく，われわれはそれを光量子（フォトン）という単語を用いて説明しなくてはならない．1光量子によって桿体細胞の興奮をひき起こすことができることが実験により示されている．ただし，これは，角膜に入射する1光量子を感じることができるということではない．このようなごく薄暗い光の世界では，視覚は確率的に考えなくてはならない．

　実際，ヒトがフラッシュ光を感じることができるためには，60光量子が角膜に照射されることが必要である．そのうち，およそ半分の光が，眼の光学系で反射されたり吸収されたりする．網膜に達した30個ばかりの光量子は，500の桿体細胞があるあたりに広がってしまう．この光量子の中の5つ程度が，桿体細胞に吸収されると推定されている．おそらく5つの桿体細胞が，フラッシュ光の照射によって興奮するのであろう．

　光量子1個のエネルギーは非常に小さい．ヒトによって緑色に感じる 500 nm

の波長では，

$$E = hf = \frac{hc}{\lambda} = \frac{6.63 \times 10^{-27} \times 3 \times 10^{10}}{5 \times 10^{-5}} = 3.98 \times 10^{-12} \text{ erg}$$

である．これはごく少ないエネルギーではあるが，単一の分子の化学的変化をひき起こし，続く細胞内情報伝達の引き金となり，最終的には神経インパルスを生じさせるのに十分である訳注3．

15.11 視覚と神経機構

視覚は，眼の物理光学だけでは説明できない．視細胞の数は，視神経の数よりも非常に多いことをみても，網膜に投影された像が，そのまま脳に情報として運ばれているのではないことがわかる．脳に情報が送られる前に，網膜内の神経ネットワークでたくさんの情報処理が行われる．像のどの点が重要かを神経系は決めて，それらを強調して信号を送る．たとえばカエルでは，網膜の神経系は小さな物が動くことに強く反応するように設計されている．飛翔するハエがカエルの視野をよぎると，網膜の神経は強く反応し，ハエが十分に近ければカエルは舌を突きだしてハエを餌として捕獲する．ところが，カエルにとって餌にはならないぐらい大きな物が同じ視野をよぎったときには，神経の興奮は引き起こされない．明らかに，カエルは視覚情報処理によって，小さな昆虫を捕まえる高い能力があり，一方で大きな危険な動物が近くをよぎるときには敵に見つからないように振る舞う能力がある．

ヒトの眼も，同様に重要な情報処理機構をもっている．像が動くことがヒトにとっても重要なのだ．対象物を見る情報処理において，眼は1秒間に30から70回の小さな早い動きを行っていて，この動きによって網膜上の像を少しずらすことができる．実験として，眼の動きを止め網膜上の像を固定することができるが，すると，像は徐々に消えてしまう．

15.12 視覚の障害

眼の焦点を合わせる仕組みに関連したよくある障害として，近視（myopia），遠視（hyperopia），乱視（astigmatism）の3つがある．近視と遠視の仕組みについて説明するには，平行光が眼に入射する場合を考えるとわかりやすい．

リラックスした正常な眼に入った平行光は網膜に焦点を結ぶ（図15.10）．近

訳注3 先に述べたようにインパルスになるのは神経節細胞以降である．

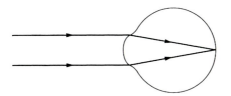

図 15.10　正常な眼

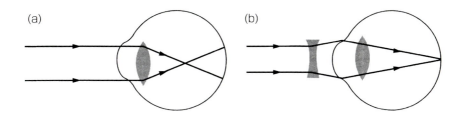

図 15.11　(a) 近視　(b) 近視の矯正

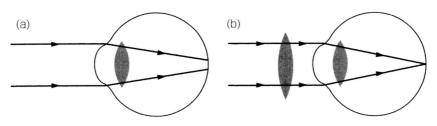

図 15.12　(a) 遠視　(b) 遠視の矯正

視のヒトの眼では，網膜の前方に焦点がくる（図 15.11a）．このうまく結像できない原因は，眼球が光軸方向に長く伸びているか，角膜が過度な曲率をもっているかによる．一方，遠視では，近視と反対の問題がある（図 15.12a）．平行光は網膜の後ろに焦点を結ぶ．この遠視での問題は，正常なヒトに比べて眼球が光軸方向に短いか，結像できる力がないことによる．遠視では，無限遠の物体に調節することはできるが，近点は正常者に比べて，圧倒的に離れている．このように，遠視は老眼と似ているといえる．つまり，近視の眼は入射光を屈折させすぎるし，遠視のそれは屈折を十分に行えていないと，まとめることができる．

　乱視は，角膜の非球面性による．たとえば，楕円の形をした角膜だと，場所によって曲率が異なるので，垂直な2つの直線が同時にシャープな像を結ぶことはない．つまり，2つのうちの1つの線が常に網膜上に焦点を結ぶことができないので，結果として歪んだ見え方になるのである．

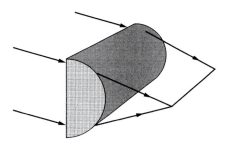

図 15.13　乱視矯正のための円柱レンズ

　これらの 3 つの欠陥は，眼の前にレンズを置くことで修正できる．近視には，眼の中の強い屈折を矯正して焦点を後ろの移動させるために凹レンズ（発散レンズ）を用い，遠視には眼の弱い屈折を矯正して焦点を前に移動させるために凸レンズ（収束レンズ）を用いる．乱視の，角膜の偏った曲率を矯正するためには，円筒状のレンズを用いる（図 15.13）．円筒状のレンズを用いると，2 つの軸のうち 1 つの軸に関してのみ焦点を結ばせることができる．

15.13　近視用レンズ

　ある近視のヒトにとって，焦点を結ぶことができる最も遠い距離が 2 m だったとして考えてみよう．このはっきり見えるもっとも離れた距離を，遠点（far point of the eye）という．この距離よりも見たい物体が離れてしまうと，網膜の前で焦点が結ばれてしまう（図 15.11a）．ここで，凹レンズは，平行光を遠点（ここでは 2 m の地点）からやってきたように変える役割をもつ．この矯正によって，無限遠にある物体の像を結ぶことができるのである．

　このレンズの焦点距離は，補遺 C の式 C.6 を用いて，

$$\frac{1}{p} + \frac{1}{q} = \frac{1}{f}$$

で表すことができ，ここで p は，平行光の光源の位置としての無限遠である．虚像の位置 q は，-200 cm でなければならない．すると，凹レンズの焦点距離（式 C.4）は次式で与えられる．

$$\frac{1}{f} = \frac{1}{\infty} + \frac{1}{-200} \quad \text{または} \quad f = -200 \text{ cm} = -5 \text{ ジオプトリー}$$

15.14 遠視と老眼用のレンズ

これらの欠陥を有する眼は，近い物に焦点を合わせることが難しい．近い物に焦点を合わせることのできる近点は，眼から随分と離れている．これを矯正するためのレンズの役割は，近くにある物体からの光をレンズなしの眼の近点からやってきたように変えることである．ある遠視のヒトの眼の近点が 150 cm だと仮定してみよう．これを矯正するレンズによって，25 cm の距離の対象物を見られるようにしなくてはならない．焦点距離は，補遺 C の式 C.6 で求めることができ，

$$\frac{1}{p} + \frac{1}{q} = \frac{1}{f}$$

ここで，p は物体の距離 25 cm で，近点上にある虚像までの距離 q は -150 cm である．凸レンズの焦点距離 f は次式で与えられる．

$$\frac{1}{f} = \frac{1}{25 \text{ cm}} - \frac{1}{150 \text{ cm}} \quad \text{または} \quad f = 30 \text{ cm} = 33.3 \text{ ジオプトリー}$$

15.15 視覚能を拡大する方法

ヒトの視覚能の範囲は限られている．遠く離れている物体の細かい部分を見ようとしても，網膜での像があまりにも小さいので，見分けることができない．20 m の高さの木であっても，500 m 離れると網膜上の像は 0.6 mm にすぎなくなる．裸眼では，この木の葉を弁別することはできない（練習問題 15–9 を見よ）．小さな物体を見ようとすると，眼の調節能だけでは無理である．すでに述べたように，ヒトの標準的な眼では，およそ 20 cm の距離よりも近い物に焦点を合わせることはできず，分解能は最高でも 100 μm 程度にすぎない．

300 年にもわたって，望遠鏡と顕微鏡という 2 種類の視覚の補助の機器の開発が続いている．望遠鏡は，遠い物体を見るように設計され，顕微鏡は裸眼では見ることのできない小さな物体を観察するために用いられている．これらの機器は，レンズの拡大する力を利用している．最近では，視覚能の補助の 3 つ目の機器として，ファイバースコープも用いられるようになった．これは，ファイバースコープ内の全反射を使って，直接見ることのできない物体を見ることができるものである．

15.15.1 望遠鏡

簡単な望遠鏡を図 15.14 に模式的に示した．遠く離れた物体からの平行光は，

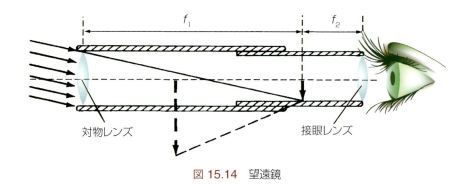

図 15.14 望遠鏡

対物レンズ（objective lens または objective）と呼ばれるはじめのレンズに入射し，そのレンズによって物体の実像が作られる．遠距離にある物体からの光はほぼ平行光であるので，対物レンズの焦点面に像が形成される（模式図の中では，物体の 1 点からの光路が描かれている）．2 番目のレンズである接眼レンズでは実像を拡大する．つまり，望遠鏡は，対物レンズで作られた実像が**接眼レンズ**（eyepiece）の焦点面に位置するように調整されているのである．眼では，接眼レンズで作られた虚像を見ることになる．像と物体の比率である望遠鏡の倍率は，以下の式で示される．

$$倍率 = -\frac{f_1}{f_2} \tag{15.6}$$

ここで，f_1 と f_2 は，それぞれ対物レンズの焦点距離と接眼レンズの焦点距離である．式 15.6 からわかるように，倍率を高くするためには，対物レンズの焦点距離を長くして，接眼レンズのそれを短くすればよい．

15.15.2 顕微鏡

簡単な顕微鏡は，対象物を拡大する 1 枚のレンズだけからなる（図 15.15）．図 15.16 に示すように 2 枚のレンズを組み合わせると，1 枚のレンズだけよりもより良い像をえることができる．この 2 枚のレンズを組み合わせた顕微鏡は，望遠鏡と同じように対物レンズと接眼レンズからなるが，顕微鏡の対物レンズの焦点距離はずっと短い．対物レンズは実像 I_1 を作り，接眼レンズによって拡大した I_2 の像を見るのである．

生命科学にとって顕微鏡は重要な道具となっている．17 世紀に顕微鏡が開発されたことで，生命を細胞レベルから研究できるようになった．当時の顕微鏡で得られる像はとても歪んでいたが，年を経るに従って理論上の限界レベルまで完成度が上がった．現代における最も良い顕微鏡の分解能は，光の回折の性質によっ

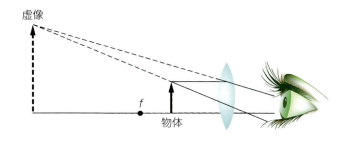

図 15.15　簡単な虫メガネ

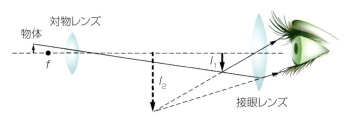

図 15.16　複式顕微鏡の模式図

て決定され，およそ光の波長の半分まで分解能が上がっている．別のいい方をすれば，最新の顕微鏡では，照明光の波長の半分のサイズといったごく小さな対象物を観察することができるのである．

　ここでは，顕微鏡の詳細を述べないが，多くの基礎的な物理学の教科書に解説があるので参照してほしい（たとえば [15-1] を見よ）．次の項では，われわれの研究室のダヴィドヴィッツ（P. Davidovits）とエッガー（M. D. Egger）が特別な目的のために設計した走査型共焦点顕微鏡ついて述べる．

15.15.3　共焦点顕微鏡法

　通常の顕微鏡で，半透明な物質に入っている小さな物を見ることは難しい．たとえば，生きたままの動物の体内の脳細胞などのように組織の表面の内側にある細胞を，通常の顕微鏡で満足に観察することは難しいのである．

　光は，組織を通過することができるのは確かである．このことは，口の中に懐中電灯を入れて，頬を通して抜けてくる光を観察することでわかる．したがって，原理的には，組織の中の細胞を観ることができるはずである．組織を照明して，細胞から反射してくる光を集めることができれば可能なはずである．しかし，残念ながらこの方法をそのままでは使えない理由がある．光は，見たい細胞からだ

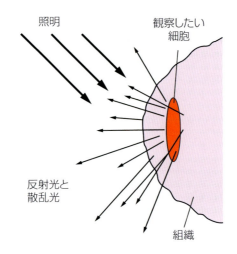

図 15.17　組織における光の散乱と反射

け反射したり散乱したりするだけでなく，組織の表面からも，観察したい細胞より手前にある細胞からも後ろにある細胞からも反射したり散乱したりするのである．この擬似的な光も顕微鏡に取り込まれ，組織内での単一細胞層の像をマスクしてしまう（図 15.17）．

この問題を解決するために，何年にもわたって種々の顕微鏡が考案されてきた．中でも最もうまくいったものは**共焦点顕微鏡**（confocal microscope）である．共焦点顕微鏡の原理は，1957 年にミンスキー（M. Minsky）によって初めて記述された．1960 年代にダヴィドヴィッツとエッガーは，ミンスキーの設計を改変して，生きた組織内にある細胞を観察できる共焦点顕微鏡の作成にはじめて成功した．

この共焦点顕微鏡は，組織内の薄く切り出した層からのみの光を集め，別の部分からの反射や散乱の光は除くことができるように設計された．ダヴィドヴィッツ・エッガー顕微鏡の模式図を図 15.18 に示す．この機器は，通常の顕微鏡に似てはいないが，拡大した像を観察することができるのである．この顕微鏡は，対象物の照明に平行光線を必要とする．平行光線の光源としてレーザーを用いるが，観察中に組織を傷めない程度のエネルギーで使用する．レーザー光をハーフミラーで反射させて対物レンズに入射させ，組織の中のある1点に焦点を結ばせる．平行光線であるために，対物レンズの主焦点そのものに光は集まる．この集光した点の組織での深度は，対物レンズと組織の距離を変えることで変えることができる．

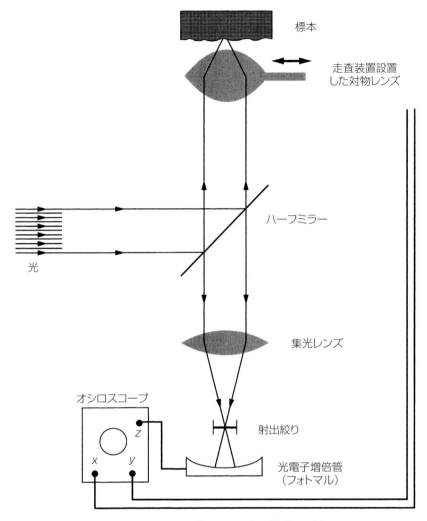

図 15.18　組織における光の散乱と反射

　光は，入射した光の光路のあらゆる点で散乱し反射し，戻ってくる光の一部は対物レンズによって妨げられる．しかし，焦点からの光のみが対物レンズによって平行光になり，一方，焦点ではない別の点からの光は，レンズの光軸に対して収束したり発散したりする．戻ってくる光はハーフミラーを抜け，集光レンズに取り込まれる．この光のうち平行光線だけが集光レンズの焦点におかれた小さな絞りを抜けることができる．平行でない光線はこの絞りで焦点を結ばない．絞りの後ろにおかれた光電子増倍管（フォトマル）で，この絞りを抜けた光量に比例

した電位変化を記録する．この電位は，オシロスコープの電子ビームの強度として表示される．

これで，組織内の一点からの反射光量に比例した明るさの輝点をオシロスコープのスクリーン上で観察することができる．細胞のすべての場所を観察するためには，一点一点走査しなくてはならない．この走査は，レンズをレンズがある面で動かして行うので，焦点は組織内部のある領域を走査することになる．レンズを動かすことは，対物レンズの焦点を起点とする平行光に影響を与えることはない．そのため，フォトマルの出力と，それに対応するスクリーン上の輝点の明るさは，走査したスポットの反射光量に比例する．観察対象の物体を走査すると，オシロスコープ上の電子線は対物レンズの動きに伴って移動する．そのために，スクリーンでは観察している組織の薄い断面を切り出した図を示すことになる．

この顕微鏡の倍率は，オシロスコープ画面上の走査距離と対物レンズの走査距離との比率で単純に決まる．対物レンズを 0.1 mm 走査し，オシロスコープ上でビームを 5 cm 動かしたとしたら，倍率は 500 倍になる．分解能は，対物レンズの焦点のスポットサイズによって決まる．光は回折するので，最も小さなスポットサイズはおよそ光の波長の半分となってしまう．そのため，最高の分解能は通常の光学顕微鏡と同じ程度である．

共焦点顕微鏡で得られた最初の重要な生物学的観察は，生きているカエルの角膜内部の内皮細胞の映像であった．通常の光学顕微鏡では，角膜の前表面からの強い反射が内皮細胞からの弱い反射を隠してしまうので，このような観察をする

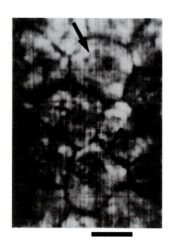

図 15.19　生きたウシガエルの正常眼の角膜内皮細胞
矢印はそれぞれ 2 つの細胞の核を示している．スケールバーは 25 μm．

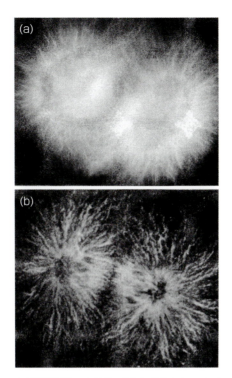

図 15.20 ウニ胚の，通常顕微鏡による像（焦点が合わないためにボケが生じている）(a) と最近の共焦点顕微鏡による像 (b). Part (a) from Matsumoto (1993), *Meth. Cell Biol.* 38, p.22. Part (b) from Wright (1989), *J. Cell. Sci.* 94, 617–624, with permission from the Company of Biologists Ltd.

ことはできない．図 15.19 は，オシロスコープの画面でのその内皮細胞の観察像を示したものである．共焦点顕微鏡は，多くの生物学研究室でなくてはならない観察機器となった．最新の機器では，光の走査は鏡を使って行われ，像はコンピュータで処理されるようになった．図 15.20 に最近の共焦点顕微鏡で撮影した改良された像を示す．

15.15.4 光ファイバー

現在では光ファイバー機器が医学的に広く応用されている．光ファイバーの仕組みは，非常に簡単である．補遺 C のスネルの法則で考察しているように，大きい屈折率の物質中を進む光が小さい屈折率の物質に臨界角 θ_c より大きな角度で入射すると全反射して元の屈折率の大きい物質に戻ってくる．このことによって，光は，図 15.21 に示すようにガラスの円柱内に閉じ込められた状態で伝導するの

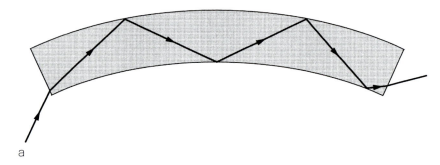

図 15.21　全反射によって円柱ガラスに閉じ込められた状態で進む光

である．この現象は，光学が研究され始めたころからよく知られていた．しかし，この現象が広く使われるようになるには材料工学のいくつもの画期的発展が必要であった．

　1960 年代から 1970 年代にかけて開発が進んだ光ファイバー技術により，遠くまで光を運ぶことができ，低損失で，細く，しなやかなガラスファイバーを作ることができるようになった．典型的な光ファイバー直径約 10 μm で，高純度の石英ガラスからできている．光ファイバーの表面を被覆することで光の封じ込めを改善できる．そのような光ファイバーは，数キロメートルの曲がりくねった経路にわたって，ほぼ損失することなく光を運ぶことができる．

　ファイバースコープ（fiberscope）や**内視鏡**（endoscope）は，光ファイバーを使った医療機器の中でも最も簡単な例である．それらを使って，胃や心臓，そして腸などの内臓器官を視覚化して診断に役立てることができる．ファイバースコープは，2 つの光ファイバーの束を 1 つの曲がりやすいユニットにまとめたもので構成されている．それぞれの光ファイバーの束は，およそ 10,000 本もの繊維を束ねた直径 1 mm ほどのものである．機器の種類によっては，直径 1.5 cm ほどの太さのものもある．使用目的によって，30 cm から 1.2 m の長さのものがある．

　1 つに束ねられた 2 つの束を，体の開口部や，静脈，動脈から体に差し込んで，検査する器官に向かって這わせていく．一方の束に，キセノン光源などからの高輝度な光を集光し，観察したい器官を照明する．もう一方の束を構成する 1 本 1 本のファイバーは器官の微小部分の反射光を集め，観察者まで運ぶ．運ばれた光で像を結び，観察者の眼で直接，あるいはブラウン管や別のタイプの電子機器のスクリーンで観察する．通常は，観察用のファイバーの束の周囲を照明用の束がとり囲むように配置している．現在のほとんどの内視鏡では，接続された小型のビデオカメラを通して，テレビモニター上に体内の器官が映し出されるようになっ

ている．

　内視鏡の先にリモートコントロールできる小さな外科手術機器を備えることで，大きく切開することなしに外科的処理ができるようになり，ファイバー光学機器の用途が格段に広がった．ごく最近では，光学センサーによって動脈，膀胱，子宮などの圧を測定したり，一方のファイバー束を通して強力なレーザー光で組織を照射して組織の一部を選択的に破壊するレーザー手術も可能になっている．

練習問題

15–1. 光源がレンズから 6 m の位置から無限大の距離の位置に移動したとしたときに，焦点距離 1.5 cm のレンズによる像が移動する距離を計算せよ．

15–2. 正確には焦点上にない点光源は，網膜上で円盤状の像を作りだす．焦点を結ばない光源の像の直径が a よりも小さいものなら像が良好であると仮定しよう．そのとき，被写界深度は，絞りの大きさに反比例することを示せ．

15–3. テキストで示されたデータを用いて，角膜と水晶体のそれぞれについて，焦点を合わせるための屈折力をジオプトリーで示せ．

15–4. 水中内における角膜の屈折力をジオプトリーで計算せよ．水の屈折率は 1.33 とする．

15–5. サカナの眼の水晶体の屈折力をジオプトリーで示せ．水晶体を，直径 2 mm の球体と仮定せよ（屈折率は，**表 15.1** を参照すること）．水の屈折率は 1.33 とする．

15–6. 平行光が省略眼から発して焦点を結ぶとき，角膜前面からその焦点への距離を計算せよ．

15–7. **図 15.5** の省略眼の数値をもとに，次の 2 つの場合について眼の分解能を計算せよ（**図 15.6** を参考にすること）．(a) 1 つの興奮していない錐体が，2 つの興奮している錐体の間にある場合，(b) 4 つの興奮していない錐体が，2 つの興奮している錐体の間にある場合．

15–8. よい視力をもつヒトが，他人の白目を弁別できる最も離れた距離を計算せよ．データは本文を参照にして，眼の大きさは 1 cm とする．

15–9. 500 m 離れた 10 cm の葉が網膜上に投影されるときの長さを計算せよ．

Chapter 16　第**16**章

原子物理学

　現代の原子核物理学は，20世紀の科学において成し遂げられた最も素晴らしい成果の1つである．今日，この領域で発展した概念や技術を用いない科学・技術分野を見出すことは容易ではない．さらに，原子核物理学における理論や技術は，生命科学の分野においても重要な役割を果たしている．その理論は，有機分子の構造や相互作用の理解に役立つ基礎を与え，一方，技術は，実験や臨床において多くのツールを与えてきた．このように，原子核物理学の寄与は多岐にわたり，また，影響力も大きいため，それらを1つの章だけできちんと評価することは不可能である．そこで本章では，このテーマの概要を述べるにとどめたい．まず，原子と原子核について簡単に説明し，次に，原子核物理学の生命科学分野への応用について紹介する．

16.1　原子

　1912年までに，トンプソン（J. J. Thompson）やラザフォード（E. Rutherford）らの研究により，物質を構成する原子に関する重要な事実が，数多く発見されていた．原子の中には，負の電荷をもつ軽い電子と正の電荷をもつ比較的重い陽子がある．陽子の質量は，電子の約2000倍と重いが，両者の電荷の大きさは等しい．1つの原子の中には，負の電荷をもつ電子の数と同数の正に荷電した陽子が存在するため，原子全体としては電気的に中性である．原子の種類は，原子がもつ陽子の数によって決まる．たとえば，水素は1個，炭素は6個，銀は47個の陽子をもっている．ラザフォードは，一連の精巧な実験により，原子のほとんどの質量は，陽子から構成される原子核に集中しており，電子は，原子核の周囲に何らかの形で存在していることを示した．その後，原子核には，中性子（質量が陽子とほぼ同じであり電気的には中性）と呼ばれる別の粒子が存在している

ことが発見された．

　原子核は，原子の質量の大部分を占めているものの，体積では全体のごくわずかな部分を占めているにすぎない．原子全体の直径が，10^{-8} cm 程度あるのに対して，原子核の直径は，わずか 10^{-13} cm 程度と小さい．しかし，まだその当時は原子核の周囲に存在する電子の配置については，知られていなかった．

　1913 年，デンマークの物理学者ボーア（Niels Bohr）が，当時，研究者たちの頭を悩ませていた数多くの観測結果を上手く説明する原子モデル提案した．ボーアが，原子物理学に触れるようになった当初は原子物理学は混乱の中にあった．原子の構造に関する理論が数多く提案されたものの，どれ 1 つとして，当時の実験結果を満足に説明するものではなかった．実験で観測された原子の最も驚くべき特徴として，原子から放出される光が知られていた[1]．ある元素を炎の中に入れると，その元素は，**スペクトル線**（spectral line）と呼ばれるある特定の波長をもった光を発する．各元素は，それぞれ固有の光のスペクトルを発する．これは，たとえば，電球のフィラメントが連続した波長領域で発光するのとは対照的である．

　ボーアのモデルが提案される以前，研究者たちは，このような色の光が原子から放射される理由を説明することができなかった．これに対して，ボーアの原子モデルは，なぜはっきりとしたスペクトルが生ずるのかを説明した．ボーアは，ラザフォードが提案した原子モデルをその取り掛かりとした．原子の中心には，陽子（および中性子）から構成され正に荷電した原子核が存在している．電子は，ちょうど太陽の周りで軌道を描く惑星のように，原子核の周りで軌道を描く．それらの電子は，原子核からの静電引力により軌道内にとどまっている．そして，ここにボーアモデルの重要な特徴が存在しているのであるが，モデルがスペクトル線の放射をうまく説明できるようにするには，電子が，原子核の周りの特定の軌道にしかいられないと仮定せざるを得なかった．すなわち，電子は，ある許された軌道にのみに観察されるという仮定である．ボーアは，この許された軌道の半径を計算し，スペクトル線が，このようなある特定の軌道にしかいられないという制限によって生じることを示した．ボーアの行ったそれらの計算結果は，多くの物理学の入門書に掲載されている．

　軌道の制限の様子は，最も単純な原子である水素（陽子 1 個の原子核とその周りを電子 1 個が周回する）を用いることによって簡単に説明できる（**図 16.1**）．原子にエネルギーが加えられない限り，電子は，原子核に一番近い許された軌道

---

[1] 原子物理学で光（light）といえば，電磁波スペクトルの可視領域のみに限定するものではない．可視領域より短い波長の（紫外）放射や長い波長の（赤外）放射も光と呼ばれる．

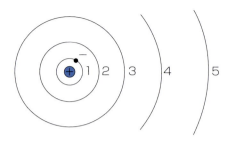

図 16.1　ボーアの水素原子モデル．電子は，原子核周囲の軌道に存在し，半径が 1, 2, 3... の離散的な軌道のみを占めることができる．

上に存在する．エネルギーが加えられると，原子核から遠ざかる方向に「ジャンプ」し，より上位の許された軌道の 1 つに移動することがある．ただし，電子は許された軌道の間に存在する空間に留まることはできない．

ボーアのモデルは，単純な水素原子に対する数多くの実験観測をうまく説明することができた．しかしながら，電子を 1 個より多くもつ原子の挙動を説明しようとすると，原子の構造に対してさらなる制限を課さなくてはならなかった．すなわち，任意の軌道上の電子の数は，$2n^2$ 個を超えてはいけない（n は，原子核から近い順に 1, 2, 3... とつけた軌道の番号）という制限が必要であった．したがって，1 番目の軌道に存在する最大の電子数は，$2 \times (1)^2 = 2$ 個，2 番目の軌道では $2 \times (2)^2 = 8$ 個，3 番目の軌道では $2 \times (3)^2 = 18$ 個のようになる．

原子は，このような制限の下でつくられることがわかった．ヘリウムは，電子を 2 個もっているので，1 番目の軌道は満たされている．リチウムは，3 個の電子をもっているので，3 個中 2 個が 1 番目の軌道を満たし，3 個目の電子は，2 番目の軌道に存在しなくてはならない．このように順番に続けていけば，非常に込み入った原子は別として，基本的には元素が構成されていく．

電子の許された軌道ごとに，特定のエネルギーの値が与えられている．このため，電子が存在する軌道を指すためには，該当するエネルギー値を指すだけでもよい．このような許容エネルギーの値は，それぞれ**エネルギー準位**（energy level）と呼ばれる．ある 1 つの原子のエネルギー準位図を図 16.2 に例示する．ここで，いずれの元素も固有のエネルギー準位構造をもっていることに注意したい．原子中の電子は，固有のエネルギー状態しかとることができない．つまり，任意の原子において，電子は，エネルギー $E_1, E_2, E_3...$ をもつことはできるが，2 つの値の間のエネルギーをもつことはできない．これは，電子は許された電子軌道の配置しかとれないという制限の直接的な結果である．

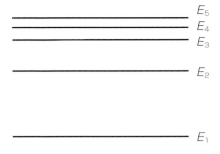

図 16.2　原子のエネルギー準位

　電子が取りうる最も下位のエネルギー準位は，**基底状態**（ground state）と呼ばれ，原子核に最も近い軌道配置である．一方，これより上位の許されたエネルギー準位は，**励起状態**（excited state）と呼ばれ，最下位の軌道よりも大きく，また，異なる軌道形状をもつ．通常，電子は，最下位のエネルギー準位をとっているが，原子にエネルギーが加えられることにより，より高いエネルギー状態へと励起させることができる．

　原子は，さまざまな方法により，低位から高位のエネルギー状態へと励起される．最も一般的な励起方法は，電子の衝突と電磁放射の吸収である．電子の衝撃による励起は，気体放電において頻繁にみられる．原子の気体の中を電流が流れると，衝突する電子の速度が落ち，原子中の電子はより高いエネルギー準位へと移動する．その後，励起された原子が低いエネルギー状態に戻るとき，余ったエネルギーが電磁波として放射される．個々の原子は，1個の光子としてこの余剰エネルギーを放出するため，光子のもつエネルギーは，単純に原子の初期状態のエネルギー E_i と最終状態のエネルギー E_f の差で与えられる．よって，放射される波の振動数は，

$$f = \frac{光子のエネルギー}{プランク定数} = \frac{E_i - E_f}{h} \tag{16.1}$$

と表される．

　2つのエネルギー準位間で遷移が生じると，遷移振動数あるいは共鳴振動数と呼ばれるある特定の振動数をもつ光が放射される．したがって，ある特定の元素の原子集団を強く励起すると，いくつかの明確な振動数をもつ光が放出され，これらが，その元素の光学スペクトルを描き出すこととなる．

　さらに，ある特定の振動数をもつ光を用いることにより，任意のエネルギー準位にある原子をより高いエネルギー状態へと励起させることができる．ただし，この時に用いる光は，原子をより高いエネルギー状態の1つへと遷移させるのにちょ

うど適したエネルギーをもつ振動数の光である必要がある．したがって，原子は，式 16.1 に示す特定の遷移振動数の光に限って吸収し，それ以外の振動数の光は吸収しない．もし，白色光線（すべての振動数を含む）が，ある原子種の原子集団の中を通り抜けると，透過光のスペクトルは，それらの原子に対応した特定の振動数の吸収の位置に間隙が出現する．これは，原子の**吸収スペクトル**（absorption spectrum）と呼ばれる．励起されていない状態にある大部分の原子は，基底状態にあるため，得られる吸収スペクトルは，通常，基底状態からの遷移に対応する線のみを含んでいる（図 16.3）．

光学スペクトルは，原子の外殻電子により描き出される．原子核により近い内殻電子は，より強く結合しているため，それらを励起することは，より難しくなる．ただし，別の高いエネルギーをもつ粒子と衝突させれば，内殻電子の励起も起こりうる．そのようにして励起された原子で電子が内殻軌道に戻ったときは，余ったエネルギーが電磁波の量子として再び放射される．このときの結合エネルギーは，外殻電子のときの約 1000 倍大きいため，放射される波の振動数は，それに応じて大きくなる．この振動数域の電磁放射は，**X 線**（X-ray）と呼ばれる．

ボーアのモデルは，化学結合の形成についても定性的に説明した．化合物やバルク（塊状）物質が形成されるのは，原子の電子軌道における電子の分布によるものである．もし，電子の軌道が，完全に満たされていないとき（多くの原子が

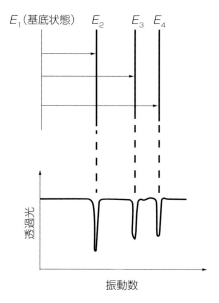

図 16.3　吸収スペクトル

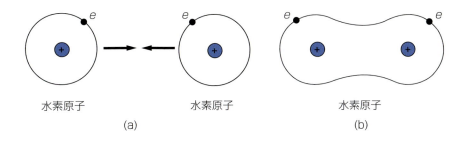

図 16.4　水素分子形成の概略図：(a) ばらばらの 2 個の水素原子．(b) 2 個の原子が接近すると，電子が互いの軌道を共有し，2 個の原子が結合することで 1 個の分子になる．

これに該当），ある原子の電子は，別の原子の電子軌道を部分的に占有することができる．このような軌道の共有により，原子が引かれあい，原子間の結合が生まれる．たとえば，図 16.4 は，2 個の水素原子から 1 個の水素分子が形成される様子を示している．それぞれの水素原子の軌道には，電子がさらに 1 個ずつ入れる余地がある．完全に軌道が電子によって満たされたときが最も安定した構造である 2 個の水素原子が近付くと，それぞれが互いの電子を共有することとなり，このとき，各原子の軌道は満たされていることになる．この軌道の共有は，2 個の原子を結びつけるゴムバンドに例えることができる．このように，電子の共有により，2 個の原子は 1 個の分子として結合される．この電子の共有は，原子間ではお互いに引き合う力として作用する一方で，クーロン力により，原子核どうしは，お互いに反発しようとする．その結果，これらの 2 つの相反する力が釣り合うことにより，2 つの原子間の距離が保たれる．同じようにして，より複雑な分子，ひいてはバルク物質も形成されることとなる．

　電子のすべての軌道が満たされている原子［**希ガス**（noble gas）（ヘリウム，ネオン，アルゴン，クリプトン，キセノン）と呼ばれる原子］は，他の元素と電子を共有できないため，化学的には最も不活性である．

　分子も，発光と吸収の両方で特徴的なスペクトルをもっている．分子は，原子と比べてより複雑な構造をしているため，スペクトルもより複雑となる．さらに，分子のスペクトルは，電子の配置だけでなく，原子核の運動とも関連している．このようにスペクトルは複雑であっても，分子ごとに特徴を見出すことができる．

16.2 分光法

　原子および分子の吸収スペクトル・発光スペクトルは，原子や分子の種類ごとに定まっており，さまざまな物質中の原子・分子を同定するときの指紋の役割を果たす．分光技術は，最初は，原子・分子の基礎実験に用いられていたが，やがてすぐに，生命科学を含めた他の多くの分野で利用されるようになった．

　分光法は，生化学分野においては，複雑な反応生成物の同定に利用され，また，医学分野においては，ある特定の原子・分子の体内濃度の測定に日常的に利用されている．たとえば，尿の分光分析から体内の水銀濃度を計測することができる．また，血糖値の測定では，まず，採取した血液を用いてある化学反応により特定の色の変化を示す生成物を生じさせ，この生成物の濃度が血糖値と比例することを利用して，吸収分光法により血糖値を測定する．

　分光法の基本原理は単純である．発光分光法では，電流や炎を用いて試料を励起し，放射された光を調べることにより含まれる原子・分子を同定する．吸光分光法では，白色光線の光路に試料を置き，透過光の欠落した波長を調べることにより，それらと対応する物質の成分が求められる．さらに，吸収・発光スペクトルは，ともに物質中の各成分の濃度についても情報を与えてくれる．発光分光法では，スペクトルにおける放射光の強さは，対象とする試料の原子・分子数に比例し，同様に吸収分光法では，吸収量を濃度とを関連付けることができる．このようなスペクトルを分析する装置は，**分光計**（spectrometer）と呼ばれ，光の強さを波長の関数として記録する．

　最も単純な分光計は，集光系，プリズム，光検出器から構成される（図 16.5）．集光系により作られた平行光が試料を透過する．透過した光は，次にプリズムを通過し，光は波長成分に分解される．このとき，分散したスペクトルを撮影すると，全波長領域の検出が可能ではあるが，通常は，小さな領域に分けて検出する．これは，スペクトルのごくわずかな部分だけを捕らえる狭い出口スリットを用いることで行われる．さらに，プリズムを少しずつ回転させることにより，スリットを通りぬけた光を走査することで，スペクトルの全体像が捉えられる．プリズムの位置は，スリットを通り抜ける光の波長に合わせて調整される．スリットを通過した光は，光検出器に捕らえられ，光の強さに応じて変化する電気信号へと変換される．そして，その信号の強さは，波長の関数として，記録計に出力される．

　臨床現場で日常的に使用される分光計は自動化されており，比較的簡単に操作することができるが，それほど知られていない分子のスペクトルを同定・解釈す

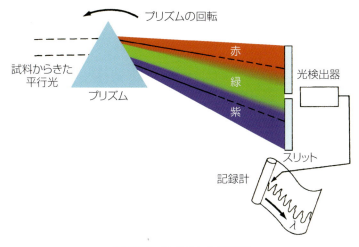

図 16.5 スペクトルの測定

るには,相当の訓練と技術が必要になる.このようなスペクトルは,分子の同定に留まらず,分子の構造に関する情報も提供する.分光計の使用については,練習問題 16–1 でさらに詳しく取り扱う.

16.3　量子力学

　ボーアのモデルは,多くの観測結果を説明したが,当初から不自然さが見受けられた.確かに,特定の電子数を許容する安定した軌道という考え方は,恣意的に作り出されたように感じられた.しかしながら,このボーアのモデルは,その後の量子力学の発展に結び付く新しい方向性を示した大胆な一歩であった.

　量子力学的に原子を説明すると,電子に厳密な軌道やそれらの軌跡を与えることは不可能である.電子は波動のような性質をもち,原子核の周囲にある形をもって存在する雲のようにふるまう.ボーアの原子理論において作り出された仮定は,原子を量子力学的に理解しようとした場合に自然に得られる帰結となる.さらに,量子力学は,ボーアのモデルでは捉えられない多くの現象をも説明する.たとえば,単純な分子の形は,それを構成する原子の電子配置間に生じる相互作用の直接的な結果であると示すことができる.

　粒子が,波動的性質を示すことがあるという概念は,1942 年にドブロイ(Louis de Broglie)が発表した.この説は,波動と粒子の両方の性質をもつことが知られていた光から類推したものであった.この類推により,粒子が波動的性質を示

すことがあると提唱したドブロイは，物質波の波長が，

$$\lambda = \frac{h}{mv} \tag{16.2}$$

と表されることを示した．ここで，m と v は，それぞれ粒子の質量と速度であり，h はプランク定数である．

1925 年，結晶中を通過した電子が，式 16.2 で与えられる波長に対応した波の回折パターンを示すことが実験により示され，ドブロイの仮説が確認されるに至った．

16.4 電子顕微鏡

顕微鏡を用いて観察可能な対象物のサイズは，照射する光の波長の半分程度であることを第 15 章で述べた．そのため，光学顕微鏡の解像度は，約 200 nm（2000 Å）に制限される．これに対して，電子を用いた場合，その波の特性から，可視光を用いた場合の 1000 倍程度の細かな解像度をもつ顕微鏡を作ることができる．

真空室中では，電子を高い速度まで加速することが比較的容易であり，その場合，波長が 10^{-10} m（1 Å）以下の波となる．また，電子の運動方向は，電磁場を用いて変えることができるため，電磁場をうまく用いて，電子の運動に対するレンズの役割を作り出すことができる．このような，電子の短い波長と収束可能な特徴を組み合わせることにより，光学顕微鏡で観察可能なサイズよりも 1000 倍小さな対象物をも観察できる電子顕微鏡が開発された．電子顕微鏡の基本構造を図 16.6 に示す．電子顕微鏡と光学顕微鏡の類似点は明らかである．両者ともに 2 つのレンズを用いて 2 回の像の拡大を行う．電子は，加熱されたフィラメントから放出され，加速・集束されることで電子線が形成される．この電子線が薄い試料を通過するとき，光学顕微鏡で光が回折するのと基本的に同じ原理で電子が回

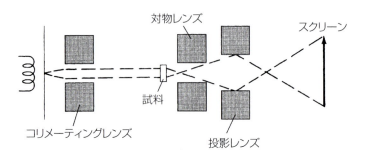

図 16.6　電子顕微鏡

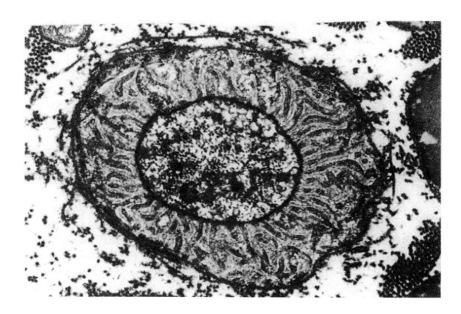

図 16.7　マウスの末梢神経系にある 1 本の軸索の電子顕微鏡写真．軸索の幅は，ランヴィエ絞輪において約 2.5 μm である．軸索を取り囲むはっきりと区別できる領域は，ミエリン鞘である．
[写真は Dan Kirschner 教授（Biology Department, Boston College）と Bela Kosaras 博士（Primate Center, Southborough, MA.）の厚意により掲載]

折する．ただし，電子は波長が短いため，試料中のより微小な構造の影響を受ける．そして，透過した電子は，対物レンズにより結像し，さらにこの像が，投影レンズにより拡大され，フィルムや蛍光スクリーン上に最終像として投影される．波長が 10^{-10} m（1 Å）よりもさらに短い波長をもつ電子を生成することは可能であるが，その短い波長に対応した理論的解像度はまだ実現されていない．現在のところ，電子顕微鏡の最大の解像度は，およそ 5×10^{-10} m（5 Å）である．

　電子は空気中で散乱するため，顕微鏡は真空容器内に設置しなければならない．また，試料は，乾燥した状態でかつ薄くなければならない．この条件が，生体試料の研究では，ある程度の制約となる．試料は，電子顕微鏡で観察できるように乾燥させ，薄くし，さらに場合によってはコーティングするなどの特別な準備が必要となる．このように，試料準備に手間はかかるものの，電子顕微鏡は，細胞の構造，生物学的な過程，さらに最近では，複製過程にある DNA 分子などの巨大分子についても詳細な美しい画像をもたらした（図 16.7）．

16.5　X線

　1895年，レントゲン（Wilhelm Conrad Roentgen）は，X線を発見したと報告した．高エネルギーの電子が，たとえばガラスのような物質に衝突すると，その物質から光を通さない物体を通過する放射線が出ることを発見し，レントゲンはこの放射線を X 線と名付けた．後に，X 線は，強く励起された原子より放出される短波長の電磁放射線であることが示された．レントゲンは，X 線はフィルムを感光させることができ，普通の光を通さない容器の中にある物体の像をフィルム上に映し出せることを示した．このような写真は，容器が中の物体より X 線を透過させやすいときに得られ，X 線の当たったフィルムは，物体の影を映し出している．

　レントゲンの報告から3週間も経たないうちに，2人のフランス人物理学者，ウダン（Oudin）とバルテルミー（Barthélemy）が，手の骨の X 線写真を得ることに成功した．それ以後，X 線は，医学領域における最も重要な診断ツールの1つとなった．現在の技術では，X 線を透過しやすい内臓の様子なども観察することができる．このような画像は，X 線を透過しにくい液体を器官内部に注入することで撮影され，これにより，内臓壁などを明瞭に浮かび上がらせることができる．

　X 線はまた，生物学的に重要な分子の構造についても貴重な情報を提供してきた．ここで用いられる技術は，**結晶構造解析**（crystallography）と呼ばれている．用いる X 線の波長は，およそ 10^{-10} m であり，分子や結晶中の原子間距離とほぼ同じ長さであるため，X 線が結晶中を通過すると，透過した X 線は，結晶の構造や組成に関する情報を含んだ回折パターンを生成する．この回折パターンは，X 線強度の大きな領域と小さな領域から構成され，写真に撮ると，さまざまな明るさのスポットを描き出す（図 16.8）．

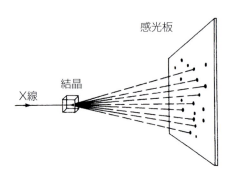

図 16.8　結晶を用いて X 線の回折を検出する装置の配置

X線の回折実験が最も有効に使えるのは，規則的な周期結晶配列をもつ分子を使う場合である．実際，適切な条件下では，多くの生体分子が結晶化される．ただし，回折パターンによりかならずしも唯一無二の明確な分子像が得られるわけではないことに注意が必要である．この描き出されるパターンは，結晶を通過するX線上に並んだ分子の集合的効果を写し出した像であり，個別分子の構造は，得られる回折パターンに基づいて，間接的に推定しなくてはならない．

たとえば，結晶が，塩化ナトリウムのように単純な構造をしていれば，X線回折パターンも単純となり，その解釈も比較的容易である．一方で，有機分子から作られた結晶のように，その結晶構造が複雑になると，生成される回折パターンも非常に複雑となる．その場合でも，結晶を形作っている分子の構造について，いくらかの情報を得ることは可能である（詳細は [16-1] を参照）．分子の特徴を3次元的に解明するには，回折パターンを何千もの異なった角度から作成する必要があり，これらのパターンをコンピュータを用いて解析する．この種の研究により，ペニシリン，ビタミン B_{12}，DNAなど，生物学的に重要な分子の構造決定に対して重要な情報が提供された．

16.6　X線コンピュータ断層撮影法

通常，X線写真からは，深さ方向（奥行方向）の詳細な情報を得ることはできない．得られる画像は，X線が物体を通過するとき，その経路上でどれだけ減衰したかを示している．たとえば，従来の胸部X線画像から，腫瘍の存在を明らかにすることはできるが，肺の内部のどのくらいの深さに腫瘍が存在するかを示すことはできない．これまで，体内の深さ情報を含む体を輪切りにした画像（断層画像）を得るため，**断層撮影法**（tomographic technique）（CTスキャン）がいくつか開発されてきた（断層撮影（tomography）は，切断面を意味するギリシア語の「*tomos*」に由来している）．このうち，現在最も一般的に使用されているのは，1960年代に開発されたX線コンピュータ断層撮影法（CTスキャン）である．この撮影法の基本原理を図 16.9a と 16.9b に単純化して示す．視覚化したい断面において，細いX線ビームを透過させ，反対側に位置する検出器により検出する．ここでは，物体（たとえば頭部）に対してある一定方向を向くX線源と検出器の組が水平方向に移動し，図 16.9a に矢印で示されるように，対象領域を走査する．各位置で検出された信号は，経路全体（この場合 A – B）にわたるX線透過情報の総和を有している．次に，角度を少し（約1度）動かして同様の走査を行い，この過程を物体の全周にわたり繰り返す．図 16.9b に示すように，

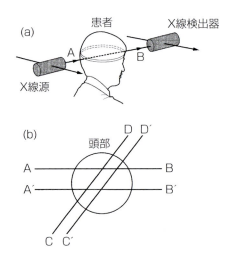

図 16.9 (a) コンピュータ X 線体軸断層撮影法の基本原理. (b) X 線源と検出器の組を回転させると, 対象物体の面内各点を X 線が透過したときの情報が得られる.

X 線源と検出器の組を回転することにより, X 線ビームどうしの交点における情報を得ることができる.

図 **16.9b** では, 2 つの角度において, それぞれ 2 つの水平位置における走査ビームを図示している. 各位置で検出された信号は, それぞれの経路全体にわたる情報を有しているが, 交差する 2 つのビーム経路には, 共通の情報が含まれている. たとえば, 図中では, A − B, A′ − B′, C − D, C′ − D′ の 4 本のビームが交差する 4 つの交点が示されている. そして, 走査ビームを移動と回転することにより得られた複数の画像は, 対象物体の面内における, 各点を X 線が透過したときの情報を含んでいる. これらの信号は蓄積され, 体内をスキャンした薄いスライスから, 複雑なコンピュータ解析により, 1 点ごとの画像が再構成される.

このようにして得られたスライス画像の厚さは, 通常 2 mm ほどである. 最近の装置では, X 線のビームではなく, 扇状のビームを用いて物体を走査し, 複数台並べた検出器が信号を記録する. これにより, データの収集速度が上がり, 数秒後に画像を取得できる.

16.7 レーザー

16.1 節で示したように, 原子 (または分子) の異なる 2 つのエネルギー準位間の遷移エネルギーに対応した振動数の光が原子集団を通過するとき, 光線から

光子が吸収され，低いエネルギー準位にある原子の状態が，より高い（励起された）エネルギー準位へと遷移する．また，励起準位にある原子は，対応する振動数（16.1 式参照）をもつ光子を放出することにより，低いエネルギー準位に戻る．この放出は，**自然放出**（spontaneous emission）と呼ばれているが，励起状態の原子は，別の方法でも光子を放出することができる．

1916 年，アインシュタイン（Albert Einstein）は，量子力学と平衡状態の考え方を用いて，電磁波と物質の相互作用を解析した．その結果，低いエネルギー状態の原子と相互作用すると光は吸収されるが，同時に，励起された状態の原子とも相互作用することが示された．これは，共鳴振動数の光が励起された原子と相互作用し，低いエネルギー状態へと戻るように刺激をする現象である．この過程において，刺激された原子は，刺激した光と同じ振動数をもち，同時に同じ位相をもつ光子を放出する．このような光の放出は，**誘導放出**（stimulated emission）と呼ばれている．

平衡状態にある原子・分子集団では，低いエネルギー状態の原子が，高いエネルギー状態の原子よりも多く存在する．ある共鳴振動数をもつ光線が平衡状態にある原子集団の中を通過すると，吸収により光線から取り出される光子の数が，誘導放出により光線に加わる光子の数を上回るため，光線は減衰していく．しかしながら，さまざまな手法により，通常生じる状況を反転させ，低いエネルギー状態にある原子よりも高いエネルギー状態にある原子を作り出すことができる．このような，高いエネルギー状態にある原子が多く存在する状態を**反転分布**（inverted population）状態にあると呼ぶ．もし，反転分布状態にある原子集団の中を共鳴振動数の光が通過すると，誘導放出により光線に加わる光子の数が，吸収により光線から放出される光子の数を上回るため，光線の強度が増す．すなわち，光が増幅されることになる．このように，反転分布状態をもつ媒体は，**レーザー**（laser: light amplification by stimulated emission of radiation, 放射の誘導放出による光の増幅）と呼ばれる特殊な光の発生源になり得る（練習問題 16-3, 16-4 参照）．

レーザーから放出される光には，いくつかの特徴がある．レーザー光は，コヒーレント（coherent）であり，すなわち，レーザー光線のあらゆる点で波の位相は時間的および空間的に相関している．そのため，放出光を平行度の高い光線にすることができ，およそ光の波長レベルの非常に小さな領域に集束させることができる．このような性質から，大量のエネルギーを高い位置精度で小さな領域に送ることができる．さらに，レーザー光は，単色性をもっており，その波長は，増幅に用いる媒体により決まる．

図 16.10 アルゴンイオンレーザー
（www.nationallaser.com）

　1960 年に最初のレーザーが製作された後，多くの種類のレーザーが開発され，赤外線から紫外線に至るまで，広い範囲のエネルギーと波長が用いられている．非常に短い時間幅の高強度光パルスを発生するレーザーや，連続時間モードで作動するレーザーなどが存在する．レーザーは，現在，科学技術分野で幅広く活用されており，医療分野での利用が増加している．図 16.10 は，設定によって緑色または青色の光を発するアルゴンイオンレーザーであり，医療分野において多用されるレーザーの1つである．

16.7.1　レーザー手術

　最初のレーザーが開発されて間もなくすると，この装置が，外科用ツールとして非常に有用であることが明らかになった．小さな領域に集束した強力なレーザーは，周辺の組織に損傷を与えずに狙った領域の組織だけを焼灼し，蒸発させることができる．この作用は，血管を焼灼し，神経末端を封止するため，術中の出血や痛みが最小限に抑えられる．また，切断・切削工具が組織と物理的に接触しないため，感染なども抑えられる．

　レーザーが外科手術にうまく利用できるようになるまで，強力なレーザー光が，さまざまな生体組織に与える影響を把握するため，幅広い研究が必要であった．さらに，光の強度と照射時間の正確な制御，精緻な焦点位置調整などを実現するための技術開発も不可欠であった．また，多くの医療や歯科領域において，外科的なレーザーの使用が増えつつあるが，神経外科や眼科の手術においては，1 mmの数分の1程度の違いで成否が分かれるであることから，特に位置精度が重要である．

　レーザーを幅広く手術に用いた初期のグループには，眼科医も含まれていた．網膜剥離や網膜裂傷の修復は，レーザー応用手術の一例である．外傷や病気のために，網膜が眼底から剥がれたり，亀裂が生じたりすることがあり，この状態を

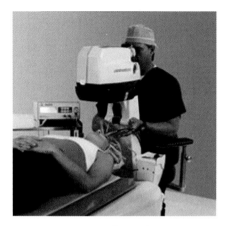

図 16.11　レーザー眼科手術の様子
（www.trustyguides.com）

放っておくと，失明に至るおそれがある．レーザー治療は，このような網膜の変性を止め，視力を回復させるために，うまく成功した例である．光彩を通して網膜の剥離または裂傷領域の境界にレーザー光を照射する．照射された組織は焼かれ，瘢痕化することで網膜を下の組織と「癒着」させる．眼科領域でのもう1つの応用例として，糖尿病性網膜症の治療にもレーザーが応用されている．糖尿病は，網膜血管からの漏出も含めて，血流障害をひき起こすことが多い．網膜血管に漏出が生じると，網膜や視神経が大きく傷害される．傷ついた血管にレーザー光を集めると，漏出が塞がれ，それ以上も網膜変性を止めることができる．残念ながら，疾患の進行を止めるわけではないため，その後も新しい漏出が起こり，その度に治療を繰り返す必要がある．図 16.11 は，代表的な眼科手術装置の配置を示している．

　比較的最近始まったものではあるが，現在では盛んにレーザーが応用されている眼科手術として，レーシック手術（LASIK: Laser-Assisted in Situ Keratomileusis，レーザー角膜矯正術）が知られる．これは，近視，遠視，乱視などの焦点が合わない問題を矯正するために行う角膜の形状矯正手術のことである．レーシック手術では，最初に，切除する対象組織の量や位置に関する情報をレーザーを制御するコンピュータにプログラムする．次に，マイクロケラトームと呼ばれる角膜切開刀により，角膜の前側部分の表面組織片を切開し，これをめくる．そして，コンピュータで制御されたレーザーパルスにより，正確なエネルギー量の光を照射することにより，角膜組織を蒸発させ，角膜の中央部分の形状が調節される．この手術の後は，眼鏡を必要としなくなる例が多い．

16.7.2 医用イメージングにおけるレーザー

共焦点顕微鏡法に関連して紹介したように（15.15.3節），赤色および近赤外領域にある光は，効率的に生体組織内部まで届くが，従来の光学技術で観察すると（補遺C参照），組織中で反射（または，組織を透過）した光の大半は，観察対象となる組織層の奥や手前の細胞により幾重にも散乱させられるため，組織から出てきた光を用いて組織のバルク内部の組織の有用な画像を作ることは容易ではない．ねらいとする組織層の画像を得るためには，その組織層から出るごく少量の光を画像システムが捉えると同時に，得たい組織からの信号を埋もれさせている周囲の組織領域における光の散乱の影響を取り除かなければならない．

共焦点顕微鏡は，この課題を解決するために設計された装置である（15.15.3節）．1990年代の初めに，光干渉断層撮影法 (optical coherence tomography: OCT)」と呼ばれる技術が開発された．OCT装置の典型的な画像解像度は，10 μm 程度であり，共焦点顕微鏡の解像度が 1 μm であることと比べると，はるかに粗い．しかしながら，共焦点顕微鏡の観察可能な深さが，およそ 1 mm 以下であるのに比べて，OCT装置では，組織の深さ 2〜3 mm までの細胞の画像を取得することが可能である．

OCT装置の概略図を図 16.12 に示す．まず，ハーフミラーにより，近赤外線レーザー光（波長が約 800 nm）が 2 つに分けられる．一方の光線は観察対象である組織に入り，もう一方は別のミラーに反射することで，組織から反射して戻ってくる光の検出のための参照光として用いる．参照光と組織からの反射光は，検出器で合わせられる．このとき，組織内で多重散乱して戻ってきた光は，照射レーザー光と位相相関を失うため，すなわち，参照レーザー光との位相相関も失う．この無相関な散乱光は，参照光と干渉パターンを形成しない．一方，組織内の細胞によって 1 回だけ散乱した光は，反射光のごく一部にしかすぎないが，参照光との位相関係を維持しており，これにより，検出器で干渉パターンが形成される．この干渉パターンには，散乱発生源である細胞の位置と反射率に関する情報が含まれている．さらに，参照光をミラーにより 3 次元的に走査することで，組織中の細胞から 1 層ごとに反射される光の情報を含んだ干渉パターンの変化が得られる．この干渉パターンは，コンピュータにより処理され，従来からある解釈しやすい画像へと変換される．OCT装置は，図に示すように，網膜構造の微視的詳細を得るためにこれまで最も活用されてきた．さらにその他の応用方法が，特に，皮膚科学の分野で開発されつつある．

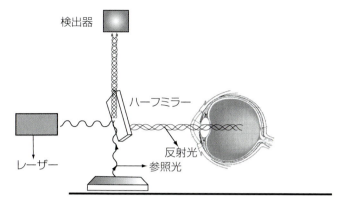

図 16.12　網膜構造の詳細がわかる光干渉断層 (OCT) 装置の概略図

16.7.3　医療診断におけるレーザー

　レーザーを用いた非侵襲的診断装置の一例として，脳震盪や出血性脳卒中などにより発生することの多い頭蓋内出血の発見を目的として近年開発された赤外線光走査装置があげられる．この種の出血は，1 時間程度の短い時間で発見できなければ，回復不可能な脳障害をひき起こす，あるいは，死に至る危険性がある．CAT スキャンは，脳出血（血腫）の診断に通常使用される診断法であるが，装置が高額であるため，大きな医療施設にしか採用されていない．そこで新たに開発された装置の価格は，CT スキャナーの 1 ％程度にとどまり，本と同程度のサイズで可搬であり，また，診断は 2 分間で可能である．さらに，患者は，CT 画像の取得では必要となる高放射線量の曝露を避けることができる．

　装置の作動原理は，血液と脳組織の光学特性の違いによる．血液による近赤外領域の光の吸収は，脳組織よりもはるかに大きい．ある装置では，波長 808 nm のダイオードレーザーの光を頭蓋の一部に照射すると，反射光と透過光が検出される．たとえば，頭蓋の左右のような対称な領域に光を照射し，測定された光の強度を比較する．血液は脳組織より光を多く吸収するため，出血の影響を受けた脳組織領域からの反射光と透過光は，ともに強度が低下する．頭蓋の異なる領域で測定した光の強度を比較すれば，血腫の有無と位置が明らかとなる．

16.8　原子間力顕微鏡法

　過去 30 年の間，走査型プローブ顕微鏡 (scanning probe microscope) と呼ばれる観察技術がいくつか開発され，試料表面の高精度な画像を取得することが可

能となった.このような装置では,対象物の表面近くにおかれた探針を走査することで,試料表面の原子および分子を可視化することが可能となった.このようなカテゴリーに属する装置の中で,**原子間力顕微鏡**(atomic force microscope: AFM)」が,現時点では,生物学の応用において最も有用である.AFM 装置は,電子顕微鏡に比べてほとんど同程度の解像度を有するという重要な利点をもっている.AFM は,空気中または生理的状況に近い液中環境においても利用することができる.これに対して,電子顕微鏡は,試料を真空チャンバーに入れることになる.

原子間力顕微鏡の概略図を図 16.13 に示す.直径が数ナノメートルほどの尖った先端をもつ窒化珪素の探針が,板バネ状のカンチレバーに取り付けられる.観察試料は,3 次元位置制御(x, y が水平面内の位置を決め,z が鉛直方向の位置を決定)が可能な走査プラットフォームの上に置かれる.探針の先端が,試料表面(距離 1〜10 nm)に設置される.試料表面と探針先端の電荷分布が,探針先端を試料表面に引き付けるクーロン力を生む.試料と探針先端の距離が近いほど,カンチレバーにかかる曲げの力が大きくなる.走査パターンに従って試料を動かすと,探針先端と試料の表面間距離は,試料表面の分子の配置に応じて変化する.

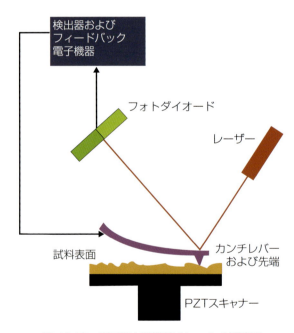

図 16.13　原子間力顕微鏡 (AFM) の概略図

図 16.14　細菌（セレウス菌：*Bacillus cereus*）の AFM 画像

　これにより，カンチレバーに作用する力が変化し，カンチレバーのたわみが変化する．このたわみによる位置の変化は，カンチレバー表面に反射するレーザー光線により検出される．よく用いられる手法としては，カンチレバー表面で反射したレーザー光線を検出することにより，探針先端と試料表面の間の距離を一定に保つようにフィードバック制御が構成され，これにより，サンプルのおかれた走査プラットフォームが上下に動かされる．スキャナーが，あらかじめ決められた走査平面に沿って移動する間，試料表面から探針先端までの距離の変化に比例して，フィードバック信号は常に変化する．そして，フィードバック信号が，走査位置の関数として記録される．この信号は，走査探針の先端位置情報と合わせて，試料表面画像を作成するために用いられる．このようにして AFM により得られた細菌（セレウス菌：*Bacillus cereus*）の画像を図 16.14 に示す．

　AFM などの走査型プローブ顕微鏡は，試料表面にある個々の原子や分子に力を与えることも可能であり，これにより，それらの位置を制御しながら動かすことも可能である．この方法により，原子 1 つ 1 つからなるパターンを作ることも可能である．原子間力顕微鏡法の定量的な側面については，練習問題 16–5 で取り上げる．

練習問題

16–1.　分光計の作動原理を説明し，考えられる 2 つの利用法を述べよ．

16–2. X線コンピュータ断層撮影のプロセスを説明せよ．このプロセスにより，通常のX線画像では得られないどのような情報が得られるのか．

16–3. ヘリウム-ネオンレーザーの作動原理を説明せよ．反転分布状態を得る方法についても説明せよ．

16–4. レーザー手術で一般に使用されているレーザーは，CO_2 レーザーとアルゴンイオンレーザーである．これらの2つのレーザーで反転分布状態を得る方法を説明せよ．

16–5. 図 16.13 にある探針を取り付けたカンチレバーは，バネ定数 K のバネと考えることができる．通常，$K = 1$ N/m である．AFM の探針先端が，試料表面から 1 nm 上方にあり，このとき，両者間の引力は，先端を 0.5 nm 移動させているものと仮定するとき，以下に答えよ．

(a) 探針先端と試料表面の間に働く力を計算せよ（第 5 章参照）．

(b) この力を発生させている探針先端の局所電荷の大きさ（および，対面している試料表面で大きさが同じで符号が異なる電荷の大きさ）を求めよ（補遺 B 参照）．

Chapter 17

第17章 核物理学

17.1 原子核

　特定の元素に属するすべての原子は，同じ数の陽子を原子核内にもつが，中性子の数は同じではない．陽子の数は同じで，異なる数の中性子をもつ原子のことを，**アイソトープ**（isotope，同位体）と呼ぶ[訳注1]．たとえば，すべての酸素原子の原子核は8個の陽子をもつが，原子核内の中性子の数は，8，9，10の値をとりうる．これらは，酸素の同位体であり，それぞれ，$^{16}_{8}O$，$^{17}_{8}O$，$^{18}_{8}O$ と記す．これは，原子核を表す一般的な形式で，ある元素において元素記号の下付きの数字は原子核内の陽子数を示し，上付きの数字は陽子と中性子の数の合計を示す．中性子の数は，多くの原子核の安定性を決定づける．

　天然に存在するほとんどの原子核は安定であり，単独に置かれた状態では変化することはない．しかし，エネルギーの放出を伴って変化する不安定な原子核も多く存在する．このような放射性原子核から放出されるものは，次の3つに分類されることがわかっている．すなわち，(1) アルファ（α）粒子：高速のヘリウム原子核で，2個の陽子と2個の中性子からなる，(2) ベータ（β）粒子：高速の電子，(3) ガンマ（γ）線：非常に高エネルギーの光子である．

　ある元素の放射性原子核は，同時に3つすべての放射線を出すわけではない．あるものは，アルファ粒子を，またあるものはベータ粒子を放出し，そのどちらかの粒子の放出に伴って，ガンマ線の放出が起きる．

　放射能は，ある番号から別の番号へ原子核が変換を起こすことと関係している．たとえば，ラジウムがアルファ粒子を放出すると，その原子核はラドン元素への変換を生じる．その過程の詳細は，多くの物理学のテキスト（[16–2] 参照）で説

[訳注1] 後の節で出てくるが，放射能をもつアイソトープをラジオアイソトープ（放射性同位体）と呼ぶ．

明されている．

　放射性原子核の崩壊あるいは変換は，ランダムに生起する事象である．原子核のあるものは速やかに崩壊し，またあるものは，ゆっくり崩壊する．しかし，莫大な数の放射性原子核を扱うなら，確率の法則を用いることにより，その集合物の崩壊率を正確に求めることができる．この崩壊率は，半減期として特徴づけることができる．半減期とは，元の原子核の半数が変換する時間の長さのことである．

　放射性原子核の半減期には大きな差異がある．あるものは非常に速やかで，わずか数マイクロ秒以下の半減期である．また，あるものは非常にゆっくりで，何千年という半減期をもつ．地球の地殻中に天然に存在するのは非常に長い半減期の放射性原子核だけである．その中で，たとえば，ウラニウムの同位体 $^{238}_{92}\text{U}$ は，4.51×10^9 年の半減期をもつ．短い半減期の放射性原子核は，加速器の中で，安定な元素に高エネルギーの粒子を衝突させることで生成できる．たとえば，天然のリンの原子核は，15個の**陽子**（proton）と16個の**中性子**（neutron）をもつ（$^{31}_{15}\text{P}$）．17個の中性子をもつ放射性の $^{32}_{15}\text{P}$ は，硫黄に中性子を衝突させることによって，生成することができる．この反応は，

$$^{32}_{16}\text{S} + 中性子 \to ^{32}_{15}\text{P} + 陽子$$

と書く．この放射性のリンは，14.3日の半減期をもつ．他の放射性同位元素も，同様の方法で作ることができる．このような同位体の多くは，生物学的あるいは臨床的な研究において，非常に有用である．

17.2　磁気共鳴イメージング

　コンピュータX線断層撮像で得られる体内臓器の画像はとても有用であるが，X線は，組織の内部構造に関する情報はもたらしてくれない．したがって，CTスキャンは，組織構造の変化や臓器内部の病的変化を見逃す可能性がある．1980年代の初めに導入された**磁気共鳴イメージング**（magnetic resonance imaging, MRI）は，医用画像技術で，もっとも新しいものである．この技術では，原子核のもつ磁石のような特性を活用することにより，軟部組織構造に関する詳細な情報を含む体内臓器の画像を得ることができる．

　これまで述べてきたイメージング技術（X線や超音波）の原理は，比較的単純である．それらは，反射あるいは通過するエネルギーを利用して，内部構造を描き出す．磁気共鳴イメージングは，ずっと複雑で，1940年代に開発された**核磁気**

共鳴（nuclear magnetic resonance, NMR）の原理を利用している．MRI の詳細な解説は，本章の範囲を超えているが，その原理は比較的容易に説明することができる．そこで，まず核磁気共鳴の原理の紹介から始めて MRI について説明してきたい．

17.2.1　核磁気共鳴

陽子と中性子は，原子核の構成要素であり，大きさと方向をもつスピンという量子力学的な特性を有している．これらの粒子は，あたかも回転する小さなコマのように見なすことができる．スピン特性の結果として，原子核粒子は，小さな棒磁石としてふるまう．原子核の内部では，**核子**（nucleon）（陽子と中性子）によるこのような小さな磁石が平行に並び，お互いの磁場を打ち消している．しかし，もし核子の数が奇数であるなら，その打ち消しは完全ではなく，原子核は差し引き正味の磁気モーメントをもつ．したがって，奇数の核子をもつ原子核は，小さな磁石としてふるまう．水素は，1 個の陽子からなる原子核をもっており，当然のことに，核磁気モーメントをもっている．人体は，ほとんどが水分子と，そして水以外の水素を含む分子からできている．それゆえに，水素原子核の核磁気特性を利用することにより，人体内の構造の MRI 画像を最も効率的に作り出すことができる．本稿では，水素の核磁気特性に限定して述べる．

通常，大きなかたまりの物質の中では，小さな原子核の磁石は，図 **17.1a** で示されるようにランダム化されており，物質は正味の磁気モーメントをもつことはない（$M = 0$）．原子核の磁石は，小さな矢印で示されている．しかし，外部から磁場を与えると状況が変わる．外部磁場が核磁気モーメントをもつ材料に加えられると，小さな原子核の磁石は，図 **17.1b** で示される磁場に対して，平行あるいは反対方向に整列する．外部磁場の方向は，通常 z 軸方向に設定される．図に示すように，x-y 平面は z 軸に垂直である．磁場に平行な核磁石（$+z$）は，反平行な磁石（$-z$）よりいくぶんエネルギーが低く，反平行より平行の原子核のほうが多い．外部磁場の中では，平行/反平行の核スピンの集合体は，全体して差し引き正味の磁気モーメント M をもち，磁場の方向を向く磁石としてふるまう．

平行と反平行の間のエネルギー間隔 ΔE_m は，

$$\Delta E_m = \frac{\gamma h B}{2\pi} \tag{17.1}$$

となる．ここで，B は外部磁場強度，h は前の章で定義したプランク定数，γ は**磁気回転比**（gyromagnetic ratio）で原子核の特性である．MRI で使用される

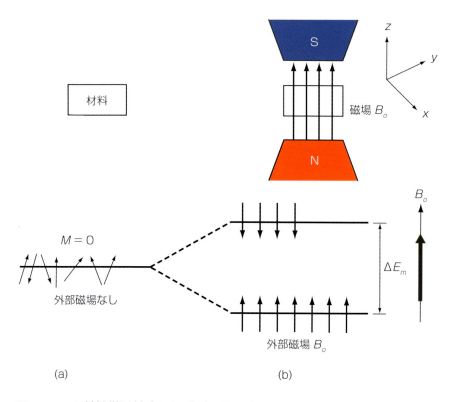

図 17.1 (a) 外部磁場が存在しない場合，核スピンはランダム化された状態である．(b) 核磁気モーメントをもつ材料に外部磁場があてられると，小さな原子核の磁石は，磁場方向に対して平行あるいは反平行に整列する．平行に整列している状態は，エネルギーが低い．

典型的な磁場強度はおよそ 2 テスラ (T) である[訳注2]（比較のため述べると，地球の磁場強度（地磁気）は，10^{-4} T の桁である）．

図 17.1b の，エネルギー間隔 ΔE_m をもつ 2 つの離散的な状態の存在は，これが共鳴システムであることを示している．この 2 つの状態のエネルギー差に対応する周波数は，**ラーモア周波数**（Lamor frequency）と呼ばれ，式 16.1 に従って，次の式で与えられる．

$$f_L = \frac{\Delta E_m}{h} = \frac{\gamma B}{2\pi} \tag{17.2}$$

陽子の磁気回転比（gyromagnetic ratio）γ は，2.68×10^8 T^{-1}sec^{-1} である．MRI で使用される磁場の多くは，1 から 4 T の範囲である．対応するラーモア

[訳注2] 日本においては，医療用の MRI 装置では，0.5 T 以下あるいは 1.5 T や 3 T のものが多い．

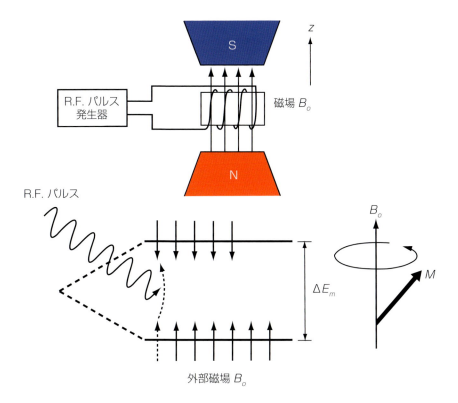

図 17.2 ラーモア周波数のラジオ周波数の短い駆動パルスが，その強度と持続時間で規定される角度だけ，外部磁場方向から磁気モーメントを傾ける．

周波数は，およそ 43～170 MHz である．これらの周波数はラジオ波の範囲であり，X 線よりずっと低く，生体組織を傷害しない．

　何らかの方法で，磁気モーメントを磁場の方向から傾けると（**図 17.2**），ちょうどコマが地球の重力場の中で歳差運動をするように，磁場の方向のまわりで **歳差運動**（precession）（回転）を始める．その歳差運動の周波数は，式 17.2 で与えられるラーモア周波数である．磁気モーメントが傾くのは，個々の核磁気モーメントのうち，あるものが，**図 17.2** で示されるように平行から反平行の並び方に反転するからである．90 度傾くことは，上向きと下向きの状態のスピンの数を等しくすることに相当する．反平行のスピンの並びを反転させるには，外部から供給されるエネルギーが必要である．

　外部磁場の方向から磁気モーメントを傾けるのに必要なエネルギーは，ラジオ周波数の短い駆動パルスで供給される．そのラジオ波の周波数は，ラーモア周波

数で，歳差運動の固有（共鳴）周波数である（これは，振り子を振動させるのに，振り子の共鳴周波数で，力を与えるのと類似している）．試料を取り囲むコイルによって与えられた駆動パルスを図 17.2 に示した．スピンを反転させる駆動パルスの終わりには，駆動パルスの強度と持続時間によって決まる角度分だけ，磁気モーメントは外部磁場方向から傾く．

ラジオ周波数の駆動パルスで倒された磁気モーメントは，外部磁場方向の周りを歳差運動し，それ自身がラーモア周波数の回転によって，ラジオ周波数の信号を生み出す．この放射された NMR 信号は，駆動コイル自身あるいは別のコイルによって，検出することができる．検出された NMR 信号は，2 つの独立した過程，(1) 核スピンの方向が平衡状態に戻っていくのと，(2) 局所磁場のばらつきとにより，指数関数的に時間減衰する．

過程 1： 前述のように，外部磁場が存在する中では，磁場に対して反平行より平行に整列する原子核のほうが多い．ラジオ周波数のパルスは，平行のスピンの一部を反平行の向きに反転させる．駆動パルスが終わるとすぐに，核スピンとそれに伴う磁気モーメントは，元の平衡状態の並び方に戻り始める．平衡状態は，核スピンと周囲の分子との間のエネルギーの交換によってもたらされる．外部磁場に従って元の並び方に磁気モーメントが戻るにつれて，歳差運動の角度は減少し，同時に NMR 信号は低下する．NMR 信号は，スピン–格子緩和時間とよばれる時間定数 T_1 により，指数関数的に減衰する．

過程 2： 検査中の試料のすべての領域で，局所磁場は完全に均一でない．核スピンのすぐ近くの分子の磁気特性によって，磁場の変動が生み出される．局所磁場におけるそのようなばらつきにより，個々の核磁気モーメントのラーモア周波数は，お互いにわずかに異なったものになる．その結果，核の歳差運動の位相はずれはじめ，全 NMR 信号は減少する．スピン–スピン緩和時間と呼ばれる時間定数 T_2 で，指数関数的に位相はずれていく．

駆動パルスと放射される NMR 信号を，図 17.3 に模式的に示した．駆動パルスのあとに検出される NMR 信号は，検査中の物質に関する情報を含んでいる．与えられた駆動パルスに対して，放射される NMR 信号の大きさは，物質中の水素原子核の数の関数である．たとえば，骨は水分子あるいは水以外の水素原子を含む分子をわずかにしか含まないため，放出される NMR 信号は比較的小さい．脂肪組織では，パルス後に放出される放射は，それよりずっと大きい．

放出される NMR 信号の減衰の早さを性格付ける時定数の T_1 と T_2 は，歳差

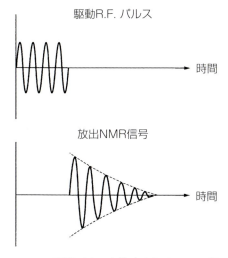

図 17.3　駆動パルスと放出される NMR 信号

運動する原子核が存在する場所の物質の性質に関する情報を提供する．回転するコマと核スピンの類似性は，NMR 信号の理解に有用である．よくデザインされたコマは，真空中では長時間まわり続けるだろう．空気中では空気分子との衝突により回転エネルギーが散逸することから，回転時間はいくぶん短くなるだろう．水中では，摩擦による損失がさらに大きく，コマはほとんど回転することができないだろう．コマの回転が減衰する早さは，コマを取り囲んでいる媒質の性質に関する情報をもたらす．同様に，特徴的な時定数 T_1 と T_2 は，歳差運動する原子核の周囲の物質に関する情報をもたらす（16-4 参照）．さらに複雑な方法を用いれば，2 つの時定数 T_1 と T_2 をそれぞれ分離して決定することができる．たとえば，1 T の外部磁場では，脂肪は $T_1 = 240$ msec, $T_2 = 80$ msec で，心臓組織は $T_1 = 570$ msec, $T_2 = 57$ msec である [16–4 参照]．悪性疾患の組織は，高い T_1 値という特徴をもつことがよくある．

　ここで記載した NMR の原理は 1940 年代から，物理学，化学，生物学の各分野でのさまざまな応用の中で，分子の同定に用いられてきた．この形での応用では，磁場にさらされた試料の全体から由来する NMR 信号を検出している．ここまで述べてきた技術では，測定する物体中の信号の位置に関する情報を得ることはできない．

17.2.2　NMR によるイメージング

　核磁気共鳴を用いて 3 次元画像を得るためには，人体の小さな断面からの信号

を分離かつ同定し，これらの個々の信号から画像を組み上げなければならない．CTスキャンでは，X線ビームの焦点を小さく絞った横断点から得た情報を抽出することによって，そのような断層撮像的画像が得られる．これは，NMRではできない．なぜなら，信号を駆動するラジオ波の波長は長く（メートルの範囲），小さな関心領域を検査するのに必要な狭いビームに収束させることができないからである．

1970年代に新しい技術がいくつか開発され，NMR信号を利用して，CTスキャンと同様な2次元的な断層画像を構築することができるようになった．その最初の1つが，1973年にラウターバー（P. C. Lauterbur）によって報告された．彼は，図17.4に示すような2つの水の入った円筒AとBを使って，その原理を示した．均一な磁場（B_0）の中では，2つの円筒のラーモア周波数は同じである．したがって，パルス後のNMR信号は，円筒AとBとで区別することができない．図17.4bに示すように，均一な磁場B_0に磁場勾配$B(x)$を上乗せすることによって，2つの円筒からのNMR信号を，区別することができるようになる．このようにすれば，磁場強度の合計はx軸上の場所に沿って変化し，それに伴ってラーモア周波数は円筒AとBの位置で異なるものとなる．

図から明らかのように，x軸上の各点（実際には小さな領域Δx）は，それぞれに特有のラーモア周波数によって特徴づけられる．したがって，ある周波数のパルスの励起に応じて観測されるNMR信号は，x空間内の特定の領域に一意的に関連付けることができる．一方向の勾配を有する磁場により，その軸上に物体の投影を得ることができる．x-y平面の断層像を得るためには，x-, y-両方向に磁場勾配を導入しなければならない（図17.5参照）．磁場勾配を，z-方向にもかけて，身体内で検査する断面を選択する．非常に多数のNMR信号が収集され合成されて，MRI画像が構築される．この目的のためには，NMR信号の時定数T_1とT_2とともに，信号強度も必要である．その過程はCTスキャンより複雑で，非常に高度に洗練されたコンピュータプログラムが必要である．

図17.5は，全身MRI装置のスケッチである．多くの装置では，高分解能の画像に必要な高磁場を，液体ヘリウムによって冷却された超伝導磁石で作り出している．図17.6は，脳のMRI画像である．

MRI技術は，およそ0.5 mmの分解能で軟部組織を詳細に描き出す．そのような画像化は，特に神経学で有用である．すべての部分の脳の構造を，髪の毛ほどの細い動脈を含めて，脳の深部に至るまで，明瞭に見ることができる[訳注3]．し

[訳注3] 描出能は撮像機種や撮像条件による．

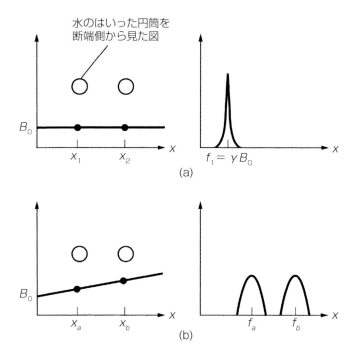

図 17.4 (a) 均一な磁場 (B_0) の中では，空間 A と B 内の 2 つの位置のラーモア周波数は同じである．(b) 均一な磁場に磁場勾配が上乗せされていると，位置 A と B におけるラーモア周波数は異なる．

かし，通常の MRI は，脳活動の機能に関する情報は，もたらしてくれない．**機能的磁気共鳴イメージング**（functional magnetic resonance imaging, fMRI）とよばれる改変された MRI 技術によって初めて，生きている脳がさまざまな作業をこなしたり，機能しているときの神経活動を画像化することが可能になった．

17.2.3　機能的磁気共鳴イメージング（fMRI）

　現代のイメージング技術が開発される前は，脳の特定の領域の機能に関する情報は，もっぱら，脳腫瘍や脳外傷の（通常は死後の）脳の研究から得られたものであった．たとえば，1861 年，フランス人医師のポール・ピエール・ブローカ（Paul Pierre Broca）は，言語障害の患者の死後脳の研究を通して，患者が左脳半球に病変をもつことを特定し，脳のこの領域が発話を制御していることを示唆する初期の研究を確かなものとした．fMRI の発展により，精神医学や臨床医学において関心の対象となっている広範囲な神経機能を非侵襲的に観察することが

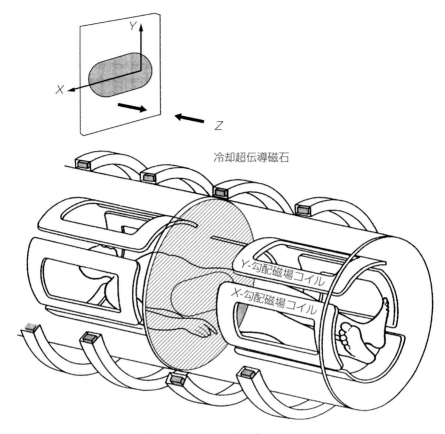

図 17.5　全身 MRI イメージングシステムのスケッチ

可能となった．

　脳の特定の領域が活性化すると，その領域のエネルギー需要が上昇する．脳のその領域への酸素化された血流が増加して，上昇したエネルギー需要を満たすのに必要な酸素の供給が適切に確保される．脱酸素化されたヘモグロビンは磁気モーメントをもつが，酸素化されたヘモグロビン（酸化ヘモグロビン）は磁気モーメントをもたないということを，fMRI 技術は利用している．磁気モーメントをもつ脱酸素化されたヘモグロビンが存在する中では，水素 NMR 信号の脱位相はより早く生じ，信号強度は，酸化ヘモグロビンより弱くなる．したがって，高い脳活動の領域では，酸化ヘモグロビンがより多く注ぎこまれるので，より強い T_2-MRI 信号を生成する．このような方法で，脳活動が増大した領域を明瞭に同定することができる[訳注 4]．

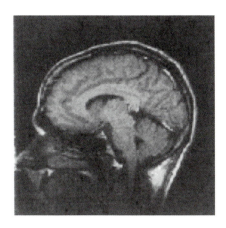

図 17.6 脳の MRI 画像. V. Kuperman, "Magnetic Resonance Imaging" 2000 年, Academic Press から.

fMRI は，認知，運動そして感覚における幅広い機能のそれぞれに対応した脳活動領域の同定に応用されてきた．fMRI の応用の多くは，今日までのところ，研究に関連したものである．たとえば，アイゼンバーグ（Eisenberg）らによる 2003 年の研究では，実験的に社会的排除を経験させた被験者の fMRI を測定することで，そのような状況では，身体的疼痛を感じる部位と同じ脳の部位が，賦活化されることが示された．

fMRI の臨床的応用は，なお揺籃期にある．しかし，遠くない将来に，医療において主要な役割を果たすであろうことは，ほとんど疑う余地がない．たとえば，アルツハイマー病，パーキンソン病，ハンチントン病のような神経疾患を検出する早期診断の方法として fMRI を用いるための研究が行われてきている．最新の成果によれば，fMRI は，腫瘍の摘出のような脳神経外科的操作をより正確に行うために重要な情報を提供できるようになってきた．このほかに fMRI が有用な方法になる可能性のある領域として，疼痛管理や精神作用薬のより正確な機能検査などがあげられる．

17.3 放射線治療

X 線やガンマ線のような光子，あるいは放射性原子核から放出される粒子は，電子を原子や分子につなぎとめているエネルギーよりはるかに大きなエネルギー

訳注 4 fMRI でイメージングする酸化ヘモグロビン・レベル依存性の MR 信号は，T_2 ではなく T_2^* である．

を有している．その結果，そのような放射線が生体物質を透過すると，生体分子から電子を奪い取ることができ，その構造に相応の変化をもたらす．イオン化された分子は分解するかもしれないし，他の分子と化学的に結びついて好ましくない複合体を形成するかもしれない．もし障害をうけた分子が，細胞の重要な構成要素であるなら，細胞全体が死ぬ可能性もある．組織の中の水分子もまた，放射線により，反応性のある断片（H+OH）に分解される．このような断片は，生体分子に結びついて，有害なものに変化させる．さらに，組織を通過する放射線は，単純に組織にエネルギーを与えて，組織を危険な高温にまで加熱するかもしれない．大量の放射線を与えることは，多くの細胞を傷害して，有機体全体を死に至らしめる可能性がある．それより少ないとはいえなお危険な線量では，突然変異，不妊，癌などといった不可逆的な変化をもたらす可能性がある．

　制御された量の放射線は治療に使うことができる．ある種の癌では，ラジウムやコバルト 60 のような放射性物質を含んだアンプル（容器）を，成長する癌腫の近くに埋め込む．放射性物質の場所と量を注意深く制御することで，健康な組織を大きく損なうことなく，癌を破壊することが期待できる．残念ながら，健康な組織へのある程度の障害は避けられない．その結果，この治療法は，しばしば放射線障害の症状（下痢，吐き気，脱毛，食欲不振など）を伴う．長い半減期を有する放射性同位体をこの治療に用いる場合，その物質は，処方された期間後に除去する必要がある．金 198 のような短寿命（半減期約 3 日）の放射性同位体の場合は，すみやかに減衰するため，治療後に除去する要はない．

　元素によっては注射や経口で人体に入った後で，特定の臓器で濃縮する傾向を示す．この現象は，放射線治療で利用される．前述の放射性同位体のリン 32（半減期 14.3 日）は，骨髄に集積する．ヨード 131（半減期，8 日）は，甲状腺に集積し，甲状腺機能亢進症の治療に用いられる．

　癌腫を破壊するために，外部からガンマ線や X 線のビームを照射する方法も，使われるが，この方法は，外科手術なしに治療できるという利点がある．健康な組織に対する放射線の影響は，身体を通過するビームの方向を頻繁に変えることで，弱めることができる．この場合，腫瘍は常にビームの通り道の中にあるが，健康な組織が吸収する放射線量は少なくなる．

17.4 放射線による食糧保存

　食料は，積極的に保存しようとしない限りすみやかに腐敗する．数日，しばしば数時間のうちに，食べられない状態にまで傷んでしまう．通常，腐敗は，食物

の有機分子を分解する微生物や酵素によってひき起こされる．

長年にわたり，腐敗を遅らせる数多くの技術が開発されてきた．冷たい環境で食物を維持すれば，酵素と微生物の両方の活動速度が低下する．食物の脱水化（乾燥）は，同じ目的で行われる．食物をある時間加熱すれば，多くの微生物が死滅し，腐敗が遅くなる．これが，**加熱殺菌**（pasteurization）の原理である．腐食を遅らせるこれらの方法は，少なくとも100年以上の歴史がある．現在では，放射線を照射することにより食料を保存する新しい技術がある．

高エネルギーの放射線は，食料を通過するときに，腐敗の原因となる微生物を死滅させる．放射線は，保管中の食料を蝕む小さな昆虫を殺すのにも有効である．これは，出荷あるいは保管の前に燻蒸消毒する小麦などの穀類には，特に重要である．化学的な燻蒸消毒は，昆虫を殺すが，その卵は殺さない．卵がかえると，新しい昆虫が相当量の穀物を台無しにしてしまうかもしれない．放射線は，昆虫と卵の両方を殺すことができる．

ガンマ線は，食物保存に最もよく使われる．ガンマ線は強い透過力があり，コバルト60やセシウム137のように比較的安価な同位体で生み出すことができる．加速器で作られた高速の電子も食物を殺菌するのに使われる．電子線にガンマ線のような透過力はないが，よりよく狙いをつけることができ，使わないときには止めることができる．

現在，合衆国を含む多くの国では，食物に放射線照射するための多くの施設がある．通常の配置では，食物をベルトコンベアに乗せて，放射線の線源のそばを通過させ，制御された放射線量を与える．操作者を守るため，線源は注意深く遮蔽されなければならない．この問題は，比較的単純に解決することができ，現在のところ，技術的問題は制御範囲内にある．マサチューセッツ州グロスターに当初は米国原子力委員会によって造られた食物照射工場は，1964年の操業開始以来順調に稼働しており，1時間あたり1000ポンド（約454 kg）の魚を処理することができる．

放射線が食物の腐敗を遅らせることに疑いはない．たとえば，放射線照射されたイチゴは，摘まれてから15日間新鮮なままである．他方照射されないイチゴは，約10日後には腐りだす．放射線照射された非冷凍の魚も，そうでないものに比べて1ないし2週間長くもつ．検査結果によれば，味，栄養価，食物の外見は許容範囲内であることが示されている．この方法の安全性は重要な課題である．この処置で使われるレベルの放射線では，食物は放射化されない．しかし，放射線照射によりひき起こされる変化が，食物を有害なものにする可能性はある．過去30年間，食料照射の安全性を確かめる多数の研究プログラムが，動物とヒト

のボランティアを使って実施されてきた．現時点では，この技術は安全と判定され，商業利用されている（練習問題 10–3 参照）．

17.5 同位体トレーサー

　ほとんどの元素は，その原子核内の中性子数が異なる同位体をもっている．ある原子番号の元素の同位体は，化学的には同一で同じ化学反応をおこすが，その原子核が異なるために区別することが可能である．違いの 1 つは，無論その質量である．この特徴を使う方法だけが，ある同位体と他の同位体を分離することができる．質量分析器は，この仕事を遂行できる機器の 1 つである．同位体を区別するもう 1 つの方法は，その放射能である．多くの元素は，放射能のある同位体をもっている．同位体は，その放射能により，容易に同定できる．どちらの場合でも，化学反応や代謝過程のさまざまな段階を追跡するために，同位体を使用することができる．トレーサー技術は，臨床において，ある種の疾患の診断においても有用なものとなっている．

　基本的にこの技術は，少量の同位体をその過程の中に導入することと，適切な検出技術を使って同位体の動向を追跡することから，成り立っている．この技術を，いくつかの例で説明する．窒素は，タンパク質分子を構成するアミノ酸の原子の 1 つである．自然界では，窒素は主として同位体 ^{14}N から構成されている．天然窒素のわずか 0.36% が，非放射性同位体の ^{15}N の形で存在している．通常，アミノ酸には，天然の窒素の組成が反映されている．

　アミノ酸は実験室で合成することができる．もし，合成を純粋に ^{15}N だけでできるなら，そのアミノ酸は明確に区別できる．この方法で作られたアミノ酸のグリシンは，被験者の体内に導入されると，血液のヘモグロビンの中に組み込まれる．定期的な採血で，^{15}N で標識されたグリシンを含む血球数を測定する．このような実験により，赤血球の平均寿命がおよそ 4 ヵ月であることがわかった．

　放射性同位体は，非放射性の同位体よりもより簡便に，かつより少量で追跡することができる．したがって，放射性同位体をもつ元素の反応においては，放射性トレーサーの手法が好んで使われている．1950 年代に，放射性同位元素が広く利用可能になって以来，この分野で重要な実験が多数実施されてきた．

　この手法の一例が，核酸の研究における放射性リンの使用である．リン元素は，核酸である DNA や RNA の重要な構成要素である．天然のリンはすべて，^{31}P の形で存在しており，当然のことに，核酸の中で通常認められるリンの同位体である．しかしながら，前述のとおり，硫黄 32 に中性子を衝突させることにより，

半減期 14.3 日の放射性の ^{32}P を作り出すことができる．^{32}P 同位体を細胞内に導入すれば，細胞内の核酸の構造にこの同位体は取り込まれる．核酸を細胞から取り出し，その放射能を測定する．この測定から，核酸が細胞内で製造される速度を計算することが可能である．他の測定に加えて，このような測定が行われたことにより，細胞機能における DNA と RNA の役割に関する物証が得られた．

　放射性トレーサーは，臨床検査においても有用である．その 1 つの手法として，クロムの放射性同位体が，体内出血を同定するために使われている．この放射性同位体は血球に取り込まれ，血球は放射能をもつようになる．むろん，放射能は危険のないレベルに保たれる．もし循環が正常なら，放射能は身体全体に均一に分布する．ある場所の放射能が明瞭に強い場合は，その場所に出血があることを示している[訳注5]．

17.6　物理の法則と生命

　本書を通して，われわれは，物理学の理論によって明快に説明される生命科学の多くの現象について論じてきた．今や，われわれは最も根本的な問題に到達した．すなわち，物理学は，生命そのものを説明できるのか？いい換えれば，もし各ステップごとに物理学の既知の法則に従って必要な組合せで原子をまとめ上げていけば，われわれは必然的に生きている生物にたどりつくのだろうか？あるいは，生命の創発を説明するために，現在の物理学の領域を超えた新しい原理を打ち立てなければならないのか？これは，いまだ確定的な答えのない非常に古い問題であるが，その論点を明確にすることはできると思う．

　量子力学は現代の原子物理学の基本的な理論であり，原子の特性および原子間の相互作用を，うまく記述することに成功してきた．量子論は，1 個の陽子と 1 個の電子を用意すると，その相互作用によって，自然に特徴的な構造と特性をもつ水素原子が構成されることを示している．より大きな原子のための量子力学の計算は，より込み入ったものになる．実際，これまでのところ，完全な計算が実行されたのは，水素原子だけである．より重い原子の特性は，さまざまな近似の手法を駆使して計算しなければならない．それでも，量子力学が，最も軽いものから最も重いものまで，原子のすべての特性を，記述できることに，ほとんど疑う余地はない．過去 100 年の間集められた実験的証拠により，この見解が正しいことは，ほぼ完全に確かめられている．

　原子の間の相互作用（それは分子の形成に至る）も，同様に量子力学の対象で

[訳注5] クロムで標識した赤血球で出血源をさがす臨床検査法は，日本では行われていない．

ある．ここでも再び，量子力学の方程式の厳密な解は，最も単純な分子（H_2）でのみ得られてきた．しかし，有機および無機化学におけるすべての法則は，量子力学の原理からの当然の結果として導かれるものである．たとえ現在の数値処理技術が，複雑な分子の厳密な構造予測に必要な膨大な計算に対処できなくても，これまでの物理学と化学で創られてきた概念は応用可能である．原子間結合の強さと分子内での原子の空間的な配置は，すべて理論通りである．このことは，たとえばタンパク質やDNAのような最も大きい有機分子でさえあてはまる．

しかし，これより先に進もうとすると，われわれは有機体の新しいレベルの問題に直面する．それは細胞である．有機分子は，それ自体高度に複雑なものであるが，それらが組み合わさって細胞を形成する．さらには，細胞が組み合わさって生きた個体を形成する．個体は，生命という驚くべき特性を有する．これらの生命体は，環境から栄養を摂取し，成長して繁殖し，そしてあるレベルでは，自身の行動を律し始める．ここに至っては，原子の相互作用を支配している理論が，生命を特徴づけるこれらの機能に直接つながらないことは，もはや明らかである．ここから先は，推測の領域である．

生命に関連した現象にはすばらしい組織化や計画性が見られるので，一体となって生命を形成する有機分子のふるまいは，新しい未知の法則に支配されているのではないか，という考えに誘惑されそうになる．それでも，生体システム内で働く特別な法則の存在を示す証拠はない．現在のところ，これまでのあらゆるレベルの研究で，生命と関連して観察された現象が，よく知られた物理学の法則に従うことが示されている．このことは，生命の存在が物理学の基本原理に従っていることを意味するものではないが，そうである可能性はある．実際，細胞内の巨大有機分子は十分に複雑で，生命に関連した活動を誘導するのに必要な情報を，あらかじめ決められた方法でその構造内に含んでいると考えられるほどである．分子内の特定の原子グループに含まれるそのような暗号情報の一部は，今や解かれつつある．このような特異的な構造のため，所定の分子は，常に細胞内のある決まった活動に参加する．細胞や細胞の集合体の複雑な機能がすべて，あらかじめ決められた莫大な数の，しかし基本的にはよく知られた化学反応の単純な集積の結果であったとしても，不思議なことではない．

最重要の問題が未解答のまま残されている．それは，究極的には生命につながる符号化された分子を組み立てるように，原子に最初に作用する力と原理は何か？である．ここでの答えは，おそらくわれわれにとって物質に関する既知の理論の中に存在する．

1951年に，ミラー（S. L. Miller）は，35億年前の原始の地球の大気の中に，

おそらく存在したであろうタイプの条件を，実験室内に模擬的に作った．彼は，水，メタン，アンモニア，そして水素を混ぜて，放電刺激を与えながら循環させた．放電刺激は，当時，太陽，稲妻，放射線から得られたであろうエネルギー源を模擬したものである．1週間後，ミラーは，混合物の化学反応により，タンパク質の基本要素である単純なアミノ酸を含む有機分子が産生されたことを発見した．それ以来，同様の条件下で何百という有機分子が，合成されている．それらの多くは，細胞内に見いだされる重要な大きな分子の構成要素に類似している．したがって，あまねく化学反応で産生された有機分子に富んだ原始の大海で，生命が誕生したというのは，ありそうな話である．多数の小さな有機分子が，偶然結合し，DNAのような自己複製可能な巨大分子を形成した．これらは，さらに組織化された集合体を形成し，ついには生きた細胞が生まれた．

このような事象が自然に起きる確率は小さいが，おそらくこのシナリオが十分ありうるほどに，進化の時間尺度は長い．もしその通りであるならば，現在の物理学の法則は，生命のすべてを説明することができる．しかし，生命過程に関する現在の知識水準では，生命を物理学によって完全に記述できるかどうかを証明することはできない．物理学の原理は，確かに多くの現象を説明したが，なお謎は残っている．しかし，現在のところ，何か新しい法則に救いの手を求める必要はなさそうである．

練習問題

17–1. 磁気共鳴イメージングの基礎原理を記述せよ．
17–2. 放射線による食物保存に関して，自分の意見を述べよ．
17–3. 文献検索を行って，fMRIの最新の使われ方を記述せよ．
17–4. 無生物システムと生物システムを区別する最もわかりやすい属性を議論せよ．

Chapter 18

第18章 生物学と医学分野におけるナノテクノロジー

18.1 ナノ構造

ナノ構造（nanostructure）は，大きさが1〜100ナノメートル（1ナノメートル［以下 nm］ = 10^{-9} m）の範囲にある物質の配置構造を意味している．ナノメーターサイズの構造体はきわめて小さく，1ナノメーターは水素原子を一列に10個並べたサイズと同程度であり，人間が視認できる最も小さな物体（たとえば，鉛筆で打った小さな点）は 100,000 nm 程度といわれている．爪の成長が一般的には 1 nm/sec であること，おはじきの直径のうち 1 nm 分は，地球だとおよそ 1 m に相当することからも，ナノサイズがごく微小なスケールであることが窺える．

これらのナノサイズの構造体は自然界に偏在している．生き物の主要構成要素であるタンパク質や DNA，さらにその他の多くの細胞の構成要素はナノサイズである．また，大気中の土埃や塩，スス粒子などは 30〜200 nm 程度の典型的な**ナノ粒子**（nanoparticle）である．エーロゾルと呼ばれるこれらの大気中の微粒子は，雲粒の形成における核となり気候に影響する．気候へのエーロゾルの定量的な効果については未だに完全には理解されておらず，課題として残っている．また，ナノサイズのエーロゾルによる健康被害については実証されているものの，完全には理解されていないのが実情である．

18.2 ナノテクノロジー

ナノテクノロジー（nanotechnology）とは，制御された成分と形状からなるナノサイズの材料を構築し，操作して利用する技術である．ナノ粒子は，限られた用途ではあるが，その特性が完全にわかる前から幅広く利用されてきた．たとえば，中世において，融解したガラスに塩化金を混合することによって作製された

多彩なステンドガラスは，現在ではナノサイズの金粒子が多様な色を誘起することがわかっている．また，カーボンブラックナノ粒子はゴム化合物（おもにタイヤの生産など）に添加する強化剤として数十年に亘って使用されている．

　現代のナノテクノロジーの時代は，1980年代に16.8節に述べたタイプの走査型プローブ顕微鏡を用いたイメージング技術が開発されたことに端を発する．これらの機器は，視覚化するだけでなくナノ構造を操作することを可能とし，成分と形状を制御したナノ粒子を製造する技術が開発されてきた．たとえば，特定の用途のために設計された特性をもつ素材に，薄い金属を皮膜したナノ粒子を製造することも現在では可能である．

　ナノテクノロジーの分野はおもに2つの方向に進んでいる．太陽エネルギーの効率的な利用，触媒活性の向上，超撥水による自浄作用など，必要な特性を付加した新規ナノ材料の開発を中心とした方向性と，本論の焦点となる生物学および医学分野におけるナノ構造の応用としての方向性である．

　生物学および医学分野において，これまでに金と銀ナノ粒子は最も広範囲に研究され，利用されてきた．銀は特にその強力な抗菌性が理由である．金ナノ粒子の利用における重要な要因は，金粒子に生物学的に重要な分子を付与させる技術の開発である．ほとんどの場合，金は化学的に不活性であるにもかかわらず，適切に調合すると硫黄を含む分子と安定でかつ比較的強く結合する．S-Au結合を介して，酵素や抗体をはじめとするタンパク質やDNAなどの硫黄を含む広い範囲の分子は金ナノ粒子に固定することが可能である．

18.3　ナノ構造体の特性

　ナノサイズスケールのマテリアルの特性は，バルク（塊）な状態とは異なった特性をしばしば示す．ここでは，生物学や医学との関係を含めてナノ粒子の特性について簡単に説明する．

18.3.1　金属ナノ粒子の光学特性

　金，銀，銅などの（バルクあるいはナノサイズの）金属は，正に帯電した金属原子（イオン）が格子状に並んでいる間を，非局在化した電子が自由に飛び回っている状態にある．これらの電子は金属内を自由に動きまわり，光波などのさまざまな電場に応答して移動する．光と非局在化電子の相互作用は，光の周波数で強制的に励起された電子雲の集団振動として説明することができる（光の周波数 f と波長 λ の相関性は $f = c/\lambda$ として表され，ここで c は光の速度を示す）．電

子の集団振動が，光の吸収とその後の発光をひき起こす．バルクな銀に存在する電子雲は，可視光全域に相当する周波数（青［390 nm］から赤［750 nm］の波長領域）で容易に集団振動が誘起される．エネルギーが最適のとき，吸収と発光の光エネルギーはほぼ等しくなる．そのため，銀が白色光で照明されたとき，すべての波長が発光して金属特有の白銀色が生じることとなる．金の電子雲は，可視光全域に相当する周波数では集団振動は容易には誘起されない．また，電子の応答性は青色領域の周波数で減少するため，バルクの金（あるいは銅）では，光吸収と発光の効率が青色領域で減少することとなる．この結果，金に白色光をあてると，特徴的な黄色い色（白色光から青色領域を引いた色）として見えるのである．また，反射しない光はバルクの内部で消散する．このため，100 nm 以下の金箔の状態では，入ってきた光が青みがかった緑色光として透過観察される．

このような金属の色特性は，粒子サイズが 100 nm まで減少すると，劇的に変化する．ナノメートルサイズの範囲では，電子どうしの運動の結びつきはより強固になり，それらの振動運動は粒子サイズによって制限される．粒子の吸収発光特性は，電子雲の共振周波数による．この電子雲の集団的な共鳴運動は**プラズモン共鳴**（plasmon resonance）と呼ばれている．粒子が小さくなるほど，電子雲が吸収しその後に電磁放射を発することができるプラズモン共鳴周波数は高く（つまり，短波長）なる．10 nm サイズの範囲にある金粒子は青色光領域で光を吸収し発光する．そのため，このサイズ範囲の懸濁粒子は，反射で青，透過光で赤の色を呈する．粒子サイズが大きくなると，光の吸収とそれに伴う発光は長波長側に，透過光は短波長側にシフトする．このようにして，粒子サイズが大きくなることで，懸濁した金属ナノ粒子は透過光が赤から青に，反射光は青から赤色に変化するのである．また，分光学的な強度や応答性などのナノ粒子の光学特性は，粒子の大きさだけでなく形状にも依存する．

18.3.2 金属ナノ粒子の表面特性

約 1,000 nm （1 μm）より大きな粒子は，バルク容積内の原子数に対する表面に存在する原子数の比は無視することができる．1,000 nm の銀粒子の場合では，その値は約 3×10^{-4}（練習問題 18–2 参照）である．しかしながら，粒径が小さくなるとその比率は顕著になる．10 nm の粒子では，バルク容積内の原子数に対する表面に存在する原子数の比はおよそ 0.03（= 3 %）である．小さな粒子表面上の原子の配置は鋭く湾曲しなければならないため，ナノ粒子の表面原子間の結合はかなり歪んでいる．すなわち，ナノ粒子の表面原子は，大きな粒子サイズの表面原子よりもお互いの束縛を受けなくなる．表面の結合の歪みは，ナノ粒子内

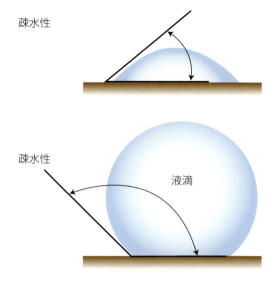

図 18.1　親水性および疎水性表面の接触角

部の結合に影響を及ぼす．ナノ粒子の融点には，この原子間結合の歪みが顕著に表れる．原子の総数のうちかなりの割合が表面原子として存在する場合，固体から液体への相転移が低い温度で起こる．たとえば，バルクの金の融点が 1064 ℃ であるのに対して，10 nm の金粒子ではおよそ 700 ℃ 程度で融解する．この章で重要なことは，ある種の医療応用においては，表面原子の結合の歪みが原因で生じるナノ粒子の表面原子の反応性がより高くなるという点である．

18.3.3　ナノ構造化表面の超撥水性

　ナノ構造化された表面は，非常に高い撥水性（疎水性）を発揮することができる．たとえば，一定の距離を置いて配置したナノロッドからなる表面は疎水性になり，液滴は表面に付着しなくなる．液滴は玉状になって表面から流れ落ちる．これは**超撥水**（超疎水，superhydrophobic property）と呼ばれ，液滴の表面となす接触角の測定に基づいて定量的に分析することができる（図 **18.1** 参照）．

　接触角は，液体の種類や液体と接触する表面の性質に依存する．親水性表面の接触角はおよそ 30° 以下であり，90° 以上で表面が疎水性であるとみなされる．超疎水性表面に対する接触角は 150° 以上とされている．広く間隔を開けたナノロッドからなる表面はほとんどが空気の層となり，水やその他の液体を引きつけることはない．液体の分子は，表面に引きつけられるよりもずっと強く分子どうしで引きつけ合う．このため，表面は超撥水性を示す．このような表面は，接触

図 18.2　超撥水性を示すハゴロモグサの葉

面積が小さい表面にある汚れを水滴で浮かし，転がり落とすため自浄性をもつ．

　蓮（ロータス）の花に代表されるように，数種の植物の葉でみられる超撥水の挙動は，数千年前に記録されている．超撥水性は，現在しばしばロータス効果と呼ばれている．ハス科の植物の葉の電子顕微鏡像では，ワックス状のナノメートルサイズの結晶からなる表面構造が観察される．ハス科の植物は湿った泥だらけの環境で成長しているものの，葉は清潔で乾燥したままである．図 18.2 のハゴロモグサは超撥水性を示すバラ科の植物である．

　現在では，超撥水性表面は，開発された技術によって作り出すことができる．超撥水特性をもつ粒子は，塗料や屋根瓦，あるいは自浄作用をもつ窓などのコーティングといった多くの製品に組み込まれている．シリコンのナノフィラメントやその他の素材でコーティングされ超撥水性で自浄作用のある繊維布地が，現在盛んに商品開発されている（練習問題 18–3 参照）．

18.4　ナノテクノロジーの医療への応用

18.4.1　バイオセンサーとしてのナノ粒子

　ナノテクノロジーの重要なアプリケーションの 1 つは，DNA やタンパク質，およびウイルスなどの生物学的因子の検出と同定である．最も頻繁に利用されるバ

18.4 ナノテクノロジーの医療への応用　273

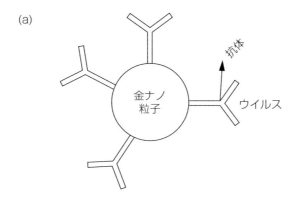

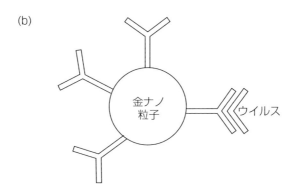

図 18.3　ウイルスの検出．(a) 標的とするウイルスに特異的な抗体を金ナノ粒子に固定し，この粒子-抗体複合体をウイルスを含むバイアルに導入する．複合体により散乱されたレーザー光（図示せず）を検出する．(b) 抗体に補足されたウイルスにより，レーザー光の散乱が変化する．散乱光の変化により，特定のウイルスが存在することがわかる．

イオセンサー（biosensor）技術は，18.3.1 節で述べた金ナノ粒子の光学的性質に基づいている．

　ウイルスの検出およびウイルス感染の診断の技術の一例を，概略的に図 18.3 に示した．標的ウイルスに特異的な抗体が，金ナノ粒子に固定されている．抗体を固定化した粒子を，ウイルスが含まれていると疑われるバイアルに導入する．レーザーがバイアルを照射すると，レーザー光散乱が検出される．ウイルスは光を散乱させないため，検出された光は抗体が固定化された粒子によって特徴づけられる．抗体と遭遇したウイルスが付着し，異なったプラズモン周波数を伴う新たな複合構造を作り出す（図 18.3b）．新しい複合体の存在は，光散乱の変化とし

て明瞭に区別できる．散乱光を分析することで標的ウイルスの存在を確認できるだけでなく，ウイルスの量に関する情報も得ることができる．この技術を改変すれば，DNA や種々のタンパク質の検出に用いることができる．

18.4.2 癌治療におけるナノテクノロジー

　ナノメートルスケールの材料を操作する技術の開発により，以前ではサイエンスフィクションの領域にあった医療への応用が現実味をおびてきた．この節では，癌治療において提案されているナノテクノロジーの応用例をいくつか紹介する．これらのアプリケーションのほとんどはまだ開発段階にあるが，いくつかは臨床試験中である．本節は，癌治療におけるナノテクノロジー技術の可能性を示すことを意図しており，癌治療分野のすべてを網羅しているわけではない（練習問題 18–4 参照）．

　最も有望な**ナノ粒子癌治療技術**（nanoparticle cancer therapy）として，破壊する腫瘍の特異的なターゲッティング（標的化）がある．このような標的治療法は，正常な細胞を灌流する血管と腫瘍を灌流する血管の違いによって可能となっている．200 nm 以下のナノ粒子が一般的に標的療法に用いられており，このナノ粒子は正常な血管を透過できないため血液とともに体内を循環する．しかしながら，腫瘍の血管は，増殖が早すぎるため，そのようなナノ粒子が血流から腫瘍組織内に漏れ出すことのできる孔径の細孔をもっている．さらに，腫瘍からのリンパ液排出が遅いため，ナノ粒子は腫瘍に蓄積される．濃縮されたナノ粒子の特性により，正常な細胞が過度に破壊されることなく，腫瘍を破壊することが可能となる．

18.4.3 外部からの標的腫瘍温熱療法

　腫瘍の外部からの加熱は，標的とする腫瘍破壊の最も直接的な方法である．特定の波長の光を吸収するようにデザインしたナノ粒子を血流中に注入する．このナノ粒子は細孔のたくさんあいた血管を通って漏れ出し，腫瘍組織に蓄積する．その後，粒子を温めるのに適切な波長のレーザー光を腫瘍に照射すると，粒子とその周囲の組織細胞が加熱される．癌組織内で加熱されたタンパク質の折りたたみ構造が壊れ，機能を停止する．いかに周辺の組織にダメージを与えずに癌細胞のみを破壊することが目標となる．

　もし，腫瘍が表面近くにあれば，皮膚を透過した近赤外光の強度は，腫瘍を加熱して破壊するのに十分かもしれない．体内の深い位置に存在する腫瘍には，光ファイバーを経由してレーザー光を照射することもできる．

腫瘍を加熱するために，数種のナノ粒子が設計され試験されている．金は最も一般的に使われる材料である．固体金ナノ粒子は赤外レーザー光で加熱できるが，粒子をそれ以外の構成にしたほうがより効果的に加熱できる．ある研究では，非伝導性の熱吸収材料を封入した金ナノシェルが使用されている．近赤外レーザー光はシェルを透過し，吸収材料を温める．その熱は，次いで周辺の組織に伝わる．他の研究グループは，金メッシュの状態だと，ナノ粒子がより効率的にレーザーで加熱されることを実証している．

腫瘍は，磁気的にも加熱できる．この技術では，磁気特性をもつ酸化鉄マグヘマイト（γ-Fe_2O_3）のような素材で作ったナノ粒子を腫瘍内部に導入する．一般的には数百 kHz の周波数の交流磁場を体にあてる．ナノ磁石は印加磁場の周波数で，方向をくるくる変える．この動きの運動エネルギーが散逸され，周囲の組織を加熱する．健康な組織には磁性材料が含まれていないので，印加磁場によって加熱されることはない．

18.4.4　標的化薬剤送達（ターゲット・ドラッグ・デリバリー）

化学療法は癌治療の主要な方法の１つである．しかしながら，ほとんどの場合，有毒な化学物質が健康な組織と癌組織の両方を攻撃してしまう．毒性のある化学物質をどれほど早く癌組織に取り込ませるかが，この技術の鍵となる．それでもまだ，多くの場合，健康な組織は重篤な副作用の影響を受けてしまう．投与することができる腫瘍毒性化学物質の量は，毒性の副作用によって制限される．このため，化学療法の副作用を最小限にしながら，腫瘍への薬剤の注入を最大化する標的薬物送達が開発されている．

この重要な課題に対処するために，様々な技術が開発されている．ここでは，その手法の一例を述べる．化学療法のための分子には，細胞の機能を破壊し細胞死を引き起こすことが求められている．数十年にわたる研究を通して，特定のタイプの癌に対して効果的な細胞毒である分子が発見されている．腫瘍毒性をもつ化学物質は，硫黄結合を介して金ナノ粒子に取り付けられている．このような細胞毒素の１つに，細胞炎症および細胞死をひき起こすタンパク質である腫瘍壊死因子 α（TNF）がある．毒素を固定したナノ粒子は血流中に注入され，18.4.2 節で述べたように腫瘍内に蓄積される．しかしながら，この治療を有効にするには別のステップが必要となる．金粒子はそれ自体だけでは免疫系によって攻撃されることはないが，固定した毒性タンパク質は保護しなければならない．保護しない場合は，腫瘍に輸送されるまでの間に免疫系が毒性タンパク質を破壊してしまう．この問題を解決するために，たとえばタンパク質を固定した金ナノ粒子をポ

リエチレングリコール（PEG-THIOL）で被覆することで，タンパク質を免疫系から保護する技術が開発されている．

18.4.5　医療分野における銀ナノ粒子

　古くから，銀はおもに観賞用や貨幣金属として利用されてきたが，その薬効も古代ギリシャ，ローマやその他の地域ですでに知られていた．銀の容器に貯蔵することで，ワイン，ミルク，水，および他の食品の腐敗が有意に遅くなることは経験的にわかっていた．紀元前4世紀，ギリシャの医師ヒポクラテスは，創傷治療に銀を使用することについて記している．また，胃腸感染症は，銀の食器具を利用することで減少すると考えられていた．

　1880年初頭，クレーデ（Carl Credé）は，硝酸銀として銀を現代の医療処置に用いた．そのときまでは，産道を通って生まれた新生児にみられる，感染体によってひき起こされる敗血性の新生児結膜炎は，失明を含む永久的な眼の損傷のおもな原因であった．1884年に発表された一連の説得力のある研究で，クレーデは2％硝酸銀溶液を用いて新生児の目を拭くことで，この感染症を解消することを実証した．1939年以前には90種以上の銀を含む薬が使用されていた．1950年代に抗生物質による軟膏が用いられるまでは，硝酸銀による眼治療がよく使われていた．

　これらの用途では，銀の抗菌活性は銀イオン（Ag^+）に依存し，それは細胞内の構成要素や細胞壁に作用してその機能を破壊する．銀イオンは，ヒトに対しても強い生体毒性を示す．そのため，抗生物質の出現に伴って，銀を用いた医薬用途は，1970年初頭に導入されたやけどの局所的治療に最適なスルファジアジン銀軟膏を除いてほぼ中止されている．

　銀ナノ粒子（silver nanoparticle）製造技術の開発と多様な抗生物質耐性菌の出現により，銀は殺菌剤としてふたたび注目されている．銀ナノ粒子は，銀イオンと比較すると高い抗菌活性を示すことが報告されている．これは，銀イオンの抗菌活性に加えて，銀ナノ粒子の表面と接触することで細菌の細胞壁を高効率で破壊するためである．殺菌効果は大きさや形状に依存し，小さなナノ粒子も，8面体や10面体などの多面的な形状もより効果的である．この高い殺菌活性は，18.3.2節で説明したとおり，歪んだ表面原子の反応性が高いことが原因と考えられる．さらに，まだ研究の初期段階ではあるが，その抗菌活性に加えて，銀ナノ粒子は有意な抗炎症特性や抗ウイルス活性を有することが示されている．

　非常に高い抗菌活性のため，医療における銀ナノ粒子の利用率は急速に増加している（練習問題18-5参照）．重要かつ有望な用途としてカテーテルの製造があ

げられる．カテーテルは薬物を送達するために動脈に挿入したり，過剰な液体を排出するために体腔内に挿入するチューブである．医療処置に汎用的に用いられているが，カテーテルの一部が外気に露出しているため，多くの院内感染の原因となっている．これらの機器にナノ銀粒子をコーティングすることで，大幅に細菌感染を低減している．

ナノ銀でコーティングされた創傷被覆材の利点は，現在実証されつつある．他の治療法と比較すると，感染や炎症を低減し治癒速度を上げることがわかってきている．

骨セメントは，人工股関節，膝関節置換などの処置の際に用いられる．接着剤として用いる従来のセメントでは，感染率は高く 1～4%である．セメントへ銀ナノ粒子を添加すると，感染を半分に低減することが報告されている．

18.5　消費製品中のナノ粒子利用に際する問題点

"Project on Emerging Nanotechnologies" の組織のウェブサイトには，ナノ粒子が含まれる 1300 種以上の製品がリストアップされ，その数は現在も増加している．これらの製品に関連する環境，健康および安全性のリスクは非常に不確実である．米国学術研究会議は，環境保護庁の要請でナノテクノロジーによるリスクに対処するための委員会を開催した．2012 年 1 月にウェブに掲載された 154 ページからなる報告書は，ナノ粒子を含む製品の安全性に関する研究の必要性を強調している．特に，ナノ粒子を摂取した場合とこれらのナノ粒子が環境へ拡散した際の影響の 2 点についてはほとんどわかっていない．これに関連して，銀ナノ粒子を含む製品は，最大の危険性が潜んでいる可能性がある．

ナノ粒子を含む消費製品のうち，およそ 20%に銀ナノ粒子が何らかの形で利用されている．銀ナノ粒子は，食器，ジップトップの食品保存袋，タオル，シーツ，枕カバー，毛布，スリッパ，ソックス，マウスウオッシュ，そしてクマや犬などぬいぐるみといった子供のさまざまなおもちゃなど多くの製品に含まれている．メーカーによると，銀ナノ粒子は，銀の抗菌および抗真菌活性による健康上の利点があるとしている．

医療用途でナノ銀の使用は明らかに有益であり，医療製品の使用と最終的な処理は監視の下で慎重に行われるが，多くの消費製品に含まれている銀の利点については疑わしい．また，これらの製品に記載されている健康上の利点は実証されていないだけでなく，その危険性すら評価されていない．これらの製品に含まれるナノ粒子は，特にそれらが子供服や玩具の場合，剥がれることが示されており，

口から体内に入る可能性が高い．体内に摂取あるいは体に触れた銀ナノ粒子は，身体の正常な機能に不可欠な細菌コロニーを時間をかけて破壊する可能性がある．また，現在，衣類中のナノ粒子の大半は洗濯するととれてしまうことが実証されている．これらの粒子はさまざまな経路を通って最終的には水系に流れ込み，土壌を肥沃にするのに必要な細菌コロニーなどの水生生物に害を与える可能性がある．

健康上の懸念は，銀ナノ粒子に限定されるものではない．サイズが小さいため，すべてのナノ粒子は細胞に入り込み，損傷をひき起こす可能性がある．増え続ける製品で用いられているナノ粒子の危険性を調べ，そのような製品の危険性について消費者の意識を高める必要がある（練習問題 18–6 参照）．

練習問題

18–1. ナノメートルサイズのスケールについて，18.1 節に記載されている (a) 地球とおはじきの比較，および (b) 爪の成長速度を確認せよ．

18–2. (a) 直径 0.3 nm の原子からなる直径 10 nm の銀粒子について，内部原子数に対する表面原子数の比を計算せよ．(b) 同様に，直径が 1 mm の際の比を算出せよ．

18–3. ナノコーティングによる超撥水特性を利用したどのような自浄作用性素材が市販されているか調べよ（ウェブを参照）．

18–4. 18.4.4 節で説明したナノテクノロジー技術を用いた臨床試験の状況を調査せよ．

18–5. 本文には記載していない銀ナノ粒子の最近の医療応用を説明せよ．

18–6. ナノ粒子を含む製品の安全性に関する研究の現状を調査せよ．

appendix A 補遺 A

力学の基本概念

　この節では，力学の基本概念について定義づけを行う．読者は力学の概念についてはよく知っていると思われるので，ここでは簡単に要約するだけで十分であろう．詳細な議論について書かれている基礎物理学の参考書のいくつかを参考文献にあげてある．

A.1　速さと速度

　速度は，時間に対する位置の変化の割合と定義される．速度を規定するためには大きさと方向の両方が必要である．したがって，速度はベクトル量である．速度の大きさを，**速さ**（speed）と呼ぶ．物体の速度が一定という特別な場合は，時間 t の間に移動する距離 s は

$$s = vt \tag{A.1}$$

となる．この場合，速度は

$$v = \frac{s}{t} \tag{A.2}$$

で表すことができる．経路の途中で速度が変化する場合，式 s/t により平均速度を得ることができる．

A.2　加速度

　経路に沿って物体が動き，その速度が刻々と変化するような運動を，**加速**（accelerate）（または減速）しているという．加速度は，時間に対して速度が変化する割合として定義される．等加速度という特別な場合，時間 t の間に加速した物体の終速度 v は

$$v = v_0 + at \tag{A.3}$$

となる．ただし，v_0 は物体の初速度であり，a は加速度である[1]．したがって，加速度は次のようになる．

$$a = \frac{v - v_0}{t} \tag{A.4}$$

等加速度の場合，いくつもの便利な関係を簡単に導き出すことができる．時間 t での平均速度は，

$$v_{av} = \frac{v + v_0}{2} \tag{A.5}$$

となる．この時間に移動した距離は

$$s = v_{av} t \tag{A.6}$$

となる．式 A.4 と式 A.5 を用いると，

$$s = v_0 t + \frac{at^2}{2} \tag{A.7}$$

となり，$t = (v - v_0)/a$（式 A.4 より）を式 A.7 に代入すると，

$$v^2 = v_0^2 + 2as \tag{A.8}$$

となる．

A.3 力

力とは，物体の運動状態を変化させるように物体を押したり引いたりする作用である．

A.4 圧力

圧力とは，単位面積あたりにかかる力である．

---

[1] 速度と加速度はともに経路の途中で変化しうる．一般的には，速度は物体の移動経路に沿った距離の時間微分として定義され，

$$v = \lim_{\Delta t \to a_0} \frac{\Delta s}{\Delta t} = \frac{ds}{dt}$$

となる．また，加速度は移動経路に沿った速度の時間微分として定義され，

$$a = \frac{dv}{dt} = \frac{d}{dt}\left(\frac{ds}{dt}\right) = \frac{d^2 s}{dt^2}$$

となる．

A.5 質量(m)

上記の通り,物体にかかる力により運動状態は変化する.すべての物体には,運動状態の変化に抵抗しようとする性質がある.質量とは,運動状態の変化に対する抵抗,すなわち,慣性を定量的に表す単位である.

A.6 重量(W)

すべての質量は,すべての他の質量に対して引きつける力を発揮する.このような引力を**重力**(gravitational force)と呼ぶ.物体の重量とは,物体に対して地球の質量が発生する力である.物体の重量は,質量に正比例する($W = mg$).力としての重量はベクトルであり,その向きは垂直下方向,すなわち垂球糸の方向である.

質量と重量は関係はしているが,物体の異なる性質である.物体が,他のすべての物体から隔離された場合,物体には重量はないが,それでも質量はある.

A.7 直線運動量

物体の直線運動量とは質量と速度の積である.すなわち,

$$直線運動量 = mv \tag{A.9}$$

A.8 ニュートンの運動の法則

力学の基本は,ニュートンの**運動法則**(laws of motion)である.この法則は観察に基づいており,より基本的な原理から導き出すことはできない.3法則は以下のように表現できる.

第1法則:力が加えられ作用しない限り,物体は静止し続けるか,等速直線運動をする.
第2法則:物体の直線運動量の時間変化率は,物体に加えられた力 F に等しい.

相対論的効果を考えなくてはならないような非常に高い速度を除けば,物体の質量 m と加速度 a を用いると,第2法則は数学的に

$$F = ma \tag{A.10}$$

と表すことができる[2]．この式は力学で最もよく使われる式の 1 つである．この式から，加えられた力と物体の質量がわかれば，加速度を計算できることがわかる．加速度がわかれば，物体の速度と移動距離は上記の式から求めることができる．

他のあらゆる力と同じように，地球の重力によっても加速度が生じる．自由落下をする物体の運動を観察することにより，重力加速度が測定されている．地表近くでは，重力加速度は約 9.8 m/sec^2 である．

重力加速度は計算で頻繁に使われるので，特別な記号として g が与えられている．したがって，質量が m である物体にかかる重力は

$$F_{重力} = mg \tag{A.11}$$

となる．これは，もちろん，物体の重量である．

第 3 法則：どのような作用にも，大きさが等しく方向が逆の作用がある．この法則の意味するところは，物体 A と B が相互作用し，A が B に力を加えるとき，B から A に対しても大きさが同じであるが方向が逆の力が加わる，ということである．第 3 法則については本文中で説明してある．

A.9 直線運動量の保存

ニュートンの法則に従うと，外力が作用しない限り，物体系全体の直線運動量の合計は変化しない．

A.10 ラジアン

回転運動の解析を行ううえでは，ラジアン（rad）という単位を使って角度を測ったほうが便利である．図 A.1 において，ラジアンで表した角度は，弧の長さを s，回転運動の半径を r としたとき，

$$\theta = \frac{s}{r} \tag{A.12}$$

と定義される．完全な円だと，弧の長さは円周と等しくなり，$2\pi r$ である．したがって，ラジアンを単位としたとき，完全な円の角度は

---

[2] 第 2 法則は，運動量の時間微分として数学的に表すことができる．すなわち，

$$力 = \lim_{\Delta t \to 0} \frac{mv(t + \Delta t) - mv(t)}{\Delta t} = \frac{d}{dt}(mv) = m\frac{dv}{dt} = ma$$

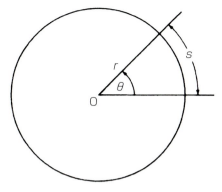

図 A.1 ラジアン

$$\theta = \frac{2\pi r}{r} = 2\pi \text{ rad}$$

である．したがって，

$$1 \text{ rad} = \frac{360°}{2\pi} = 57.3°$$

である．

A.11 角速度

角速度 ω は，単位時間あたりの角変位である．すなわち，物体が時間 t の間に角度 θ（ラジアン）回転したとすると，角速度は

$$\omega = \frac{\theta}{t} (\text{rad/sec}) \tag{A.13}$$

となる．

A.12 角加速度

角加速度 α とは角速度の時間変化率である．初角速度が ω_0 で，時間 t 後の終角速度が ω_f であるとき，角加速度は

$$\alpha = \frac{\omega_f - \omega_0}{t} \tag{A.14}$$

となる[3]．

A.13 回転運動と直線運動との関係

物体が軸の周りを回転するとき，物体上の各点は円周に沿って移動する．したがって，各点は直線運動もしている．回転運動中に進む直線距離 s は

$$s = r\theta$$

である．回転の中心からの距離が r の場所で角速度 ω で回転している点の直線速度は，

$$v = r\omega \tag{A.15}$$

となる．ベクトル v の方向は，すべての点において，経路 s の接線方向である．経路 s 方向の直線加速度は

$$a = r\alpha \tag{A.16}$$

となる．

A.14 角運動量の式

角運動の式は，並進運動の式と同じように考えることができる．一定の角加速度 α と初角速度 ω_0 で運動している物体においては，関係式は表 A.1 のようになる．

表 A.1 回転運動の式（角加速度 $\alpha = $ 一定）

$$\omega = \omega_0 + \alpha t$$
$$\theta = \omega_0 t + 1/2\alpha t^2$$
$$\omega^2 = \omega_0^2 + 2\alpha\theta$$
$$\omega_{av} = \frac{\omega_0 + \omega}{2}$$

---

[3] 角速度と角加速度はともに経路の途中で変化しうる．瞬間角速度と瞬間角加速度は，一般的に次のように定義される．

$$\omega = \frac{d\theta}{dt}; \quad \alpha = \frac{d\omega}{dt} = \frac{d^2\theta}{dt^2}$$

A.15 向心加速度

物体が軸の周りを一定に回転する場合，直線速度の大きさは一定のままであるが，直線速度の方向は常に変化し続ける．速度の変化する方向は，常に回転の中心を向いている．したがって，回転している物体は，回転の中心に向かって加速していることになる．このような加速度を**向心加速度**（centripetal acceleration）と呼ぶ．向心加速度の大きさは，

$$a_c = \frac{v^2}{r} = \omega^2 r \tag{A.17}$$

で与えられる．ただし，r は回転の半径で，v は回転の経路の接線方向の速度とする．物体は回転の中心に向けて加速しているので，ニュートンの第2法則により，回転の中心に向かう力が物体に作用していると結論される．この力は**向心力**（centripetal force）F_c と呼ばれ，回転する物体の質量を m としたとき，

$$F_c = ma_c = \frac{mv^2}{r} = m\omega^2 r \tag{A.18}$$

により与えられる．

物体が曲がった経路に沿って動くためには，物体に向心力を加える必要がある．もし，そのような力がないとしたら，ニュートンの第1法則が要求するように，物体は直線運動をすることになる．たとえば，ロープの先に物体をつけてくるくる回すとしよう．物体への向心力はロープより加えられる．ニュートンの第3法則により，物体からロープに大きさは同じで向きが逆の力が加わる．向心力に対する反作用は**遠心力**（centrifugal force）と呼ばれる．この力は回転の中心から遠ざかる方向を向いている．向心力は物体を回転させ続けるのに必要であり，運動の方向に対して常に垂直に作用するため，仕事をしたことにはならない（式 A.28 参照）．摩擦がないとすると，一定の角速度で物体を回転させ続けるのに，エネルギーは必要ない．

A.16 慣性モーメント

角運動における慣性モーメントは，並進運動における質量と同じように考えることができる．回転の中心からの距離が r の位置にある質量 m の要素の慣性モーメント I は

$$I = mr^2 \tag{A.19}$$

表 A.2　単純な形状の物体の慣性モーメント

物体	軸の位置	慣性モーメント
長さ l の細い棒	中心を通る	$ml^2/12$
長さ l の細い棒	片方の端を通る	$ml^2/3$
半径 r の球	直径方向	$2mr^2/5$
半径 r の円柱	対称軸方向	$mr^2/2$

となる．

　一般に，物体が角運動をしているとき，物体中の質量要素は回転の中心からさまざまな距離にある．慣性モーメントの合計は，物体中の質量要素の慣性モーメントの合計に等しい．

　質量は物体によって決まる一定値をとるのに対し，慣性モーメントは回転の中心の位置によって変わる．一般に，慣性モーメントは積分を使って求める．計算に便利な物体の慣性モーメントを表 A.2 に示した．

A.17　トルク

　トルクとは，軸の周りを回転させる力の働きとして定義される．トルクは通常文字 L で示され，軸に垂直方向の力と，回転の軸から力を与える点への距離 d との積で与えられる．すなわち，

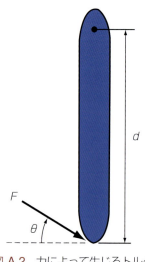

図 A.2　力によって生じるトルク

$$L = F\cos\theta \times d \tag{A.20}$$

となる（図 A.2）．距離 d はレバーアーム（lever arm）またはモーメントアーム（moment arm）と呼ばれる．

A.18　角運動におけるニュートンの法則

角運動を支配する法則は，並進運動の法則と似ている．トルクは力と，また，慣性モーメントは質量と同じように考えることができる．

　第 1 法則：回転をしている物体は，外からトルクが作用しない限り，一定の角速度で回転し続ける．

　第 2 法則：角運動における第 2 法則を数学的に表すと，式 A.10 と同じように示すことができる．すなわち，トルクは，慣性モーメントと角加速度の積に等しくなり，

$$L = I\alpha \tag{A.21}$$

となる．

　第 3 法則：すべてのトルクに対して，大きさが等しく方向が逆の反作用トルクがある．

A.19　角運動量

角運動量は

$$角運動量 = I\omega \tag{A.22}$$

と定義される．

　ニュートンの法則により，釣り合っていない外からのトルクが物体に作用しない限り，物体の角運動量は保存されることがわかる．

A.20　力とトルクの加算

物体には，力とトルクを同時にいくつでも加えることができる．力とトルクはベクトルであり，大きさと方向によって特徴付けられるので，物体に与える正味の効果はベクトルの加算により得ることができる．物体にかかる合力を求める必要がある場合，1 つ 1 つの力を互いに垂直な成分に分解した方が便利であることが多い．2 次元の場合の例を図 A.3 に示した．この場合，水平方向の x 軸方向と

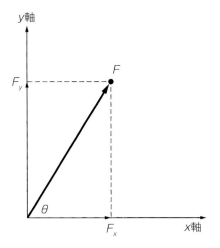

図 A.3　垂直および水平成分に分解された力

垂直方向の y 軸方向を，互いに垂直な軸として選んである．より一般的な3次元の場合は，第3の軸が解析に必要である．力 F の2つの垂直成分は

$$F_x = F\cos\theta$$
$$F_y = F\sin\theta \qquad \text{(A.23)}$$

となる．力 F の大きさは

$$F = \sqrt{F_x^2 + F_y^2} \qquad \text{(A.24)}$$

で与えられる．

複数の力（$F_1, F_2, F_3, \ldots$）を加算する場合，合力 F_T の互いに垂直な成分は，それぞれの力の対応する成分を加えることにより得られる．すなわち，

$$(F_T)_x = (F_1)_x + (F_2)_x + (F_3)_x + \cdots$$
$$(F_T)_y = (F_1)_y + (F_2)_y + (F_3)_y + \cdots \qquad \text{(A.25)}$$

となる．合力の大きさは，

$$F_T = \sqrt{(F_T)_x^2 + (F_T)_y^2} \qquad \text{(A.26)}$$

である．

力により発生するトルクが作用すると，時計回り，あるいは反時計回りの回転が発生する．一方の回転方向を正，他方の回転方向を負とする場合，物体にかかる全トルクは，それぞれのトルクに適切な正負を付与してから加算すれば得られる．

A.21 静的平衡

直線加速度と角加速度がともにゼロであるとき，物体は静的平衡状態にある．この条件を満たすためには，物体にかかる力 F の合計，およびそれらの力によって生じるトルク L の合計もゼロでなければならない．すなわち，

$$\sum F = 0 \text{ および } \sum L = 0 \tag{A.27}$$

である．

A.22 仕事

日常生活の言葉としては，**仕事**（work）という単語は，身体的あるいは精神的を問わずあらゆる種類の労力を指す．物理学では，もっと厳格な定義が必要とされる．そこで，力と，力が作用した距離との積として仕事を定義する．運動方向と平行な力のみが，物体に対して仕事をする．これが意味するところを図 A.4 に示した．角度 θ で与えた力 F が，表面に沿って物体を距離 D だけ引っ張っている．この力によりなされる仕事は，

$$\text{仕事} = F \cos\theta \times D \tag{A.28}$$

である．

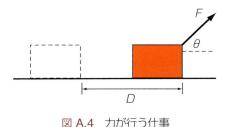

図 A.4 力が行う仕事

A.23 エネルギー

エネルギーは重要な概念である．さまざまな現象にわたって，エネルギーに関係する事柄を見いだせる．原子力エネルギー，熱エネルギー，位置エネルギー，太陽エネルギー，化学エネルギー，運動エネルギーという言葉も口にするし，人がエネルギーにみなぎっている，という表現もしたりする．これらの表現で共通

しているのは，その発生源から仕事を得ることができるということである．エネルギーと仕事の関係は簡単である．仕事をするためにはエネルギーが必要である．エネルギーは，仕事と同じ単位で測られる．実際，エネルギーと仕事の間には1対1の対応関係がある．2 Jの仕事をするためには，2 Jのエネルギーが必要である．すべての物理過程で，エネルギーは保存される．仕事により，エネルギーの形態は他の形態に変換されるが，エネルギーの合計量は不変である．

A.24 エネルギーの形態

A.24.1 運動エネルギー

運動している物体は，運動をしていることを利用して仕事をすることができる．たとえば，運動している物体が静止している物体に衝突すると，静止していた物体は加速される．ということは，運動していた物体は静止していた物体に力を加え，仕事をしたということになる．速度 v で運動している質量 m の物体の運動エネルギー（KE）は

$$KE = \frac{1}{2}mv^2 \qquad (A.29)$$

である．回転運動の場合，運動エネルギーは

$$KE = \frac{1}{2}I\omega^2 \qquad (A.30)$$

となる．

A.24.2 位置エネルギー

物体の位置エネルギーとは，その位置や形状を利用して仕事をすることができる能力を指す．表面から高さ H だけ持ち上げられた重量 W の物体は，

$$PE = WH \qquad (A.31)$$

の位置エネルギー（PE）をもつ．これは，物体を高さ H だけ持ち上げるにしなければならない仕事の大きさである．物体を表面まで降ろすことにより同じだけのエネルギーを引き出すことができる．

伸縮しているバネも位置エネルギーをもつ．バネを伸縮するのに必要な力は，伸縮量（s）に正比例する．すなわち，

$$F = ks \qquad (A.32)$$

となる．ただし，k はバネ定数である．伸縮したバネに蓄えられている位置エネ

ルギーは
$$PE = \frac{1}{2}ks^2 \tag{A.33}$$
である．

A.24.3 熱

熱は，エネルギーの形態の 1 つであり，したがって，仕事や他の形態のエネルギーに変換することができる．しかし，熱は他の形態のエネルギーとは同じ階層にはない．仕事などのエネルギーは完全に熱に変換することができるが，熱エネルギーは部分的にしか他の形態のエネルギーに変換することができない．熱のこのような性質は，第 10 章で議論されるように，影響は広い．

熱はカロリーという単位でしばしば測られる．1 カロリー（cal）は，1 g の水を 1 ℃ だけ温度を上げるのに必要な熱エネルギーである．ある物質の温度を 1 ℃ 上げるに必要な単位質量あたりの熱エネルギーを**比熱**（specific heat）という．1 カロリーは 4.184 J である．化学や食品工学でよく用いられる熱の単位は，**キロカロリー**（kilocalorie）または Cal であり，1000 cal に等しい．

A.25 仕事率

単位時間あたりになされた仕事，あるいは消費されたエネルギー，の大きさを，**仕事率**（power）という．仕事率を代数学的に表現すると，
$$P = \frac{\Delta E}{\Delta t} \tag{A.34}$$
となる．ただし，ΔE は，時間 Δt の間に消費されたエネルギーである．

A.26 単位と変換

この本での計算には，おもに SI 単位を用いる．長さ，質量，時間の基本単位はメートル，キログラム，秒である．しかし，本文中では他の単位も出てくる．たびたび出てくる量の単位と変換係数を，省略形とともに以下に列挙する．

A.26.1 長さ

SI 単位： メートル（m）

変換： 1 m = 100 cm（センチメートル）= 1000 mm（ミリメートル）
1000 m = 1 km

$$1 \text{ m} = 3.28 \text{ feet (フィート)} = 39.37 \text{ in (インチ)}$$
$$1 \text{ km} = 0.621 \text{ mile (マイル)}$$
$$1 \text{ in} = 2.54 \text{ cm}$$

さらに，ミクロンとオングストロームが物理学と生物学ではよく使われる．
$$1 \text{ ミクロン } (\mu \text{ m}) = 10^{-6} \text{ m} = 10^{-4} \text{ cm}$$
$$1 \text{ オングストローム (Å)} = 10^{-8} \text{ cm}$$

A.26.2 質量
SI 単位： キログラム（kg）

変換： $1 \text{ kg} = 1000 \text{ g}$

1 kg の質量の物体にかかる重力は 9.8 ニュートン（N）である．

A.26.3 力
SI 単位： kg m s^{-2}，単位の名称：ニュートン（N）

変換： $1 \text{ N} = 10^5 \text{ dynes (dyn)} = 0.225 \text{ lbs}$

A.26.4 圧力
SI 単位： $\text{kg m}^{-1}\text{s}^{-2}$，単位の名称：パスカル（Pa）

変換： $1 \text{ Pa} = 10^{-1} \text{ dynes/cm}^2 = 9.87 \times 10^{-6}$ 気圧（atm）
$$= 1.45 \times 10^{-6} \text{ lb/in}^2$$
$$1 \text{ atm} = 1.01 \times 10^5 \text{ Pa} = 760 \text{ mmHg (torr)}$$

A.26.5 エネルギー
SI 単位： $\text{kg m}^{-2}\text{s}^{-2}$，単位の名称：ジュール（J）

変換： $1 \text{ J} = 1 \text{ N-m} = 10^7 \text{ ergs} = 0.239 \text{ cal} = 0.738 \text{ ft-lb}$

A.26.6 仕事率
SI 単位： J s^{-1}，単位の名称：ワット（W）

変換： $1 \text{ W} = 10^7 \text{ ergs/sec} = 1.34 \times 10^{-3}$ 馬力（hp）

appendix B 補遺 B

電気学の概説

B.1 電荷

　物質は原子より構成される．原子は核と，その周りを囲む電子からなる．核は陽子と中性子からなる．電荷は，陽子と電子の特性のひとつである．電荷には，正電荷と負電荷の2種類がある．陽子は正の電荷をもっており，電子は負の電荷をもっている．電気的な現象はすべてこれらの電荷がひき起こしている．

　電荷の間には力が発生する．異なった種類の電荷は引きつけあい，同じ種類の電荷は反発し合う．電子は核の周囲に保持されているが，それは陽子が電気的に引きつけているからである．陽子は電子の約2000倍重いが，電荷の大きさは同じである．原子の中には，正電荷の陽子と，負電荷の電子が同じ数だけある．したがって，原子は全体としては電気的に中性である．原子の正体は，核にある陽子の数によって決まる．たとえば，水素には陽子が1個あり，窒素には陽子が7個あり，金には陽子が79個ある．

　原子から電子を取り除き，正の電荷をもつようにすることが可能である．このように電子を欠いた原子は**陽イオン**（positive ion）と呼ばれる．原子に電子を付け加えることも可能で，**陰イオン**（negative ion）となる．

　電荷の単位はクーロン（C）である．陽子と電子の電荷の大きさは 1.60×10^{-19} C である．2つの電荷を帯びている物体の間に働く力 F は，それぞれの電荷 Q_1 と Q_2 の積に比例し，物体間の距離 R の2乗に反比例する．したがって，

$$F = \frac{-KQ_1Q_2}{R^2} \tag{B.1}$$

となる．同種の電荷は反発し，異種の電荷は引き合うということを考えに入れ，マイナスの負号がつけてある．

　この式は，**クーロンの法則**（Coulomb's law）として知られている．R がメー

トルの単位の場合，定数 K は 9×10^9 であり，F はニュートンで得られる．

B.2 電場

電荷は，他の電荷に力を加え，質量は他の質量に力を加え，磁石は他の磁石に力を加える．これらの力はすべて，共通の重要な性質をもつ．すなわち，この力が及ぶためには，相互作用する物体同士が，物理的に接触している必要はない．離れていても，力が働く．**力線**（line of force または field line）という考え方は，離れていても作用する力を可視化するのに便利である．

接触することなく他の物体に力を加えることができる物体は，そこから力線が出ていると考えることができる．力線の構成全体を**力の場**（force field）と呼ぶ．力線の方向は力の方向であり，空間のある場所での力線の密度は，その点での力の大きさに比例する．

電荷からは，すべての方向に均一に力線が出る．慣例として，力線の方向は電荷源が正電荷に発生させる力の向きとする．したがって，力線は正電荷から出発し，負電荷に到着する（図 B.1）．電荷から出る線の数は，電荷の大きさに比例する．電荷の大きさが 2 倍になったら，力線の数も 2 倍になる．

力線は直線である必要はない．上述の通り，力線の方向は力が発生する方向である．たとえば，距離 d だけ離れた 2 つの電荷による正味の電場を考えるとする．この電場を求めるためには，空間のすべての点において正電荷にかかる正味の力

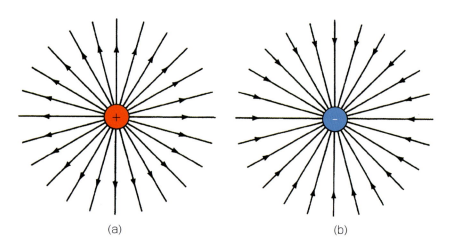

図 B.1　2 次元表示した正電荷 (a) および負電荷 (b) が発生する電場

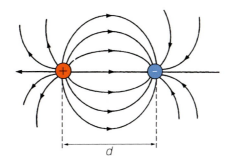

図 B.2　距離 d だけ離れている正電荷および負電荷が発生する力線

の方向と大きさを計算しなければならない．それぞれの電荷に由来する力線のベクトルを加算することによりこの計算ができる．電荷の大きさが等しい正電荷と負電荷が距離 d だけ離れている場合に発生する力の場を図 B.2 に示した．この場合，力線は曲線となる．力線が示すのは，2 つの固定されている電荷の周囲に置いた正電荷にかかる正味の力の方向である．図 B.2 で示したような場は，**双極場**（dipole field）と呼ばれ，棒磁石が形成する場と似ている．

B.3　電位差，電圧

電場の単位は V/m（または V/cm）である．電場と，電場中での距離の積は，**電位差**（potential difference）または**電圧**（voltage）と呼ばれる重要なパラメータである．2 点間の電圧（V）は，その 2 点間を電荷が移動するときのエネルギーの出入りの大きさである．電位差はボルトで測られる．2 点間で電位差がある場合，その 2 点の間にある電荷には力が発生する．正電荷の場合，正の点から離れ，負の点に近づくように動かす力が発生する．

B.4　電流

電荷が動くと電流が発生する．電流の大きさは，時間あたりにある点を通過する電荷の量によって決まる．電流の単位はアンペア（A）である．ある点を 1 秒間に 1 クーロン（C）の電荷が通過すると，1 アンペアである．

B.5　電気回路

物質中の 2 点間を流れる電流の大きさは，その 2 点間の電位差と，その物質の

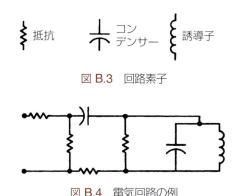

図 B.3　回路素子

図 B.4　電気回路の例

電気的特性に比例する．代表的な電気的特性は，抵抗，電気容量，インダクタンスの3つのパラメータである．抵抗とは，電流が流れるのを妨げる強さである．このパラメータは**抵抗率**（resistivity）という物質の特性によって決まり，力学的な運動における摩擦と似ている．電気容量とは，物質が電荷を蓄える能力である．そして，インダクタンスとは，電流の変化を妨げようとする働きである．すべての物質には，これら3つの特性のすべてがある程度は備わっている．しかし，これらの特性のうちの1つが顕著であることが多い．特定の値の抵抗，電気容量，インダクタンスをもつ部品を生産することが可能であり，そのような部品は，それぞれ，**抵抗器**（resistor），**コンデンサー**（capacitor），**インダクター**（inductor）と呼ばれる．

　これら3つの電気部品の記号を図 B.3 に示した．電気部品を組み合わせると，電気回路を作ることができる．適切に部品を選択し回路を組み上げれば，電流を制御することができる．電気回路の例を図 B.4 に示した．このような回路を解析し，回路中のすべての点における電圧と電流を計算するさまざまな方法が編み出されている．

B.5.1　抵抗器

　抵抗器とは，電流の流れを妨げる回路素子である．抵抗（R）は，オーム（Ω）という単位で測定される．電流（I）と電圧（V）の関係はオームの法則によって与えられ，

$$V = IR \tag{B.2}$$

となる．電流に対してごく小さな抵抗しか示さない物質を**導体**（conductor）と呼ぶ．抵抗がとても大きな物質は，**絶縁体**（insulator）と呼ばれる．電流が抵抗を

通過すると，電気エネルギーが熱に変換されるので，必ず電力が消費される．抵抗器で消費される電力（P）は，

$$P = I^2 R \tag{B.3}$$

で与えられる．抵抗の逆数は**コンダクタンス**（conductance）と呼ばれ，通常，記号 G で示される．コンダクタンスの単位は，モー（mho）またはジーメンス（Siemens）である．コンダクタンスと抵抗の間には，

$$G = \frac{1}{R} \tag{B.4}$$

の関係がある．

B.5.2 コンデンサー

コンデンサーとは，電荷を蓄積する回路要素である．絶縁体で隔たれている2枚の導体の板という構成が，もっとも簡単な形である（図 **B.5**）．電気容量（C）は，ファラド（farad）という単位で測定される．蓄積された電荷（Q）とコンデンサーにかかっている電圧の関係は，

$$Q = CV \tag{B.5}$$

で与えられる．

コンデンサーに電荷が蓄えられると，片方の電極板には正電荷が蓄積され，他方の電極板には負電荷が蓄積される．その状態で蓄積されているエネルギー（E）は，

$$E = \frac{1}{2}CV^2 \tag{B.6}$$

である．

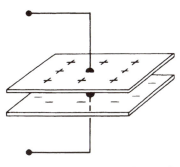

図 **B.5** コンデンサーの単純な例

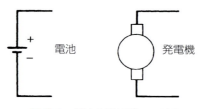

図 B.6　電池と発電機の回路記号

B.5.3　誘導子

誘導子（inductor）とは，その素子中を流れる電流が変動するのを妨げる装置である．インダクタンスの単位はヘンリー（henry）である．

B.6　電圧源と電流源

さまざまな電池や発電機を用いて電圧と電流を発生させることができる．電池では化学反応が起き，物質が正電荷と負電荷に分離する．発電機は，磁場の中で導体が動くことにより電圧を発生させる．これらの発生源の回路記号を図 B.6 に示す．

B.7　電気と磁気

電気と磁気は関連する現象である．電場の変化は必ず磁場を発生させ，磁場の変化は必ず電場を発生させる．すべての電磁気現象は，この基本的な相互関係に遡ることができる．この相互作用の結果，次のようなことが起こる．

1. 電流は，電流と垂直方向に電場を必ず発生させる．
2. 導体が磁界と垂直方向に動くと，その導体に電流が発生する．
3. 電荷が振動すると，その振動の周波数と同じ周波数の電磁波がそこから発生する．その放射は光の速さで発生源から遠ざかる．このような電磁放射の例としては，ラジオ波，光，X 線などがある．

appendix C 補遺 C

光学の概説

C.1 幾何光学

　鏡やレンズなどの光学部品の性質は，すべて光の波としての特性に由来している．しかし，それを詳細に計算するためには，光学部品上のすべての点において波面を把握しなければならないので，かなり複雑である．光学部品が光の波長より十分に大きいとすると，その問題を簡単にすることができる．単純化のためには，光の波としての性質をいくつか無視し，光を波面と垂直方向に移動する波であるととらえる必要がある（図 C.1）．均質な媒体では，光線はまっすぐ進み，光線の向きが変わるのは，2 つの媒体の境界のみである．この単純化した手法は，**幾何工学**（geometric optics）と呼ばれる．

　光の速度は，光が伝播する媒体に依存する．真空中では光は 3×10^8 m/sec の速度で伝播する．物質媒体中での光の速さは真空中より必ず遅い．物質中での光の速さは屈折率（n）によって決まり，

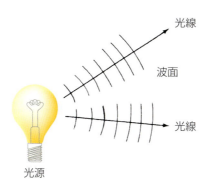

図 C.1　波面に垂直な光線

$$n = \frac{c}{v} \tag{C.1}$$

となる．ただし，c は真空中での光の速さ，v は物質中での速さである．光が，ある物質から別の物質に入射したとすると，伝播の方向が変わる（図 C.2）．この現象を**屈折**（refraction）という．入射角（θ_1）と屈折角（θ_2）の関係は

$$\frac{\sin\theta_1}{\sin\theta_2} = \frac{n_2}{n_1} \tag{C.2}$$

で与えられる．式 C.2 の関係は**スネルの法則**（Snell's law）と呼ばれる．図 C.2 に示したように，光の一部は反射もする．反射角は入射角と常に等しい．

図 C.2a では，伝播してくる光の入射角 θ_1 は屈折角 θ_2 より大きいように描かれている．このことは，たとえば光が空気中からガラスに入射するときのように，n_2 が n_1 より大きいことを意味する（式 C.2 参照）．逆に，図 C.2b のように光

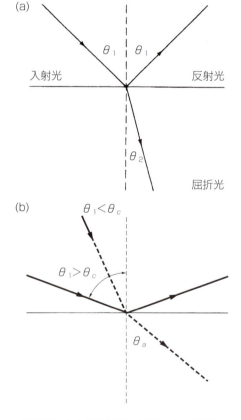

図 C.2 (a) 光の反射と屈折．(b) 全反射

が高い屈折率の媒体から発している場合は，入射角 θ_1 は屈折角 θ_2 より小さいはずである．θ_1 が**臨界角**（critical angle）と呼ばれるある特有の角度（θ_c とする）となっている場合では，光が出る方向は表面の接線方向，すなわち $\theta_2 = 90°$ となる．この状況では，$\sin\theta_2 = 1$ となり，したがって，$\sin\theta_1 = \sin\theta_c = n_2/n_1$ となる．この角度を超え，$\theta_1 > \theta_c$ となると，高い屈折率の媒体から発する光は媒体から出てこない．境界で光はすべて反射して媒体に戻ることになる．この現象は**全反射**（total internal reflection）と呼ばれる．ガラスでの n_2 は通常 1.5 であり，ガラスと空気との境界での臨界角は $\sin\theta_c = 1/1.5$ となり，すなわち $\theta_c = 42°$ となる．

ガラスのような透明な物質は，レンズに成型し，光の向きを特定の様式で変えることができる．レンズは，集束レンズと発散レンズの 2 つに大別される．集束レンズは光線が集まるように光の向きを変える．発散レンズには逆の作用があり，光は広がっていく．

幾何工学を使えば光学部品によって生じる像の大きさと形を求めることができるが，光の波としての性質の結果として必ず起こるはずの像のぼやけを予測することはできない．

C.2　集束レンズ

単純な集束レンズを図 C.3 に示した．このタイプのレンズは凸レンズと呼ばれる．平行な光線は凸レンズを透過すると**レンズの主焦点**（principal focus of the lens）と呼ばれる点に集束する．レンズからこの点への距離を**焦点距離**（focal length）f と呼ぶ．逆に，焦点にある点光源から出た光はレンズを透過すると平行光線になる．レンズの焦点距離は，レンズの材質の屈折率とレンズ表面の曲率によって決まる．レンズについて議論するときには次のような慣例がある．

1. 光は左から右に進むとする．
2. 光線が当たる曲面が凸である場合，曲率は正であるとする．表面が凹である場合は負とする．

薄いレンズの場合，焦点距離は

$$\frac{1}{f} = (n-1)\left(\frac{1}{R_1} - \frac{1}{R_2}\right) \tag{C.3}$$

で与えられる．ただし，R_1 と R_2 はそれぞれ最初とその次の表面の曲率とする（図 C.4）．図 C.4 において R_2 は負である．

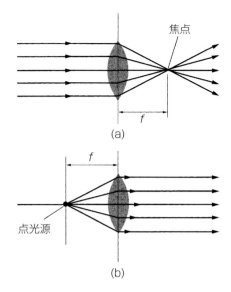

図 C.3 (a) 平行光または (b) 焦点に置いた点光源からの光を照射した集束レンズ

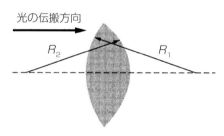

図 C.4 レンズでの曲率

　焦点距離はレンズの集束能力の指標である．焦点距離が短いほどレンズの能力は高い．レンズの集束能力はジオプトリーによって表されることが多く，ジオプトリーは

$$\text{集束力} = \frac{1}{f(\text{メートル})} (\text{ジオプトリー}) \tag{C.4}$$

と定義される．焦点距離がそれぞれ f_1 と f_2 の 2 枚の薄いレンズを近接して並べた場合，その組み合わせの焦点距離 f_T は

$$\frac{1}{f_T} = \frac{1}{f_1} + \frac{1}{f_2} \tag{C.5}$$

となる．

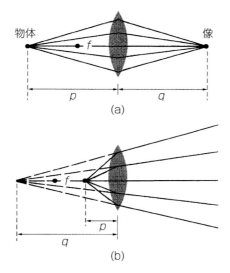

図 C.5　凸レンズでの結像：(a) 実像，(b) 虚像

　レンズの焦点距離より遠い位置にある点光源からの光は，レンズの反対側の点像に集束する（図 C.5a）．この像は，収束する点に置いたスクリーン上で見ることができるので**実像**（real image）と呼ばれる．

　光源とレンズとの間の距離が焦点距離より短い場合は，光線は集束しない．光線はレンズの光源側のある点から発散しているように見える．この仮想上の集束点を**虚像**（virtual image）と呼ぶ（図 C.5b）．

　薄いレンズの場合，レンズから光源と像への距離の関係は

$$\frac{1}{p} + \frac{1}{q} = \frac{1}{f} \tag{C.6}$$

で与えられる．ただし，p と q は，それぞれレンズから光源と像への距離である．慣例として，レンズに対して光源と反対側に結像した場合はこの式の q は正とし，光源側に結像した場合は負とする．

　レンズから非常に遠い光源からの光は，ほぼ平行になる．したがって，定義に従うとその光線はレンズの主焦点に焦点を結ぶと期待される．このことは式 C.6 で確認することができ，p が非常に大きくなると（無限大に近づくと），q は f に等しくなる．

　光源の位置が光軸から距離 x だけずれている場合は，その像は光軸から距離 y ずれてでき，

$$\frac{y}{x} = \frac{q}{p} \tag{C.7}$$

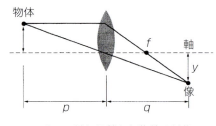

図 C.6 軸から離れた物体の結像

となる.図 C.6 にはこの関係を実像で示してある.p と q の関係は,式 C.6 のままである.

C.3 大きさのある物体の像

ここまで,点光源から作られる像についてのみ議論してきたが,その議論を有限の大きさをもつ物体について当てはめることは簡単である.

物体に光を当てたとき,物体上のすべての点から光がでる(図 C.7a).レンズから距離 p にある物体面上の各点は,レンズから距離 q にある結像面上の対応する点に結像する.物体と像への距離の関係は式 C.6 で与えられる.図 C.7 で示すように,実像の向きは逆になり,虚像の向きはそのままである.物体の高さに対する像の高さの比は,

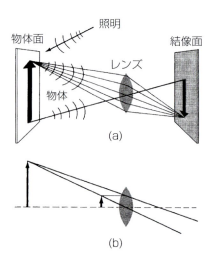

図 C.7 物体と像:(a) 実像,(b) 虚像

$$\frac{像の高さ}{物体の高さ} = -\frac{q}{p} \tag{C.8}$$

となる．

C.4 発散レンズ

　発散レンズの例として，図 C.8 に凹レンズを示した．平行光線は凹レンズを透過すると発散する．発散する光線の見かけ上の光源が凹レンズの焦点である．凸レンズで示したすべての式を，凹レンズでも適用することができるが，正負の慣例に従う必要がある．すなわち，式 C.3 より，発散レンズの焦点距離は必ず負であり，レンズは虚像しか結ぶことができない（図 C.8）．

C.5 物質媒体に浸っているレンズ

　ここまで示してきたレンズの式は，屈折率が約 1 である空気中にあるレンズの場合に当てはめることができる．ここで，図 C.9 に示すような，より一般的な状況について考えてみよう．このような状況は眼について考察するときに必要である．レンズは物質中に置かれているとし，レンズの両側の物質の屈折率は異なる（n_1 と n_2）とする．物体と像への距離の関係は，この状況では，

$$\frac{n_1}{p} + \frac{n_2}{q} = \frac{n_L - n_1}{R_1} - \frac{n_L - n_2}{R_2} \tag{C.9}$$

と示すことができる．

　ただし，n_L はレンズの素材の屈折率である．この場合の有効焦点距離は

$$\frac{1}{f} = \frac{n_L - n_1}{R_1} - \frac{n_L - n_2}{R_2} \tag{C.10}$$

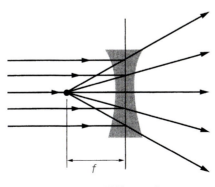

図 C.8　発散レンズ

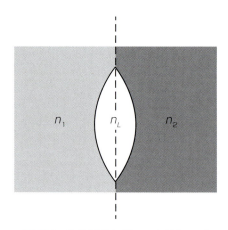

図 C.9 物質媒体に浸っているレンズ

である．空気中では $n_1 = n_2 = 1$ であり，式 C.10 は式 C.3 と同じになる．

　この補遺で示してきたレンズの式では，レンズが薄いということを仮定してきた．この仮定は，眼のレンズを考えるうえでは完全には当てはまらないが，この補遺の目的としては上記の式で十分であろう．

Bibliography 文 献

第1章～第6章

6–1　Alexander, R. McNeill. *Animal Mechanics*. London: Sidgwick and Jackson, 1968.

6–2　Baez, Albert V. *The New College Physics: A Spiral Approach*. San Francisco, CA: W. H. Freeman and Co., 1967.

6–3　Blesser, William B. *A Systems Approach to Biomedicine*. New York, NY: McGraw-Hill Book Co., 1969.

6–4　Bootzin, David, and Muffley, Harry C. *Biomechanics*. New York, NY: Plenum Press, 1969.

6–5　Cameron, J. R., Skofronick, J. G., and Grant, R. M. *Physics of the Body*. Madison, WI: Medical Physics Publishing, 1992.

6–6　Chapman, R. F. *The Insects*. New York, NY: American Elsevier Publishing Co., 1969.

6–7　Conaghan, P. G. "Update on Osteoarthritis Part 1: Current Concepts and the Relation to Exercise," *British Journal of Sports Medicine*, 36 (2002), 330-333.

6–8　Cooper, John M., and Glassow, Ruth B. *Kinesiology, 3rd* ed. St. Louis, MO: The C. V. Mosby Co., 1972.

6–9　Cromer, A. H. *Physics for the Life Sciences*. New York, NY: McGraw- Hill Book Co., 1974.

6–10　Frankel, Victor H., and Burstein, Albert H. *Orthopaedic Biomechanics*. Philadelphia, PA: Lea and Febiger, 1970.

6–11　French, A. P. *Newtonian Mechanics*. New York, NY: W. W. Norton & Co., Inc., 1971.

6–12　Frost, H. M. *An Introduction to Biomechanics*. Springfield, IL: Charles C Thomas, Publisher, 1967.

6–13　Gray, James. *How Animals Move*. Cambridge, UK: University Press, 1953.

6–14 Heglund, N. C., Willems, P. A., Penta, M., and Cavagna, G. A. "Energysaving Gait Mechanics with Head-supported Loads," *Nature*, 375 (1995), 52-54.

6–15 Hobbie, R. K. *Intermediate Physics for Medicine and Biology*. New York, NY: Springer, 1997.

6–16 Ingber, D. E. "The Architecture of Life," *Scientific American* (January 1998), 47.

6–17 Jensen, Clayne R., and Schultz, Gordon W. *Applied Kinesiology*. New York, NY: McGraw-Hill Book Co., 1970.

6–18 Kenedi, R. M., ed. *Symposium on Biomechanics and Related Bio-engineering Topics*. New York, NY: Pergamon Press, 1965.

6–19 Lauk, M., Chow, C. C., Pavlik, A. E., and Collins, J. J. "Human Balance out of Equilibrium: Nonequilibrium Statistical Mechanics in Posture Control," *The American Physical Society*, 80 (January 1998), 413.

6–20 Latchaw, Marjorie, and Egstrom, Glen. *Human Movement*. Englewood Cliffs, NJ: Prentice-Hall, 1969.

6–21 McCormick, Ernest J. *Human Factors Engineering*. New York, NY: McGraw-Hill Book Co., 1970.

6–22 Mathews, Donald K., and Fox, Edward L. *The Physiological Basis of Physical Education and Athletics*. Philadelphia, PA: W. B. Saunders and Co., 1971.

6–23 Morgan, Joseph. *Introduction to University Physics*, Vol. 1, 2nd ed. Boston, MA: Allyn and Bacon, 1969.

6–24 Novacheck, T. F. "The Biomechanics of Running," *Gait and Posture*, 7 (1998), 77-95.

6–25 Offenbacher, Elmer L. "Physics and the Vertical Jump," *American Journal of Physics*, 38 (July 1970), 829-836.

6–26 Richardson, I. W., and Neergaard, E. B. *Physics for Biology and Medicine*. New York, NY: John Wiley & Sons, 1972.

6–27 Roddy, E. et al. "Evidence-based Recommendations for the Role of Exercise in the Management of Osteoarthritis," *Rheumatology*, 44 (2005), 67-73.

6–28 Rome, L. C. "Testing a Muscle's Design," *American Scientist*, 85 (July- August 1997), 356.

6–29 Strait, L. A., Inman, V. T., and Ralston, H. J. "Sample Illustrations of Physical Principles Selected from Physiology and Medicine," *American Journal of Physics*, 15 (1947), 375.

6–30 Sutton, Richard M. "Two Notes on the Physics of Walking," *American Journal of Physics*, 23 (1955), 490.

6–31 Wells, Katherine F. *Kinesiology: The Scientific Basis of Human Motion*. Philadelphia, PA: W. B. Saunders and Co., 1971.

6–32 Williams, M., and Lissner, H. R. *Biomechanics of Human Motion*. Philadelphia, PA: W. B. Saunders Co., 1962.

6–33 Winter, D. A. "Human Balance and Posture Control during Standing and Walking," *Gait & Posture*, 3 (1995), 193-214.

6–34 Wolff, H. S. *Biomedical Engineering*. New York, NY: McGraw-Hill Book Co., 1970.

第 7 章

7–1 Alexander, R. McNeill. *Animal Mechanics*. London: Sidgwick and Jackson, 1968.

7–2 Bush, J. W. M., and Hu, D. L. "Walking on Water: Biolocomotion at the Interface," *Annu. Rev. Fluid Mech.*, 38 (2006), 339-369.

7–3 Chapman, R. F. *The Insects*. New York, NY: American Elsevier Publishing Co., 1969.

7–4 Foth, H. D., and Turk, L. M. *Fundamentals of Soil Science*. New York, NY: John Wiley & Sons, 1972.

7–5 Gamow, G., and Ycas, M. *Mr. Tomkins Inside Himself*. New York, NY: The Viking Press, 1967.

7–6 Gao, X., and Jiang, L. "Water-Repellent Legs of Water Striders," *Nature*, 432 (2004), 36.

7–7 Hobbie, R. K. *Intermediate Physics for Medicine and Biology*. New York, NY: Springer, 1997.

7–8 Morgan, J. *Introduction to University Physics*, 2nd ed. Boston, MA: Allyn and Bacon, 1969.

7–9 Murray, J. M., and Weber, A. "The Cooperative Action of Muscle Proteins," *Scientific American* (February 1974), 59.

7–10 Rome, L. C. "Testing a Muscle's Design," *American Scientist*, 85 (July- August 1997), 356.

第 8 章

8–1 Ackerman, E. *Biophysical Sciences.* Englewood Cliffs, NJ: Prentice-Hall, 1962.

8–2 Hademenos, G. J. "The Biophysics of Stroke," *American Scientist*, 85 (May-June 1997), 226.

8–3 Morgan, J. *Introduction to University Physics*, 2nd ed. Boston, MA: Allyn and Bacon, 1969.

8–4 Myers, G. H., and Parsonnet, V. *Engineering in the Heart and Blood Vessels.* New York, NY: John Wiley & Sons, 1969.

8–5 Richardson, I. W., and Neergaard, E. B. *Physics for Biology and Medicine.* New York, NY: John Wiley & Sons, 1972.

8–6 Ruch, T. C., and Patton, H. D., eds. *Physiology and Biophysics.* Philadelphia, PA: W. B. Saunders Co., 1965.

8–7 Strait, L. A., Inman, V. T., and Ralston, H. J. "Sample Illustrations of Physical Principles Selected from Physiology and Medicine," *American Journal of Physics*, 15 (1947), 375.

第 9 章から第 11 章

11–1 Ackerman, E. *Biophysical Science*, Englewood Cliffs, NJ: Prentice-Hall, 1962.

11–2 Angrist, S. W. "Perpetual Motion Machines," *Scientific American* (January 1968), 114.

11–3 Atkins, P. W. *The 2nd Law.* New York, NY: W. H. Freeman and Co., 1994.

11–4 Brown, J. H. U., and Gann, D. S., eds. *Engineering Principles in Physiology*, Vols. 1 and 2. New York, NY: Academic Press, 1973.

11–5 Casey, E. J. *Biophysics*, New York, NY: Reinhold Publishing Corp., 1962.

11–6 Loewenstein, W. R. *The Touchstone of Life: Molecular Information, Cell Communication, and the Foundations of Life.* New York, NY: Oxford University Press, 1999.

11–7 Morgan, J. *Introduction to University Physics*, 2nd ed. Boston, MA: Allyn and Bacon, 1969.

11–8 Morowitz, H. J. *Energy Flow in Biology.* New York, NY: Academic Press, 1968.

11–9 Peters, R. H. *The Ecological Implications of Body Size.* Cambridge University Press, 1983.

11–10 Rose, A. H., ed. *Thermobiology.* London: Academic Press, 1967.

11–11 Ruch, T. C., and Patton, H. D., eds. *Physiology and Biophysics.* Philadelphia, PA: W. B. Saunders Co., 1965.

11–12 Schurch, S., Lee, M., and Gehr, P. "Pulmonary Surfactant: Surface Properties and Function of Alveolar and Airway Surfactant," *Pure & Applied Chemistry*, 64(11) (1992), 1745-1750.

11–13 Stacy, R. W., Williams, D. T., Worden, R. E., and McMorris, R. W. *Biological and Medical Physics.* New York, NY: McGraw-Hill Book Co., 1955.

第 12 章

12–1 Alexander, R. McNeil. *Animal Mechanics.* Seattle, WA: University of Washington Press, 1968.

12–2 Brown, J. H. U., and Gann, D. S., eds. *Engineering Principles in Physiology*, Vols. 1 and 2. New York, NY: Academic Press, 1973.

12–3 Burns, D. M., and MacDonald, S. G. G. *Physics for Biology and Pre-Medical Students.* Reading, MA: Addison-Wesley Publishing Co., 1970.

12–4 Casey, E. J. *Biophysics.* New York, NY: Reinhold Publishing Corp., 1962.

12–5 Cromwell, L., Weibell, F. J., Pfeiffer, E. A., and Usselman, L. B. *Biomedical Instrumentation and Measurements.* Englewood Cliffs, NJ: Prentice-Hall, 1973.

12–6 Marshall, J. S., Pounder, E. R., and Stewart, R. W. *Physics*, 2nd ed. New York, NY: St. Martin's Press, 1967.

12–7 Mizrach, A., Hetzroni, A., Mazor, M., Mankin, R. W., Ignat, T., Grinshpun, J., Epsky, N. D., Shuman, D., and Heath, R. R. "Acoustic Trap for Female Mediterranean Fruit Flies," *Transactions of the Asae*, 48(2005), 2017-2022.

12–8 Morgan, J. *Introduction to University Physics*, 2nd ed. Boston,

MA: Allyn and Bacon, 1969.

12–9 Richardson, I. W., and Neergaard, E. B. *Physics for Biology and Medicine.* New York, NY: John Wiley & Sons, 1972.

12–10 Stacy, R. W., Williams, D. T., Worden, R. E., and McMorris, R. W. *Biological and Medical Physics.* New York, NY: McGraw-Hill Book Co., 1955.

第 13 章

13–1 Ackerman, E. *Biophysical Science.* Englewood Cliffs, NJ: Prentice-Hall, Inc., 1962.

13–2 Bassett, C. A. L. "Electrical Effects in Bone," *Scientific American* (October 1965), 18.

13–3 Bullock, T. H. "Seeing the World through a New Sense: Electroreception in Fish," *American Scientist*, 61 (May-June 1973), 316.

13–4 Delchar, T. A. *Physics in Medical Diagnosis.* New York, NY: Chapman and Hall, 1997.

13–5 Hobbie, R. K. "Nerve Conduction in the Pre-Medical Physics Course," *American Journal of Physics*, 41 (October 1973), 1176.

13–6 Hobbie, R. K. *Intermediate Physics for Medicine and Biology.* New York, NY: Springer, 1997.

13–7 Katz, B. "How Cells Communicate," *Scientific American* (September 1961), 208.

13–8 Katz, B. *Nerve Muscle and Synapse.* New York, NY: McGraw-Hill, Inc., 1966.

13–9 Miller, W. H., Ratcliff, F., and Hartline, H. K. "How Cells Receive Stimuli," *Scientific American* (September 1961), 223.

13–10 Scott, B. I. H. "Electricity in Plants," *Scientific American* (October 1962), 107.

第 14 章

14–1 Ackerman, E. *Biophysical Science.* Englewood Cliffs, NJ: Prentice-Hall, Inc., 1962.

14–2 Blesser, W. B. *A Systems Approach to Biomedicine.* New York, NY: McGraw-Hill Book Co., 1969.

14–3 Cromwell, L., Weibell, F. J., Pfeiffer, E. A., and Usselman, L. B. *Biomedical Instrumentation and Measurements.* Englewood Cliffs, NJ: Prentice-Hall, Inc., 1973.

14–4 Davidovits, P. *Communication.* New York, NY: Holt, Rinehart and Winston, 1972.

14–5 Loizou, P. C. "Mimicking the Human Ear," *IEEE Signal Processing Magazine* (September 1998), 101-130.

14–6 Scher, A. M. "The Electrocardiogram," *Scientific American* (November 1961), 132.

第 15 章

15–1 Ackerman, E. *Biophysical Science.* Englewood Cliffs, NJ: Prentice-Hall, Inc., 1962.

15–2 Davidovits, P., and Egger, M. D. "Microscopic Observation of Endothelial Cells in the Cornea of an Intact Eye," *Nature*, 244 (1973), 366.

15–3 Katzir, A. "Optical Fibers in Medicine," *Scientific American* (May 1989) 260, 120.

15–4 Marshall, J. S., Pounder, E. R., and Stewart, R. W. *Physics*, 2nd ed. New York, NY: St. Martin's Press, 1967.

15–5 Muntz, W. R. A. "Vision in Frogs," *Scientific American* (March 1964), 110.

15–6 Ruch, T. C., and Patton, H. D. *Physiology and Biophysics.* Philadelphia, PA: W. B. Saunders and Co., 1965.

15–7 Wald, George. "Eye and the Camera," *Scientific American* (August 1950), 32.

第 16 章，第 17 章

16–1 Ackerman, E. *Biophysical Sciences.* Englewood Cliffs, NJ: Prentice- Hall, Inc., 1962.

16–2 Burns, D. M., and MacDonald, S. G. G. *Physics for Biology and Pre-Medical Students.* Reading, MA: Addison-Wesley Publishing Co., 1970.

16–3 Delchar, T. A. *Physics in Medical Diagnosis.* New York, NY: Chapman and Hall, 1997.

16–4　Dowsett, D. J., Kenny, P. A., and Johnston, R. E. *The Physics of Diagnostic Imaging.* New York, NY: Chapman and Hall Medical, 1998.

16–5　Hobbie, R. K. *Intermediate Physics for Medicine and Biology.* New York, NY: Springer, 1997.

16–6　Pizer, V. "Preserving Food with Atomic Energy," United States Atomic Energy Commission Division of Technical Information, 1970.

16–7　Pykett, I. L. "NMR Imaging in Medicine," *Scientific American* (May 1982), 78.

16–8　Schrödinger, E. *"What Is Life?" and Other Scientific Essays.* Garden City, NY: Anchor Books, Doubleday and Co., 1956.

第 18 章

18–1　Chaloupka, K, Yogeshkumar Malam, Y., and Alexander M. Seifalian, A. M. "Nanosilver as a New Generation of Nanoproduct in Biomedical Applications," Trends in Biotechnology, 28 (2010), 580-588.

18–2　Driskell, J. D., Jones, C. A., Tompkins, S. M., and Tripp, R. A. "One- Step Assay For Detecting Influenza Virus Using Dynamic Light Scattering and Gold Nanopraticles" Analyst, (2011), 136, 3083-3090.

18–3　Heath, J. R., Davis, M. E., and Hood, L. "Nanomedicine Tragets Cancer," Scientific American, (February 2009), 300, 44-51.

18–4　Peer, D., Karp, J. M., Hong, S, Farokhzad, O. C., Margalit, R., and Langer, R. "Nanocarriers as an Emerging Platform for Cancer Therapy," Nature Nanotechnology, 2 (December 2007) 753-760.

18–5　Shirtcliffe, N. J., McHale, G., and M. I. Newton, M. I. "Learning from Superhydrophobic Plants: The Use of Hydrophilic Areas on Superhydrophobic Surface for Droplet Control," Langmuir, 25, (2009) 14121-14128.

Answers to Numerical Exercises 数値問題の解答

本文中で答を与えている数値問題はここでは答を示していない．

第 1 章

1–1. (b) $F = 254$ N (26.2 kgf)
1–3. $\theta = 72.6°$
1–4. 最大の重さ $= 335$ N (34.1 kgf)
1–5. (a) $F_m = 2253$ N (230 kgf), $F_r = 2386$ N (243 kgf)
1–6. $F_m = 720$ N, $F_r = 590$ N
1–7. (a) $F_m = 2160$ N, $F_r = 1900$ N
1–8. $\Delta F_m = 103$ N, $\Delta F_r = 84$ N
1–10. $\Delta x = 19.6$ cm, 腱の速度 $= 4$ cm/sec, 重りの速度 $= 38$ cm/sec
1–11. $F_m = 0.47$ W, $F_r = 1.28$ W
1–12. (a) $F_m = 2000$ N, $F_r = 2200$ N, (b) $F_m = 3220$ N, $F_r = 3490$ N
1–13. $F_A = 2.5$ W, $F_T = 3.5$ W

第 2 章

2–1. (a) 距離 $= 354$ m, (b) 質量とは独立
2–2. $\mu = 0.067$
2–3. (a) $\mu = 1.95$, (b) $\mu = 1.0$ のときは $\theta = 39.4°$, $\mu = 0.01$ のときは $\theta = 0.6°$

第 3 章

3–1. $P = 4120$ ワット
3–2. $H' = 355$ cm
3–3. $F_r = 1.16$ W, $\theta = 65.8°$
3–4. $T = 0.534$ sec
3–5. (a) $R = 13.5$ m, (b) $H = 3.39$ m, (c) 4.08 sec
3–6. $v = 8.6$ m/sec

3–7. $r = 1.13$ m
3–8.   (a) $v = 8.3$ m/sec, (b) 16.6 m/sec
3–9.   毎秒消費されたエネルギー $= 1350$ J/sec
3–10. $P = 371$ ワット

第 4 章

4–2. $F = 10.1$ N
4–3. $\omega = 1.25$ rad/sec, 直線速度 $= 6.25$ m/sec
4–4. $\omega = 1.25$ rad/sec $= 33.9$ rpm
4–5. $v = 31.4$ m/sec
4–6. 速さ $= 1.13$ m/sec $= 4.07$ km/h $= 2.53$ mph
4–7. $T = 1.6$ sec
4–8. $E = 1.64$ mv^2
4–9. 落下時間 $= 1$ sec

第 5 章

5–1. $v = 2.39$ m/sec $(8.5$ km/h$)$
5–2. $v = 8$ m/sec, 面積が 1 cm^2 のときは $v = 2$ m/sec
5–3. $h = 5.1$ m
5–4. $t = 3 \times 10^{-2}$ sec
5–5. $v = 17$ m/sec $(60$ km/h$)$
5–6. 力/cm$^2 = 4.6 \times 10^6$ dyn/cm^2, はい
5–7. $v = 0.7$ m/sec, いいえ

第 6 章

6–1. $F = 2$ W
6–2. $l = 0.052$ mm
6–3. $h = 18.4$ cm
6–4. $l = 10.3$ cm

第 7 章

7–2. $P = 7.8$ W
7–3. $v = [gV(\rho_w - \rho)/A\rho_w]^{1/2}$, $P = 1/2[W\{(\rho_w/\rho) - 1\}^{3/2}]/(A\rho_w)^{1/2}$
7–5. $P = 1.51 \times 10^7$ dyn/cm$^2 = 15$ atm

数値問題の解答　317

7–6.　浮き袋の体積 $= 3.8\%$

7–7.　$\rho_2 = \rho_1\{W_1/(W_1 - W_2)\}$

7–8.　$p = 1.46 \times 10^5 \text{ dyn/cm}^2$

7–11.　周囲の長さ $= 9.42$ km

7–12.　(b) 速さ $= 115$ cm/sec

第 8 章

8–1.　$\Delta P = 3.19 \times 10^{-2}$ torr

8–2.　$\Delta P = 4.8$ torr

8–3.　$h = 129$ cm

8–4.　(a) $p = 61$ torr, (b) $p = 200$ torr

8–5.　(b) $R_1/R_2 = 0.56$

8–6.　$v = 26.5$ cm/sec

8–7.　$N = 5.03 \times 10^9$

8–8.　$p = 79$ torr

8–9.　$P = 10.1$ W

8–10.　(a) $P = 0.25$ W, (b) $P = 4.5$ W

第 9 章

9–2.　$V = 29.3$ ℓ

9–3.　(a) $t = 10^{-2}$ sec, (b) $t = 10^{-5}$ sec

9–5.　$N = 1.08 \times 10^{20}$ 分子/sec

9–6.　呼吸数 $= 10.4$ 回/分

9–7.　(a) 速度 $= 1.71 \times 10^{-5}$ liter/hr-cm^2, (b) 直径 $= 0.5$ cm

9–8.　$\Delta P = 2.87$ atm

第 11 章

11–4.　$t = 373$ 時間

11–5.　$v = 4.05$ m^3

11–6.　$t = 105$ 日

11–7.　体重の減少 $= 0.892$ kg

11–8.　$H = 18.7$ Cal/h

11–10.　(b) 変化 $= 22\%$, (c) $K_r = 6.0$ Cal/m^2-h-C°

11–11. 取り除かれた熱 $= 8.07$ Cal/h

11–12. 熱喪失 $= 660$ Cal/m^2-h

11–13. $H = 14.4$ Cal/h

第 12 章

12–1. $R = 31.6$ km

12–2. 1.75 倍

12–3. $p = 2.9 \times 10^{-4}$ dyn/cm^2

12–6. $D = 11.5$ m

12–8. 最小の大きさ $= 1.7 \times 10^{-2}$ cm

第 13 章

13–1. (a) イオンの数 $= 1.88 \times 10^{11}$, (b) Na$^+$ イオンの数 $= 7.09 \times 10^{14}$/m, K$^+$ イオンの数 $= 7.09 \times 10^{15}$/m

13–8. (a) 直列に並ぶ細胞数 $= 5000$, (b) 並列に並ぶ細胞数 $= 2.7 \times 10^9$

第 14 章

14–1. $i = 13.3$ アンペア

第 15 章

15–1. 移動距離 $= 0.004$ cm

15–3. 角膜：41.9 ジオプトリー, 水晶体：最小値 $= 18.7$ ジオプトリー, 最大値 $= 24.4$ ジオプトリー

15–4. $1/f = -0.39$ ジオプトリー

15–5. 屈折力 $= \pm 70$ ジオプトリー

15–6. $p = 1.5$ cm

15–7. (a) 解像度 $= 2.67 \times 10^{-4}$ rad, (b) 解像度 $= 6.67 \times 10^{-4}$ rad

15–8. $D = 20$ m

15–9. $H = 3 \times 10^{-4}$ cm

Index 索引

C
CT スキャン, 241

E
EEG, 195
EMG, 188

F
fMRI, 259

M
MRI, 252

N
NMR, 253
　　イメージング, 257

O
OCT, 246

S
SI 単位, 291

X
X 線, 234, 240
X 線コンピュータ断層撮影法, 241

ア
アイソトープ, 251
アインシュタイン, 243
アキレス腱, 19
アクチン, 91
汗, 149
圧縮, 59
圧電効果, 189
圧力, 280
　　流体, 79
圧力降下
　　流体, 99
圧力損失
　　血圧, 103
アブミ骨, 163
アポクリン腺, 149

アメンボ, 91
アルキメデスの原理, 83
アルファ（α）粒子, 251

閾値
　　視覚, 217
イソギンチャク, 81
位置エネルギー, 290
　　跳躍, 34
　　走り高跳び, 35
　　振り子, 47
　　歩行, 55
イメージング
　　NMR, 257
陰イオン, 293
インパルス, 91
引力, 2

浮き袋, 85
運動エネルギー, 290
　　脚, 53
　　泳ぎ, 84
　　気体, 112
　　血流, 105, 107
　　跳躍, 34
　　走り, 35
　　走り高跳び, 35
　　羽ばたき, 76
　　振り子, 47
　　歩行, 55
運動神経, 174
運動量の保存, 282

エアバッグ, 66
液体, 80
エクリン腺, 149
エコーロケーション, 169
エネルギー含有量
　　食物, 142
エネルギー準位, 232
エネルギー消費

身体活動，41
　　　走行，52
　　　荷物の運搬，56
　　　ヒト，142
　　　歩行と走行，55
遠視，218
遠心力，285
　　　自動車，44
　　　走者，46
遠点
　　　近視，220
エントロピー，135

応力，60
オシロスコープ，193
音，156
　　　大きさ，165
　　　高さ，165
　　　強さ，158
　　　音色，165
温室効果，153
温度，111

カ

介在神経，174
外耳，162
回折，161
解像度，238
回転運動，30
界面活性剤，93
　　　肺胞，124
カエル
　　　視覚，218
蝸牛，163, 203
蝸牛孔，164
角運動，44
角運動量，284, 287
角加速度，283
拡散，117
　　　拡散係数，120
　　　膜，121
核子，253
核磁気共鳴，252, 253
角速度，283
拡張期血圧，102
核物理学，251
角膜，125, 211
加速度，279
可聴周波数領域，166

可聴値，167
活動電位，177, 180
　　　筋肉，186
カットオフ法，108
加熱殺菌，263
カメラ，209
ガルヴァーニ，187
カロリー，113, 291
感覚神経，174
感覚補助，202
干渉，160
環状筋，81
慣性モーメント，285
　　　脚，50, 52
関節，26
桿体，214
カンチレバー，248
眼房水，207
ガンマ（γ）線，251
　　　殺菌，263
寒冷に対する抵抗，151

幾何光学，299
希ガス，235
帰還，200
基礎代謝率，139
基底状態，233
基底板，164
キヌタ骨，163
機能的磁気共鳴イメージング，259
基本周波数
　　　音，166
吸収スペクトル，234
狭窄，106
共焦点顕微鏡，223, 224
共振周波数，161
虚血性脳卒中，107
虚像，303
筋原線維，91
近視，218
近点，208
筋電図，188
筋肉，186
筋紡錘，187
筋力，8

空気抵抗，39
屈折，159, 300
屈折力

索引

レンズ, 211
クライバー, 140
クーロンの法則, 293

毛皮, 151
撃力, 63
血圧, 102, 108
血液循環, 100
血管雑音, 106
結晶構造解析, 240
血流, 104
原子, 230
原子核, 251
原子間力顕微鏡, 247
原子物理学, 230
顕微鏡, 222

コウイカ, 85
光学, 206
　　概説, 299
虹彩, 199
向心加速度, 285
向心作用力
　　走者, 46
高調波
　　音, 166
コウモリ, 168
光量子, 207
股関節, 15
　　摩擦, 26
呼吸, 122
　　界面活性剤, 124
　　熱喪失, 150
骨格筋, 6, 91
骨折, 62, 64
コヒーレント, 161, 243
鼓膜, 162
コンダクタンス, 297
コンタクトレンズ, 125
昆虫, 90
　　飛行, 71
コンデンサー, 297

サ
歳差運動, 255
細静脈, 102
最大走速度, 52
細動, 197
細動脈, 102

魚, 85
酸素需要, 123
三頭筋, 6

ジアテルミー療法, 171
ジオプトリー, 211, 302
耳介, 162
視覚, 206
　　障害, 218
耳管, 163
磁気回転比, 253
磁気共鳴イメージング, 252
磁気モーメント, 253
軸索, 174
軸索回路, 183
仕事, 289
仕事率, 291
　　心臓, 107
　　ホバリング, 75
耳小骨, 163
耳石, 164
実像, 303
実体振り子, 49
質量, 281
支点, 8
自動車, 44
シナプス, 186
シナプス伝達, 185
絞り, 210
シャノン, 136
周期
　　振り子, 47
　　歩行, 50
収縮期血圧, 102
重心
　　ヒト, 3
終速度
　　落下物体, 40
周波数
　　音, 157
重量, 281
重力, 2, 281
　　昆虫の飛行, 71
　　垂直跳び, 34
　　月, 35
重力加速度
　　跳躍, 33
粥腫, 106
粥状動脈硬化, 106

樹状体, 174
主焦点, 301
寿命, 140
純音, 157
循環系, 101
硝子体液, 207
焦点距離, 301
焦点調節, 208
小児型呼吸窮迫症候群, 125
蒸発
 体温, 149
情報
 熱力学, 136
静脈, 101
省略眼, 212
上腕三頭筋, 10
上腕二頭筋, 10
食物, 141
除細動器, 197
神経インパルス, 177
神経系, 173
神経細胞, 173, 174
神経終末, 185
人工内耳, 203
心室, 101
親水性, 93
心臓, 107
心弾図, 109
心電計, 188, 194
浸透, 122
心房, 101

水晶体, 211
推進力
 泳ぎ, 84
水生動物, 85
錐体, 214
垂直跳び, 32
水力学的骨格, 81
ステファン・ボルツマン定数, 117
ストレス心筋症, 104
スネルの法則, 300
スピン
 核, 253
スペクトル, 236
スペクトル線, 231

背, 17
正帰還, 200

静止摩擦係数, 24
静止摩擦力
 傾斜面, 26
声帯, 169
脊柱起立筋, 18
絶縁体, 296
接眼レンズ, 222
石けん, 93
接着力, 86
洗剤, 93
蠕虫, 81
潜熱, 113
全反射, 301

双極場, 295
走行, 52, 54
造骨細胞, 189
走査型プローブ顕微鏡, 247
走者
 カーブした走路, 45
増幅器, 193
層流, 99
疎水性, 93

タ

体温調節, 144
代謝率, 41, 139
大動脈, 102
対物レンズ, 222
太陽, 148
 体温, 150
対流, 115
 体温, 146
対流係数, 116
多孔性の骨, 85
立ち幅跳び, 37
縦ひずみ, 60
単振動, 47
弾性, 59
翅, 77
断層撮影法, 241
単振り子, 47
破断強度, 60

力の場, 294
チチュウカイミバエ, 170
チャープ波, 169
中耳, 163
中心窩, 214

中性子, 252
超音波, 170
　　画像化, 171
　　流量計, 171
聴覚, 162
　　補助具, 202
聴診器, 170
超撥水, 271
跳躍, 32
直線運動量, 281

ツチ骨, 163

抵抗器, 296
抵抗率, 296
定在波, 161
梃子（テコ）, 8
　　股関節, 15
　　背, 17
　　つま先立ち, 19
　　翅, 73
デシベル, 167
電圧, 295
電位差, 295
電荷, 293
電気
　　技術, 192
　　衝撃, 195
　　植物, 188
　　骨, 188
電気魚, 190
電気ウナギ, 190
電気学
　　概説, 293
電気的ポテンシャル
　　軸索, 176
電子
　　軌道, 231
電磁エネルギー, 116
電子顕微鏡, 238
転倒
　　ヒト, 4
　　熱, 114
伝播
　　活動電位, 180
電場, 294
電流, 295

瞳孔, 199

導体, 296
動摩擦, 24
動脈, 101
土壌
　　熱, 152
土壌水, 88
土壌水分吸収力, 88
ドップラー効果, 171
ドブロイ, 237
ドラッグ・デリバリー, 275
トル, 80
トルク, 2, 286
　　肘, 13
トレーサー技術, 264
トンボ, 73

ナ
内耳, 163
内視鏡, 228
内部エネルギー, 111
ナトリウムポンプ, 177
ナノ構造, 268
ナノテクノロジー, 268
ナノ粒子, 268
　　金, 273
　　銀, 276
　　金属, 269
　　問題点, 277
ナノ粒子癌治療技術, 274
ナマズ, 27
　　背びれ, 27

二頭筋, 6
荷物の運搬, 56
ニュートン, 1
ニュートンの運動法則, 281
　　角運動, 287

根, 88
熱, 110, 131, 138, 291
熱運動, 111
熱速度, 112
熱伝導率, 115
　　組織, 145
熱力学
　　生体システム, 133
　　第1法則, 128
　　第2法則, 129
粘性, 98

粘性係数
 流体, 99
粘性摩擦, 98, 102

脳波計, 188, 195
ノミ, 78

ハ
肺, 122, 123
バイオセンサー, 272
肺胞, 123
跛行, 16
破骨細胞, 189
走り高跳び, 35
走り幅跳び, 38
パスカル, 80
パスカルの原理, 80
破断点
 骨, 62
波長
 音, 157
発射体, 36
ばね, 60
翅, 71
ばね定数, 61
羽ばたき, 72
速さ, 279
バンク角, 45
半減期, 252
反作用, 2
 摩擦, 23
反射, 159
反転分布, 243

光, 207, 231
 自然放出, 243
 誘導放出, 243
光干渉断層撮影法, 246
光ファイバー, 227
飛行, 71
肘, 10
肘関節, 11
被写界深度, 210
飛翔筋, 73
ピストン, 132
比代謝率, 140
引張, 59
比熱, 113, 291
皮膚

汗, 149
呼吸, 124
対流, 146
皮膚温, 145
標的腫瘍温熱療法, 274
表面張力, 86
 昆虫, 90
表面電位, 187

ファイバースコープ, 228
ファラド, 297
フィードバック, 200
負帰還, 200
プラーク, 106
プラズモン共鳴, 270
振り子, 47
 歩行, 55
浮力, 83
分解能
 眼, 215
分光計, 236
分光法, 236
分子運動論, 110

平均自由行程, 118
並進運動, 30
ペースメーカー, 195, 197
ベータ (β) 粒子, 251
ヘモグロビン, 260
ベルヌーイ, 97
ベルヌーイの式
 狭窄, 106
変形性関節症, 68
ヘンリー, 298

ポアズ, 99
ポアズイユ, 97
ポアズイユの式, 103
ポアズイユの法則, 98
ボイルの法則, 112
望遠鏡, 221
放射
 体温, 147
 太陽, 148
 熱, 116
 放射率, 117
放射線
 食料保存, 262
放射線治療, 261

棒高跳び, 36
ボーア, 231
歩行, 48, 50, 54
ポテンシャル・エネルギー
　　　ばね, 61
ホバリング, 71, 74
ボルツマン定数, 112
ホルモン, 104, 199

マ
マイヤー, 128
摩擦, 23
　　　股関節, 26
摩擦係数, 23
　　　道路とタイヤ, 44
摩擦力, 24
マランゴニ推進, 95

ミエリン, 174
ミオシン, 91
密度, 83
耳, 162
ミミズ, 81
ミラー, 266

無髄神経, 180
むち打ち, 67

眼, 207

毛管現象, 87, 89
毛管降下, 88
毛管上昇, 88
毛細管現象, 87
毛細血管, 102
網膜, 213
モー, 180, 297
モーメントアーム, 287

ヤ
薬剤送達, 275
ヤング率, 60
　　　レシリン, 78

有髄神経, 179, 185
誘導子
　　　インダクタ, 298

陽イオン, 293

陽子, 252

ラ
ラーモア周波数, 254, 258
ラジアン, 282
落下, 64, 68
乱視, 218
ランダムウォーク, 118
ランヴィエ絞輪, 174
乱流, 100
　　　血流, 105

力学
　　　基本概念, 279
力線, 294
流束, 120, 121
流体, 79, 97, 115
量子力学, 237
臨界温度, 151
臨界角, 301

励起状態, 233
レイノルズ数, 100
レーザー, 242, 243
　　　医用イメージング, 246
　　　医療診断, 247
　　　手術, 244
レーシック手術, 245
レシリン, 77
レバーアーム, 287
レンズ
　　　遠視用, 221
　　　近視用, 220
　　　集束レンズ, 301
　　　媒体中, 305
　　　発散レンズ, 305
　　　眼, 211
　　　老眼用, 221
レントゲン, 240

老眼, 208
ロータス効果, 272

ワ
罠
　　　音響的, 170

監訳者あとがき

　本書「生物学と医学のための物理学　第 4 版」は，2012 年にアカデミックプレス（Academic Press）から刊行されたポール・ダヴィドヴィッツ（Paul Davidovits）著「Physics in Biology and Medicine, Fourth Edition」の全訳である．

　ダヴィドヴィッツ博士は現在，ボストンカレッジ・化学科・物理化学/理論化学教室の教授で，エアロゾルの物理化学を専門としている．博士は 1935 年生まれで，1964 年に米国コロンビア大学で博士号を取得した．彼の活動は専門を超えた広い範囲に亘っており，特に教育啓蒙に非凡な才能を発揮してきた．著者紹介にあるように，2000 年には共焦点顕微鏡に関するセミナー活動で米国光学会から R. W. Wood 賞，2003 年には本書第 2 版が Alfa Sigma Nu Book 自然科学部門賞を受賞している．

　翻訳していて感心したのは，専門外の生物学や医学の知識と理解が半端ではなく，比較的身近な生理学的現象を背景も含めて解説したうえで，ごく簡単な物理学と数学を使って定量的にしかも生理学的に意味のわかる形で説明していることである．その手腕は並大抵ではない．おそらく，専門外の分野だからこそわかりやすく書けたのではないかと思われる．著者自身が納得しながら，楽しんで書いていることが伝わってくるのである．これならば，中学，高校レベルの経験的知識だけでも充分に理解できると思われた．

　翻訳のきっかけは，共立出版の信沢孝一氏からの翻訳価値の評価依頼であった．悪い予感を覚えながらも，その明快で論理的な内容と，我が国には類書がないことなどから，訳すべき価値あり，と返答した．悪い予感が当たって，ほどなく翻訳依頼の打診がやってきた．過去の経験から，翻訳は自執筆よりもはるかに気を遣い，疲れる作業であることはわかっていたので，相当な躊躇があった．それでも，こんな本があれば，生命科学を志す若い人たちが物理学の面白さや重要性に気づいてくれるかもしれない，またこの内容は教養としてぜひ身につけて欲しい，という気持ちが勝って，引き受けることになった．

　単独で翻訳するのが筋とは思ったが，相当な時間がかかることが予想され，時宜を逸することを恐れた．幸い私の頭の中に，それぞれの章を担当するにふさわしい友人，知人の顔が浮かんできたので，ご迷惑を顧みず，分担訳で進めること

に決めた．とてもありがたいことにすべての候補者の方々から賛意を得て，刊行の運びとなった．中でも吉村建二郎氏には多大な貢献をいただいた．しばらく科学文献の翻訳に携わった経験もあって，分担章はもとより，用語統一，一次草稿のチェックなど，翻訳作業の要ともなる作業を迅速にこなしていただいた．監訳者曽我部は，そのチェック原稿を再チェックし，両者の協議で初稿を仕上げ，さらに分担翻訳者の校正を受けて，最終的に曽我部が再チェックした．

翻訳には最善を尽くしたが，それでもなお誤訳や不明瞭な訳が残っているかもしれない．もしそうであるとしたら，その最終責任は監訳者にある．気づかれた読者はぜひ出版社を通してご教示をお願いしたい．

末筆ながら，お忙しい中，ご協力頂いた訳者の皆様，また，表記統一や編集作業を通して終始助力を惜しまれなかった共立出版の信沢孝一氏に心中より御礼申し上げます．

平成 26 年 12 月吉日

曽我部正博

Memorandum

Memorandum

Memorandum

Memorandum

Memorandum

訳者紹介――所属――担当章

曽我部正博（そかべ　まさひろ）　名古屋大学大学院医学系研究科　まえがき他訳，監修

村上　輝夫（むらかみ　てるお）　九州大学バイオメカニクス研究センター　第1章，第2章

村上　太郎（むらかみ　たろう）　至学館大学健康科学部　第3章，第4章

松本　健郎（まつもと　たけお）　名古屋工業大学大学院工学研究科　第5章，第6章

安藤　譲二（あんどう　じょうじ）　獨協医科大学医学部　第7章，第8章

谷下　一夫（たにした　かずお）　早稲田大学ナノ理工学研究機構　第9章，第10章

水村　和枝（みずむら　かずえ）　中部大学生命健康科学部　第11章

和田　仁（わだ　ひろし）　東北文化学園大学科学技術学部　第12章

久木田文夫（くきた　ふみお）　（元）自然科学研究機構 生理学研究所　第13章，第14章

針山　孝彦（はりやま　たかひこ）　浜松医科大学医学部　第15章

安達　泰治（あだち　たいじ）　京都大学再生医科学研究所　第16章

加藤　隆司（かとう　たかし）　国立長寿医療研究センター放射線診療部　第17章

櫻井　敏彦（さくらい　としひこ）　鳥取大学大学院工学研究科　第18章

吉村建二郎（よしむら　けんじろう）　芝浦工業大学システム理工学部　補遺他訳，編集

著者紹介

　ポール・ダヴィドヴィッツ博士は，ボストンカレッジの化学の教授で，光学における独創性に富んだ研究により米国光学会の栄誉あるR. W. Wood prizeを2000年に共同受賞している．彼の研究は，共焦点顕微鏡の基礎に関わるものであり，そのおかげで技術者や生物学者は，半導体回路や生きた組織，あるいは細胞などの3次元標本の光学切片を得ることができるようになった．ダヴィドヴィッツ博士はコロンビア大学で博士，修士，学士の学位を取得した．ボストンカレッジに任用される前は，イェール大学の教員を務めた．物理化学分野の論文を100編以上執筆しており，米国物理学会と米国科学推進協会のフェローである．「生物学と医学のための物理学」第2版は，2003年度Alpha Sigma Nu Book Award自然科学部門賞を受賞している．

監訳者紹介

曽我部正博（そかべ まさひろ）

略　歴　1975年大阪大学大学院基礎工学研究科（物理系・生物工学）博士課程中退．大阪大学人間科学部助手，名古屋大学医学部生理学教室講師，助教授，教授，同大学大学院医学系研究科細胞生物物理学教室教授等を経て，2013年より現職．

現　在　名古屋大学大学院医学系研究科メカノバイオロジー・ラボ　特任教授，工学博士．シンガポール国立大学理学部生命科学科/メカノバイオロジー研究所，客員教授．

専　門　生物物理学，重力生理学，脳神経生理学．

著　書　『動物は何を考えているのか？学習と記憶の比較生物学』編著，共立出版 (2009)；『生物物理学とはなにか：未解決問題への挑戦』共編，共著，共立出版 (2003)；『バイオイメージング』，共編，共著，共立出版 (1998)；『イオンチャネル』編著，共立出版 (1997)；"Towards Molecular Biophysics of Ion Channels" 共編，Elsevier Sci Pr (1997) 等．

編集協力者紹介

吉村 建二郎（よしむら けんじろう）

略　歴　1990年東京大学大学院理学系研究科博士課程修了．東京大学理学部，科学技術振興事業団，筑波大学大学院生命環境科学研究科，メリーランド大学等を経て，2014年より現職．

現　在　芝浦工業大学システム理工学部機械制御システム学科　教授，理学博士．

専　門　生物物理学，理工英語．

著　書　『動物の「動き」の秘密にせまる：運動系の比較生物学』共編著，共立出版 (2009)；『生物の事典』共著，朝倉書店 (2010)；"Coding and Decoding of Calcium Signals in Plants" 共著，Springer (2011) 等．

生物学と医学のための物理学

原著第4版

Physics in Biology and Medicine
Fourth Edition

2015年1月25日　初版1刷発行
2023年5月1日　初版6刷発行

検印廃止

NDC 464.9, 423.1, 491.36, 491.115, 780.11

ISBN 978-4-320-03594-2

監訳者　曽我部正博　ⓒ 2015
発行者　南條光章
発行所　共立出版株式会社

〒112-0006
東京都文京区小日向4丁目6番19号
電話（03）3947-2511（代表）
振替口座 00110-2-57035
URL www.kyoritsu-pub.co.jp

印刷
製本　藤原印刷

一般社団法人
自然科学書協会
会員

Printed in Japan

JCOPY ＜出版者著作権管理機構委託出版物＞

本書の無断複製は著作権法上での例外を除き禁じられています．複製される場合は，そのつど事前に，出版者著作権管理機構（TEL：03-5244-5088，FAX：03-5244-5089, e-mail：info@jcopy.or.jp）の許諾を得てください．

■生物学・生物科学関連書

http://www.kyoritsu-pub.co.jp/ 共立出版

- バイオインフォマティクス事典 ……日本バイオインフォマティクス学会編
- 進化学事典 …………………………………日本進化学会編
- 生態学事典 …………………………………日本生態学会編集
- グリンネルの科学研究の進め方・あり方 ……白楽ロックビル訳
- グリンネルの研究成功マニュアル ……白楽ロックビル訳
- ライフ・サイエンスにおける英語論文の書き方 ……市原エリザベス著
- 日本の海産 プランクトン図鑑 第2版 ……岩国市立ミクロ生物館監修
- 大絶滅 2億5千万年前,終末寸前まで追い詰められた地球生命の物語 ……大野照文監訳
- 遺伝子から生命をみる ……………………関口睦夫他著
- ナノバイオロジー ―生命科学とナノテクノロジー― ……竹安邦夫編
- 生物とは何か？ ―ゲノムが語る生物の進化・多様性・病気― ……美宅成樹著
- これだけは知ってほしい生き物の科学と環境の科学 ……河内俊英著
- NO ―宇宙から細胞まで― ……………………吉村哲彦著
- 原生動物の観察と実験法 …………………重中義信監修
- 生体分子分光学入門 …………………………尾崎幸洋他著
- 生命システムをどう理解するか ……………浅島 誠編集
- 環境生物学 ―地球の環境を守るには― ……津田基之著
- 生体分子化学 第2版 …………………………秋久俊博編
- 実験生体分子化学 ……………………………秋久俊博他編
- 生命科学を学ぶ人のための大学基礎生物学 ……塩川光一郎著
- 生命科学の新しい潮流 理論生物学 ………望月敦史編
- 生命科学 ―生命の星と人類の将来のために― ……津田基之著
- 生命体の科学 …………………………………賀来章輔著
- 生物圏の科学 …………………………………斎藤信郎著
- 生命の数理 ……………………………………巌佐 庸著
- 数理生物学入門 ―生物社会のダイナミックスを探る― ……巌佐 庸著
- 数理生物学 ―個体群動態の数理モデリング入門― ……瀬野裕美著
- 生物数学入門 差分方程式・微分方程式の基礎からのアプローチ ……竹内康博他訳
- 生物リズムと力学系 （シリーズ・現象を解明する数学）……郡 宏他著
- 一般線形モデルによる生物科学のための現代統計学 ……野間口謙太郎他訳
- 生物学のための計算統計学 …………………野間口眞太郎著
- 生物統計学 ……………………………………藤井宏一訳
- 分子系統学への統計的アプローチ …………藤 博幸編
- Rによるバイオインフォマティクスデータ解析 第2版 ……樋口千洋著
- あなたにも役立つバイオインフォマティクス ……菅原秀明編集
- 基礎と実習バイオインフォマティクス ……郷 通子他編
- 統計物理化学から学ぶバイオインフォマティクス ……高木利久監訳
- 分子生物学のためのバイオインフォマティクス入門 ……五條堀 孝監訳
- バイオインフォマティクスのためのアルゴリズム入門 ……谷哲朗他訳
- システム生物学入門 ―生物回路の設計原理― ……倉田博之他訳
- 細胞のシステム生物学 ………………………江口至洋著
- システム生物学がわかる！ …………………土井 淳他著

- 分子昆虫学 ―ポストゲノムの昆虫研究― ……神村 学編
- DNA鑑定とタイピング ………………………福島耕樹訳
- 新ミトコンドリア学 …………………………内海邦輔他著
- せめぎ合う遺伝子 ―利己的な遺伝因子の生物学― ……藤原晴彦監訳
- 脳と遺伝子の生物時計 ………………………井上愼一著
- 遺伝子とタンパク質の分子解剖 ……………杉山政則監修
- 遺伝子とタンパク質のバイオサイエンス ……杉山政則編著
- ポストゲノム情報への招待 …………………金久 實著
- ゲノムネットのデータベース利用法 第3版 ……金久 實編
- 生命の謎を解く ………………………………関口睦夫編
- タンパク質計算科学 ―基礎と創薬への応用― ……神谷成敏他著
- タンパク質のNMR ……………………………荒田洋治著
- 基礎から学ぶ構造生物学 ……………………河野敬一他訳
- 構造生物学 ―ポストゲノム時代のタンパク質研究― ……倉光成紀他編
- 入門 構造生物学 放射光X線と中性子で最新の生命現象を読み解く ……加藤龍一編集
- 構造生物学 ―原子構造からみた生命現象の営み― ……樋口芳樹他著
- 植物のシグナル伝達 ―分子と応答― ……柿本辰男他訳
- 細胞の物理生物学 ……………………………笹井理生他訳
- 細胞工学入門 細胞増殖を正および負に調整する因子 ……小田鈞一郎著
- 細胞周期フロンティア ………………………佐方功幸他編
- 脳入門のその前に ……………………………徳野博信著
- 対話形式による講義 これでわかるニューロンの電気現象 ……酒井正樹著
- 神経インパルス物語 ガルヴァーニの花火からイオンチャネルの分子構造まで ……酒井正樹他訳
- 生命工学 ―分子から環境まで― ……熊谷 泉他編
- ニッチ構築 ―忘れられていた進化過程― ……佐倉 統他訳
- 進化のダイナミクス ―生命の謎を解き明かす方程式― ……佐藤一憲他監訳
- ゲノム進化学入門 ……………………………斎藤成也著
- 生き物の進化ゲーム ―進化生態学最前線― 大改訂版 ……酒井聡樹他著
- 進化生態学入門 ―数式で見る生物進化― ……山内 淳著
- 進化論は計算しないとわからない ……………星野 力著
- 分子進化 ―解析の技法とその応用― ……宮田 隆編
- プラナリアの形態分化 ―基礎から遺伝子まで― ……千代木 渉編著
- 菌類の生物学 ―分類・系統・生態・環境・利用― ……日本菌学会企画
- 細菌の栄養科学 ―環境適応の戦略― ……石田昭夫他著
- 基礎と応用 現代微生物学 ……………………杉山政則著
- 生命・食・環境のサイエンス …………………江坂宗春監修
- 食と農と資源 ―環境時代のエコ・テクノロジー― ……中村好男他編
- 高山植物学 ―高山環境と植物の総合科学― ……増沢武弘編著
- ビデオ顕微鏡 …………………………………寺川 進他訳
- よくわかる生物電子顕微鏡技術 ……………臼倉治郎著
- 講義と実習生細胞蛍光イメージング ………原口徳子他編
- 新・走査電子顕微鏡 …………………………日本顕微鏡学会関東支部編